实用水电安装技术

SHI YONG SHUI DIAN
AN ZHUANG JI SHU

主编 许敏兴

经济管理出版社
ECONOMY & MANAGEMENT PUBLISHING HOUSE

编　委　会

主任： 敖华勤

成员： 方伟华　刘　瑾　单才华　冯　杰　宋敏剑　吴诚祥

刘长全　朱晓欧　敖华莲　袁卫国　李胜利　蒋小龙

池文胜　王道明　王国强　钭海平　章静波　朱学武

主编： 许敏兴

参编： 陈英军　吴贤英　黄先兰　许美芳　马金龙

章临萍　徐建华　叶桂芬　刘长全

前　言

本书是根据教育部《关于实施国家中等职业教育改革发展示范学校建设计划》的主要精神以及 2009 年教育部颁布的《中等职业学校水电工技术基础与技能教学大纲》，并参照有关行业的职业技能鉴定规范和中级技术工人等级标准编写的中等职业教育改革创新示范教材。主要内容包括以下四个模块：水电工基础知识、水工基本操作技能、电工基本操作、安全用电常识。本书重点强调学生自主学习和创新能力实践能力的培养，在编写过程中力求体现内容上"知识够用，技能实用"、结构上"理实一体化"的思想，突出"做中学、做中教、教学做合一"的职业教育特色。同时打破理论课、实验课、实习课的界限，将课程的理论教学、生产、技术服务融于一体。教学环节相对集中，教学场所直接安排在实验室、实习间或实习基地一线。学生通过该课程的理论学习和技能实训，具备从事本专业必备的水电工通用技术基本知识、基本方法和基本操作技能，为学习后续课程、提高全面素质、形成综合职业能力打下基础。本书具有以下特点：

（1）根据中等职业学校电工专业毕业生将从事的职业岗位（群）的要求，以及企业对该专业毕业生的要求，新增了水工操作基本技能。包括必须了解哪些知识、掌握什么技术、具备哪些能力等。按照"必须、够用、易学、易用、兼顾发展"的原则进行内容的选择与编排，简化理论分析和公式推导，着重对学生认知能力的培养，突出实用性和应用性。

（2）编写体例新颖，充分体现项目教学、任务引领、理实一体的课程设计思想。版式形式活泼，配有丰富生动的实物图片，接近书本知识与生产、生活的实际距离，以激发学生的学习兴趣，引导其积极主动思考。

（3）努力培养学生自主学习的习惯，引导学生学会应用所学知识解决一些实际问题，使学生具有一定的解决实际问题的感性认识和经验，做到触类旁通、融会贯通、提高适应职业变化的能力。

（4）每个项目后面都附有一个考核表，将学生的平时考核与期末成绩结合，充分体现职业教育的特点，提高学生的学习积极性，同时培养团结合作、相互交流、相互学习、勇于探讨的学习风气。

本书可以作为中等职业学校水电工课程的专业用书，也可作为水电工职业岗位的培训教材。

由于编者水平有限，加上时间仓促，书中错误在所难免，恳请读者批评指正。

编者
2014 年 12 月

目　　录

项目一　水电工基础知识

任务一　给排水工程基本常识

【任务描述】

水是人们日常生活和从事一切活动不可缺少的物质。在人们的日常生活中，洗漱、沐浴和洗涤等都要使用水，用后便成为污水。现代城镇的住宅，人们利用卫生设备排除污水。为了保护环境，现在城市需要建设一整套将城市污水、工业废水、生活废水等进行有组织的排除和处理，以达到保护环境、保障人民正常生产和生活的工程，这样的工程就称为排水工程。

【知识目标】

➢ 初步了解给排水工程的基本常识；
➢ 了解室外给排水系统与室内给排水系统的关系；
➢ 了解室外排水管网形式、管道位置、处理构筑物种类及作用。

【技能目标】

➢ 掌握给排水工程系统组成结构；
➢ 掌握室内给排水管网形式、布置位置及各种设备功能。

【知识链接】

认识给排水工程

给排水工程是为了解决人们生活、生产及消防用水和排除废水、处理污水的城市建设工程，它包括室外给水工程、室外排水工程以及室内给排水工程三个方面。

经过室外给水工程、室内给排水工程和室外排水工程，水在人们的生活中循环使用。在整个给排水工程中，水流经的构筑物及名称如图 1-1-1 所示。

（一）室外给水工程

室外给水工程的任务是从水源取水，并将其净化到要求的水质标准后，经输配水系统送往用户。它包含水源、取水工程、净水工程、输配水工程四部分。经净水工程处理后，

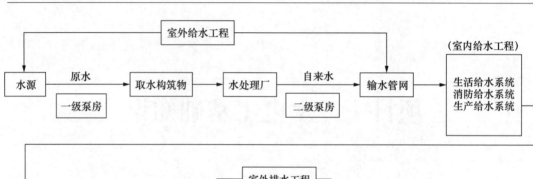

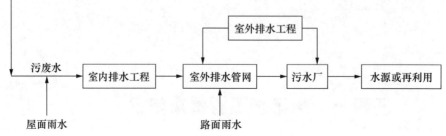

图1-1-1 水循环利用流经路径

水源由原水变为通常所称的自来水,满足建筑物的用水需求。室外给水工程组成如图1-1-2所示。

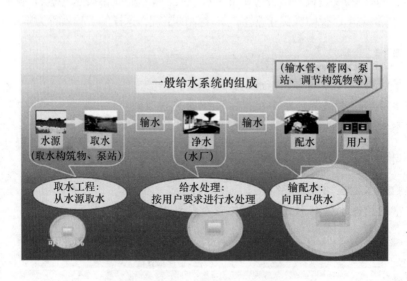

图1-1-2 室外给水工程组成

1. 水源

给水水源是指能为人们所开采,经过一定的处理或不经处理就可利用的自然水体。给水水源按水体的存在和运动形态不同,分为地下水源和地表水源。地下水源包括潜水(无压地下水)、自流水(承压地下水)和泉水;地表水源包括江河、湖泊、水库和海洋等水体。图1-1-3(a)和(b)分别为地下水源与地表水源给水系统。

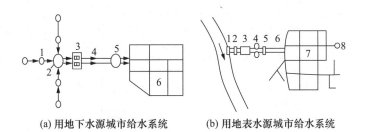

(a) 用地下水源城市给水系统　　　　(b) 用地表水源城市给水系统

（a）：1—井群；2—吸水井；3—泵站；　　（b）：1—取水构筑物；2——级泵站；3—处理构筑物；
4—输水管；5—水塔；6—配水管网　　　　4—清水池；5—二级泵站；6—输水管；7—管网；8—水塔

图 1 - 1 - 3　城市给水系统

（1）地下水源。地下水受形成、埋藏和补给等条件的影响，具有水质澄清、水温稳定、分布面广等优点。但是地下水径流量小，蕴藏量有限，矿化度和硬度较高，开发地下水源的勘测工作量大，当取水工程规模较大时，往往需要很长时间的水文地质勘查；此外，地下水的可开采量有限，一经开采在短期内不可再生，因此当开采量超过可开采量时，就会造成地下水位下降，地面下沉，引发一系列的环境水利问题。

（2）地表水源。地表水主要来自降雨产生的地表径流的补给，属开放性水体，易受污染，通常浑浊度高（汛期尤为突出），水温变幅大，有机物和细菌含量高，有时还有较高的色度，水质、水量明显随季节变化，水体分布受地形条件限制。所以相对地下水源而言，地表水源往往受地形条件的限制，也不便选取，有时会出现输水管渠过长的情况，既增加了给水系统的投资和运行费用，又降低了给水的可靠性，而且也不便于卫生防护。但是，地表水径流量大且水量充沛，能满足大量的用水需要，矿化度、硬度以及铁、锰等物质含量低。因此，在河网较发达地区，如我国的华东、中南、西南地区的城镇和工业企业区，常利用地表水作为给水水源。另外，由于地表水（尤其是江河水）是可再生资源，合理开发利用地表水资源，不易引发环境问题。

2. 取水工程

取水工程要解决的是从天然水源中取水的方法及取水构筑物的构造形式等问题。水源的种类决定取水构筑物的构造形式及净水工艺的组成，主要分为地下水取水构筑物和地表水取水构筑物。

（1）地下水取水构筑物。由于地下水类型、埋藏深度、含水层性质等各不相同，开采和取集地下水的方法和取水构筑物形式也各不相同。取水构筑物有管井、大口井、辐射井、复合井及渗渠等，其中以管井和大口井最为常见。如图 1 - 1 - 4、图 1 - 1 - 5 所示。

（2）地表水取水构筑物。地表水水源多数是江河。选择江河取水构筑物位置时，应考虑以下基本要求：

1）设在水质较好的地点。取水构筑物的位置，宜位于城镇和工业企业上游的清洁地段，离污水排放口的上游需 1000 ~ 1500m；取水构筑物应避开河流中的回流区和死水区，以减少进水中的泥沙和漂浮物。

2）具有稳定的河床和河岸，靠近主流，有足够的水深。

3）靠近主要用水地区，具有良好的地质、地形及施工条件的同时应注意河流上的人工构筑物或天然障碍物。

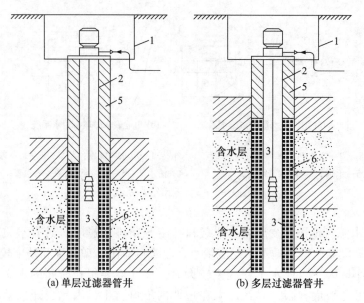

管井的一般构造

1—井室；2—井壁管；3—过滤器；4—沉淀管；5—黏土封闭；6—规格填砾

图 1-1-4 管井构造

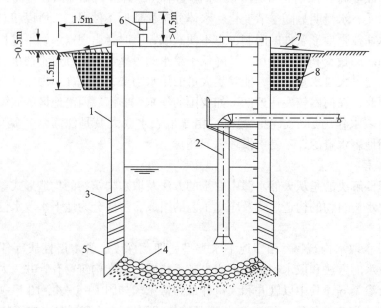

大口井的构造

1—井筒；2—吸水管；3—井壁透水孔；4—井底反滤层

5—刃脚；6—通风管；7—排水坡；8—黏土层

图 1-1-5 大口井构造

4）应与河流的综合利用相适应。应结合河流的综合利用，如航运、灌溉、排洪、水力发电等全面考虑，统筹安排。

3. 净水工程

对于给水工程来说，净水工程的任务就是去除原水中的悬浮物质，使经处理过的水质符合生活饮用标准。当以地面水作为生活饮用水时，处理方法包括混凝、沉淀、过滤和消毒。常用的净水处理流程如图1-1-6所示。当以地下水作为饮用水源时，一般只需采用消毒处理即可达到水质的要求。

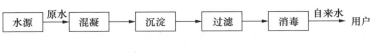

图1-1-6 常用净水处理流程

4. 输配水工程

净水工程只解决了水质问题，输配水工程则是解决如何把净化后的水输送到用水地区并分配到各用水点的问题。输配水工程通常包括输水管道、配水管网、泵站、调节构筑物等。

（1）输水管道。输水管道指从水源到城镇水厂或从城镇水厂到管网的管线或渠道，它的作用很重要，在某些远距离输水工程中，投资是很大的。输水管道如图1-1-7所示。

图1-1-7 输水管道

（2）配水管网。配水管网是给水系统的主要组成部分，其作用是将输水管送来的水分配到用户。它是根据用水地区的地形及最大用水户分布情况并结合城市规划来进行布置的。配水管网有各种各样的要求和布置，但主要有两种基本形式：枝状管网和环状管网，如图1-1-8所示。

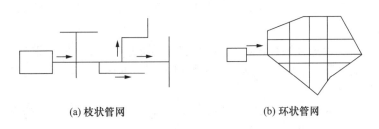

(a) 枝状管网   (b) 环状管网

图1-1-8 管网

（3）泵站。泵站是把整个给水系统连为一体的枢纽，是保证给水系统正常运行的关键。主要设备有水泵及其引水装置，配套电机及配电设备和起重设备等。

在给水系统中，通常把水源地取水泵站称为一级泵站，而把连接清水池和输配水系统的送水泵站称为二级泵站。

一级泵站的任务：把水源的水抽升上来，送至净化构筑物。

二级泵站的任务：由清水池抽吸并送入配水管网供给用户。

给水泵站的全部投资在整个给水系统的投资中所占比重很小，但泵站的运行费用所占比重则很大，在设计给水泵站时需要考虑的首要问题是提高泵站效率以降低动力费用。给水泵站中水泵的流量、扬程、功率及数量的确定，应该根据供水量及其所需水压的变化情况来综合考虑，以满足供水安全可靠、水泵工作效率高、运行电费省、维修管理方便和节省基建投资的要求，同时还要考虑发展的需要。但是各方面的要求往往是有矛盾的，只能做到相对的合理，因此选择水泵的型号和台数时，应该通过方案比较来确定。一级泵站输水到净水厂，因此应按最高日平均时流量来计算，并包括净水厂自用水量及漏失水量，一般可为总供水量的 5% ~ 10%；二级泵站输水到管网去，应根据管网的水力计算和用水量曲线来确定。

（4）调节构筑物。调节构筑物用来调节管供水量与用水量之间的不平衡状况。因为自来水公司供水量在目前的技术状况下，在某段时间里是个固定的量，而用户用水的情况较为复杂，随时都在变化，这就出现了供需之间的矛盾。水塔或高位水池能够把用水低峰时管网中多余的水暂时储存起来，而在用水高峰时再送入管网。这就可以保证管网压力的基本稳定，同时也使水泵能在高效率范围内运行。此外，水塔还能起到稳定管网水压的作用。

清水池与二级泵站可以直接对给水系统起调节作用，也可以同时对一级、二级泵站的供水与送水起调节作用。一般地说，一级泵站的设计流量是按最高日的平均时来考虑，而二级泵站的设计流量是按最高日的最大时来考虑，并且是按用水量高峰出现的规律分时段进行分级供水。当二级泵站的送水量小于一级泵站的送水量时，多余的水便存入清水池。到用水高峰时，二级泵站的送水量就大于一级泵站的供水量，这时清水池中所储存的水和刚刚净化后的水便被一起送入管网。较理想的情况是不论在任何时段，供水量均等于送水量，或送水量均等于用水量，这样就可以大大减少调节容量而节省调节构筑物的基础投资和能耗。

（二）室外排水工程

室外排水工程是指污水排除、污水处理、处理后的污水排入江河湖泊等工程；它的任务是收集各种污水（包括室内排放的各种污水、废水），并及时地输送至适当地点，最后经妥善处理后排放至水体或再利用，它包括排水管网、污水处理厂、排水口设置等。

1. 城市排水管网系统

城市排水管网系统是收集和输送城市产生的生活污水、工业废水和雨、雪降水的公用设施系统，包括地下管道、暗渠与地表的明渠以及城市的内河及防洪设施等。

2. 污水处理系统

污水处理系统是处理和利用废水的设施系统，包括城市及工业企业污水处理厂、站中的各种处理构筑物等工程设施。

污水处理的基本方法，就是采用各种技术与手段，将污水中所含的污染物分离去除、回收利用，或将其转化为无害物质，使水得到净化。城市污水与生产污水中的污染物是多种多样的，往往需要采用几种方法的组合才能处理不同性质的污染物与污泥，达到净化的目的与排放标准，如图1-1-9所示。

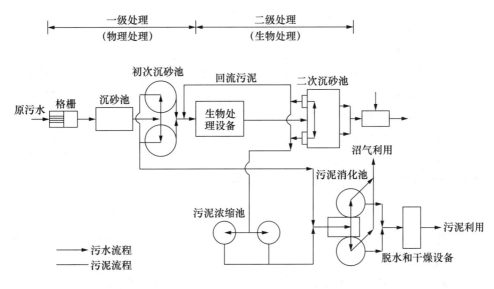

图1-1-9　常用城市污水处理流程

3. 排水系统的体制

城市和工业企业的生活污水、工业废水和降水的收集与排除方式称为排水系统的体制。排水系统的体制包括分流制与合流制。分流制是将生活污水和工业废水用一套或一套以上的管网系统，而雨水用另一套管网系统排除的排水系统。合流制是将生活污水、工业废水与降水混合在同一套管网系统内排除的排水系统。

（1）分流制排水系统。分流制排水系统根据排除雨水方式的不同，又分为完全分流制和不完全分流制。完全分流制排水系统具有完整的污水排水系统和雨水排水系统；不完全分流制只有污水排水系统，未建雨水排水系统，雨水沿自然地面、街道边沟、沟渠等原有雨水渠道系统排泄，待城市进一步发展或有资金时再修建雨水排水系统，逐步改造成完全分流制排水系统。如图1-1-10所示。

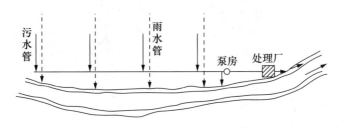

图1-1-10　分流制排水系统

（2）合流制排水系统。合流制排水系统是将生活污水、工业废水和雨水混合在同一个管渠系统内排放的系统，它有直接排入水体的旧合流制、截流式合流制和全处理式合流制三种形式。将城市的混合污水不经任何处理，直接就近排入水体的排水方式称为旧合流制或直排式合流制，国内外老城区的合流制排水系统均属此类。如图1-1-11所示。

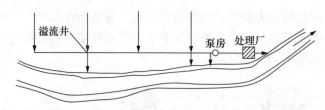

图 1-1-11 合流制排水系统

由于污水对环境造成的污染越来越严重，必须对污水进行适当处理才能减轻城市对环境造成的污染和破坏，为此产生了截流式合流制。截流式合流制就是在旧合流制基础上，修建沿河截流干管，在城市下游建污水处理厂，并在适当位置上设置溢流井，这种系统可以保证晴天的污水全部进入污水处理厂处理，雨天一部分污水得到处理。在降雨量较小或对水体水质要求较高地区，可以采用全处理式合流制，将生活污水、工业废水和降水全部送到污水处理厂处理后再排放，这种方式对环境水质的影响最小，但对污水处理厂的要求较高，并且投资较大。

（三）室内给排水工程

室内给排水工程是指室内给水、室内排水、热水供应、消防用水及屋面排水等工程。

1. 室内给水系统

室内给水工程的任务是按水量、水压供应不同类型建筑物的用水。根据建筑物内用水用途分为生活给水系统、生产给水系统和消防给水系统。

建筑内部给水系统一般由引入管、给水管道、给水附件、给水设备、配水设施和计量仪表等组成。如图 1-1-12 所示。

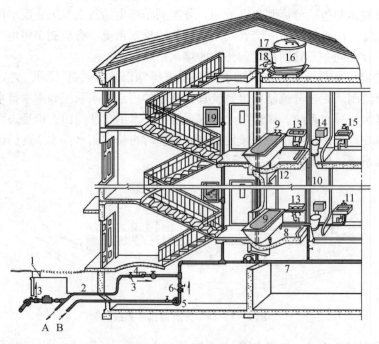

A—入贮水池；B—来自贮水池；1—阀门井；2—引入管；3—闸阀；4—水表；5—水泵；6—止回阀；

7—干管；8—支管；9—浴盆；10—立管；11—水嘴；12—淋浴器；13—洗脸盆；14—大便器；

15—洗涤盆；16—水箱；17—进水管；18—出水管；19—消火栓

图 1-1-12　建筑内部给水系统

2. 室内排水系统

室内排水系统是将室内人们在日常生活和工业生产中使用过的水分别汇集起来，直接或经过局部处理后，及时排入室外污水管道。为排除屋面的雨、雪水，有时要设置室内雨水道，把雨水排入室外雨水道或合流制的下水道。室内排水系统按系统接纳的污水类型不同，可分为生活排水系统、工业废水排水系统、雨水排除系统。

建筑室内排水系统主要由卫生器具、排水管道系统、通气管系统和清通设备等部分组成。如图 1 - 1 - 13 所示。

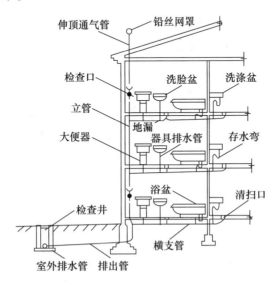

图 1 - 1 - 13 建筑内部排水系统

（1）卫生器具。卫生器具是室内排水系统的起点，接纳各种污水后排入管网系统。包括便溺用卫生器具、盥洗沐浴器具、洗涤器具等。

（2）排水管道系统。包括器具排水管、排水横支管、排水立管、排出管等。

（3）通气管系统。是排水系统内的一个重要组成部分。其作用是给排水管道补气，减少压力波动，保护水封；增加系统排水能力；防止有毒有害气体进入室内，使之排至大气中；减轻有害气体对管道的腐蚀。

（4）清通设备。主要用于疏通建筑内部排水管道，保障排水通畅。一般有检查口、清扫口、检查井或三通接头等设备，作为疏通排水管道之用。

【任务训练】

▶▶训练任务一　给排水工程系统组成

训练目标

　　通过本次训练，了解给排水工程系统的基础知识，掌握给排水工程的组成及其作用。

训练内容

说出给排水系统的组成结构及其各部分的作用。

训后思考

（1）在室外给水工程中，净水工程的作用是什么？请用图示说明净水处理流程。

（2）室外排水工程的作用是什么？

▶▶ 训练任务二　室内排水系统常识

训练目标

　　通过本次训练，掌握室内排水系统的基础知识，掌握室内排水系统的结构及其作用。

训练内容

熟悉表1-1-1中室内排水系统的组成，在日常生活或互联网上找到对应的图片资料。

表1-1-1　室内排水系统组成

序号	说　明	示意图
1	卫生器具	
2	排水管道系统	
3	通气管系统	
4	清通设备	

【任务考核】

将以上训练任务考核及评分结果填入表1-1-2中。

表1-1-2 给排水工程基本常识任务考核表

序号	考核内容	考核要点	配分（分）	得分（分）
1	训练表现	按时守纪，独立完成	10	
2	给排水工程常识	熟悉给排水工程组成及其各部分作用	30	
3	室内排水系统常识	熟悉室内排水系统结构，按要求完成表1-1-1中的任务	30	
4	思考题	独立完成、回答正确	20	
5	合作能力	小组成员合作能力	10	
6	合　　计		100	

【任务小结】

通过给排水工程的基本常识学习，根据自己的实际情况完成下表。

姓　名		班　级	
时　间		指导教师	
学到了什么			
需要改进及注意的地方			

任务二　电工基本常识

【任务描述】

电气工程施工是室内装修水电安装的一个重要环节。掌握一些电工基本常识对水电工进行室内电气安装非常关键。下面我们就来学习作为水电工必须要掌握的基本知识。

【知识目标】

➤ 了解电工基础知识，了解电常用基本物理量；
➤ 理解电流的形成条件和电流的概念，掌握电流、电压、功率的计算公式；
➤ 了解常用低压电器的种类，掌握其结构组成及工作原理。

【技能目标】

➤ 掌握电常用基本物理量间的联系；
➤ 掌握常用低压电器的种类，能识别各种常用低压电器，掌握其选用原则。

【知识链接】

一、电路的组成及状态

（一）电路的定义及组成

电流经过的路径叫作电路，由电源、负载、连接导线和开关组成，它的作用是实现电能的传输与转换。如图 1 - 2 - 1 所示为手电筒内部电路图，图 1 - 2 - 2 所示为手电筒电路模型。

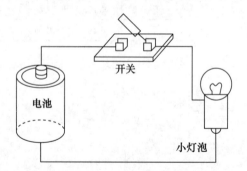

图 1 - 2 - 1   手电筒实际电路图

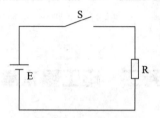

图 1 - 2 - 2   手电筒电路模型

（二）电路的状态

1. 通路状态

通路就是电路中开关闭合，负载中有电流流过，这种状态一般称为正常工作状态。如图 1 - 2 - 3 所示。

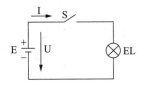

图 1-2-3 电路的通路状态

2. 开路状态

开路也称断路，是指电源两端或电路某处断开，电路中没有电流通过。对于电源来说，这种状态叫空载。

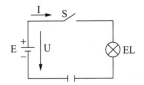

图 1-2-4 电路的开路状态

开路状态的特点：电路中电流为零，电源端电压 U 等于电源电动势 E。

3. 短路状态

电源两端的导线由于某种事故而直接相连，使负载中无电流通过。短路时，电源向导线提供的电流比正常时大几十倍至几百倍，这种状态一般称为故障状态。如图 1-2-5 所示。

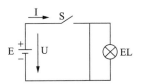

图 1-2-5 电路的短路状态

二、电的常用基本物理量

（一）电流

1. 电流的形成

在电路中，电荷沿着导体定向运动形成电流，在金属导体中，实质上能定向移动的电荷是带负电的自由电子。

2. 电流的大小

在单位时间内，通过导体横截面的电荷量越多，就表示流过该导体的电流越强。若在 t 时间内通过导体横截面的电荷量是 Q，则电流 I 可用下式表示：

$$I = \frac{Q}{t}$$

其中，I、Q、t 的单位分别为安培（A）、库仑（C）、秒（s），电流常用的单位还有 mA（毫安）和 μA（微安），它们之间的关系为：

$$1A = 10^3 mA = 10^6 \mu A$$

3. 电流的方向

电流的方向习惯上规定为正电荷定向移动的方向。在金属导体中，电流的方向与自由电子定向移动的相反。若电流的方向不随时间的变化而变化，则称其为直流电流，简称直流，用符号 DC 表示。其中，电流大小和方向都不随时间变化而变化的电流，称为稳恒直流电；电流大小随时间的变化而作周期性变化，但方向不变的称为脉动直流电。若电流的大小和方向都随时间作相应变化的，称为交流电流，简称交流，用符号 AC 表示。如图 1 - 2 - 6、图 1 - 2 - 7 所示。

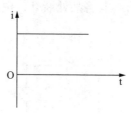

图 1 - 2 - 6　直流电流

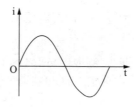

图 1 - 2 - 7　交流电流

4. 电流的测量

电流测量时应注意：

（1）对交、直流电流应分别使用交流电流表和直流电流表测量。

（2）电流表应串接到被测量的电路中。

（3）注意直流电流表的正负极性。直流电流表表壳接线柱上标明的"＋"、"－"记号，应和电路的极性相一致，不能接错，否则指针要反转，既影响正常测量，也容易损坏电流表。

（4）合理选择电流表的量程，每个电流表都有一定的测量范围，称为电流表的量程。

一般被测电流的数值在电流表量程的一半以上，读数较为准确。因此，在测量之前应先估计被测电流大小，以便选择适当量程的电流表。若无法估计，可先用电流表的最大量程挡测量，当指针偏转不到 1/3 刻度时，再改用较小挡去测量，直到测得正确数值，如图 1 - 2 - 8 所示。

（二）电位与电压

1. 电位

电荷在电场中某点所具有的能量称为电位或电势，用字母"Φ"表示。在电路分析中，用电流的方向来判定电路中各点电位的高低。

电位的单位为伏特，用字母"V"表示。

2. 电压

电场中不同两点间的电位的差值叫这两点间的电压。用字母"U"表示。电压的单位同电位的单位一样为"伏特",用字母"V"表示。

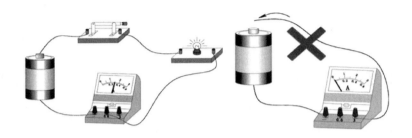

图 1 - 2 - 8 电流测量示意图

电压和电流一样,不但有大小,而且有方向。电压的方向是由高电位指向低电位,如"+"→"-",可称电位降或压降。

电压在电路中的标注方法如图 1 - 2 - 9 所示:

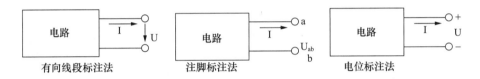

图 1 - 2 - 9 电压在电路中的几种标注方法

3. 电位与电压的异同

(1) 相同点。电压与电位的单位相同,两者都表示电场中某两点所具有能量的基本性质。

(2) 不同点。电位是某点到参考点的电压值,电压是两点间的电位差;参考点的改变只影响电位值,而不影响电压值。

(三) 电阻

导体对电流的阻碍作用,叫电阻。用字母"R"表示。在国际单位制中,电阻的单位是欧姆(Ω),简称欧。导体电阻的大小除了与以上因素有关外,还与导体的温度有关,一般金属材料,温度升高时导体电阻也增加。

(四) 电动势

电源力将单位正电荷从电源负极经电源内部移到正极所做的功称为电动势。电动势的符号为 E,单位为 V。电动势的方向规定为在电源内部由负极指向正极。对于一个电源来说,既有电动势,又有端电压。电动势只存在于电源内部;而端电压则是电源加在外电路两端的电压,其方向由正极指向负极。

(五) 电能与电功率

1. 电能

在导体两端加上电压,导体内就建立了电场。电场力在推动电荷定向移动中要做功。设导体两端的电压为 U,通过导体横截面的电荷量为 q,电场力所做的功即电路所消耗的电能:

W = qU

由于 q = It，所以：

W = UIt

其中，W、U、I、t 的单位应分别为 J（焦）、V（伏）、A（安）、s（秒）。在日常生产、生活中常以 kW·h（千瓦时，亦称度）作为电能的单位。

电流做功的过程实际上是电能转化为其他形式的能的过程。例如，电流通过电炉做功，电能转化为热能；电流通过电动机做功，电能转化为机械能；电流通过电解槽做功，电能转化为化学能。

2. 电功率

单位时间内所做的电功称为电功率。用 P 表示电功率，那么：

$$P = \frac{W}{t}$$

或：

$$P = UI$$

其中，P、U、I 的单位分别为 W（瓦）、V（伏）、A（安）。

可见，一段电路上的电功率，跟这段电路两端的电压和电路中的电流成正比。

用电器上通常标明它的电功率和电压，称为用电器的额定功率和额定电压。如果给它加上额定电压，它的功率就是额定功率，这时用电器正常工作。根据额定功率和额定电压，可以很容易算出用电器的额定电流。例如，220V、40W 白炽灯的额定电流就是 I = 40 ÷ 220 = 0.18（A）。

三、欧姆定律

欧姆定律是电工理论中一个最基本，也是最重要的定律，我们用它来分析计算线性电路中电流、电压、电阻三者的关系和大小。

（一）部分电路欧姆定律

电路中的电流 I 与电阻两端的电压 U 成正比，与电阻 R 成反比。如图 1 - 2 - 10 所示电路，假设电路中电压、电流的参考方向，则部分电路欧姆定律可以用公式表示为：

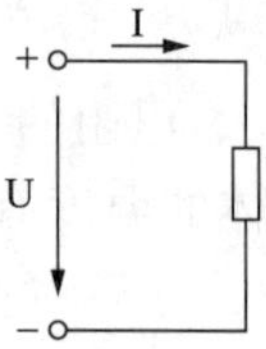

$$I = U/R$$

图 1 - 2 - 10 部分电路

其中，I 为电路中的电流强度，单位为安培（A）；U 为电阻两端的电压，单位为伏特（V）；R 为电阻，单位为欧姆（Ω）。

【例 1 - 2 - 1】设人体的最小电阻为 800Ω，已知通过人体的电流为 50mA 时，就会引起呼吸困难，使人不能自主摆脱。求人体的安全电压。

分析：I = 50mA = 0.05A，由公式 U = RI 可直接求得。

解：U = RI = 800 × 0.05 = 40（V）

即人体的安全电压应在 40V 以下。

（二）全电路欧姆定律

全电路是由内部电路和外部电路组成的闭合电路整体，如图 1 - 2 - 11 所示。图中的点划线代表一个电源的内部，称为内电路。r_0 是电源的内阻（有时直接用电源符号旁边

标出 r_0，而不再画电阻符号），又称内电阻。电源外部的电路称为外电路。

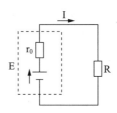

图 1 - 2 - 11　全电路示意图

实验证明：流过闭合电路电流 I 的大小与电源电动势成正比，与电路中内、外电阻成反比，这个规律称为全电路欧姆定律。用公式表示为：

$$I = \frac{E}{R + r_0}$$

其中，E 为电源电动势；R 为电阻；r_0 为电源内阻。

【例 1 - 2 - 2】如图所示电路，已知：$E = 110V$，$r_0 = 0.2\Omega$，$R = 10\Omega$。

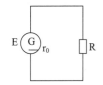

求：①工作正常时的电流 I；

②负载两端短路时的电流 I′。

解：利用全电路欧姆定律可得：

①正常工作时：

$$I = \frac{E}{R + r_0} = \frac{110}{10 + 0.2} \approx 10 \text{（A）}$$

②负载两端短路时：

$$I = \frac{E}{r_0} = \frac{110}{0.2} = 550 \text{（A）}$$

如无保护措施，发电机与线路均会迅速烧毁。

四、电阻的串并联

（一）电阻的串联

电路中，两个以上电阻（可视为阻性负载）首尾依次连接成串，这种连接方式叫串联。以这种方式组成的电路称为串联电路，它没有分支，只有一条电路通道。如图 1 - 2 - 12 所示。

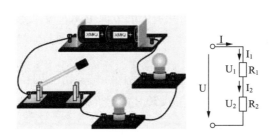

图 1 - 2 - 12　串联电路示意图

串联电路的特点：

（1）串联电路中流过每个电阻的电流都相等（$I = I_1 = I_2 = \cdots = I_N$）。

（2）串联电路两端的总电压等于各电阻两端电压之和（$U = U_1 + U_2 + \cdots + U_N$）。

（3）串联电路总电阻（等效电阻）等于各串联电阻之和（$R = R_1 + R_2 + \cdots + R_N$）。

（4）在串联电路中，各电阻上分配的电压与其电阻值成正比。

【例1-2-3】有一指针式表头，其参数为 $I_a = 50\mu A$（即满刻度），内阻 $R_a = 3k\Omega$。若要改装成能测量10V电压的电压表，应串联多大电阻？

解：首先，算出此表头可测量最大电压（表头满刻度降压）：

$$U_a = I_a \times R_a = 50 \times 10^{-6} \times 3 \times 10^3 = 0.15 \text{（V）}$$

由此可得出，该表头不能直接测量10V电压，需串联分压电阻扩大电压表量程。即：

$$R_L = \frac{U_L}{I_a} = \frac{U - U_a}{I_a} = \frac{10 - 0.15}{50 \times 10^{-6}} = 197 \text{（k}\Omega\text{）}$$

串联一个197kΩ电阻就能把表头改装成测量10V电压的电压表。

（二）电阻的并联

两个以上电阻的两端分别连在一起，这种连接方法叫并联。并联这种连接方式在实际工作中运用得极为普遍，一般在生产生活中所用的电气设备都是并联安装。如图1-2-13所示。

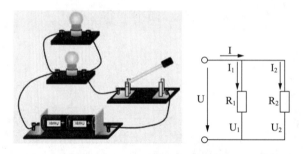

图1-2-13　并联电路示意图

并联电路特点：

（1）在并联电路中，各电阻两端的电压相等，且等于电路两端电压（$U = U_1 = U_2$）。

（2）并联电路中，总电流等于各电阻中的电流之和（$I = I_1 + I_2$）。

（3）并联电路的总电阻（等效电阻）的倒数等于各电阻的倒数之和。

（4）并联电路中，通过各个电阻的电流与它的阻值成反比。

【例1-2-4】有一指针式表头，其参数为 $I_a = 50\mu A$（即满刻度），内阻 $R_a = 3k\Omega$。现欲测量 $I = 100\mu A$ 的电流，问需要并联多大的分流电阻？

解：需要分流的数值如下：

$$I_b = I - I_a = 100 - 50 = 50 \text{（}\mu A\text{）}$$

表头所能承受的电压 U_a 等于分流电阻 R_b 上的电压 U_b，即：

$$U_a = U_b = I_a R_a = 50 \times 10^{-6} \times 3 \times 10^3 = 150 \times 10^{-3} \text{（V）}$$

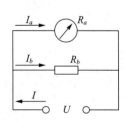

$$R_b = \frac{U_b}{I_b} = \frac{150 \times 10^{-3}}{50 \times 10^{-6}} = 3 \times 10^3 \Omega = 3 \text{（k}\Omega\text{）}$$

五、单相交流电

（一）交流电的概念

大小和方向都随时间作周期性变化的电流（电动势、电压）叫交流电。交流电与直流电的根本区别是：直流电的方向不随时间的变化而变化，交流电的方向则随时间的变化而变化。如图 1-2-14 所示，几种常见的电信号。

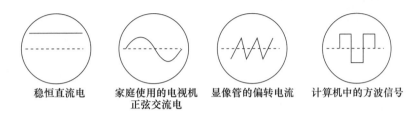

稳恒直流电　　家庭使用的电视机　　显像管的偏转电流　　计算机中的方波信号
　　　　　　　正弦交流电

图 1-2-14　几种常见的电信号

（二）交流电的产生

交流电可以由交流发电机提供，也可以由振荡器产生。交流发电机主要是提供电能，振荡器主要是产生各种交流信号。

当闭合矩形线圈在匀强磁场中，绕垂直磁感线的轴匀速运动时，闭合线圈中就有交流电产生。如图 1-2-15 所示。

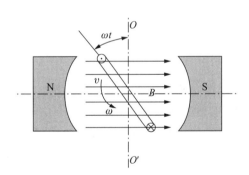

图 1-2-15　线圈在磁场中运动产生交流电

六、常用的低压电器介绍

低压电器通常是指工作在交流电压小于 1200V、直流电压小于 1500V 的电路中起通断、保护、控制或调节作用的电器。低压电器可以分为配电电器和控制电器两大类，是成套电气设备的基本组成元件。低压电器广泛用于工业、农业、交通、国防以及用电部门等。

（一）低压电器的种类

按动作方式可分为手动电器与自动电器。手动电器是指依靠外力直接操作来进行切换的电器，如刀开关、按钮开关等。自动电器是指依靠指令或物理量变化而自动动作的电器，如接触器、继电器等。

按用途可分为低压控制电器与低压保护电器。低压控制电器主要在低压配电系统及动力设备中起控制作用，如刀开关、低压断路器等。低压保护电器主要在低压配电系统及动力设备中起保护作用，如熔断器、热继电器等。

按种类可分为刀开关、刀形转换开关、熔断器、低压断路器、接触器、继电器、主令电器和自动开关等。

（二）常用的低压电器

1. 常用低压开关电器

如图 1-2-16 所示，HK 系列刀开关及组合开关外形图及符号。

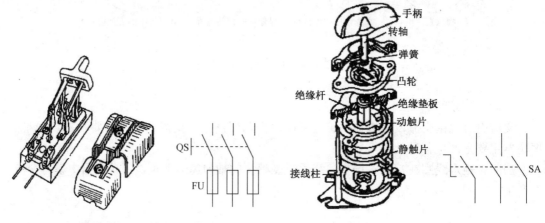

HK系列瓷底胶盖刀开关外形图及符号　　　　　　　组合开关外形图及符号

图 1-2-16　常用低压开关电器

刀开关又称闸刀开关或隔离开关，它是手控电器中最简单而使用又较广泛的一种低压电器。在工厂电气控制系统中，通常将刀开关和熔断器合二为一，组成具有一定接通分断能力和短路分断能力的组合式电器，其短路分断能力由组合电器中的熔断器分断能力决定。目前，使用最为广泛的是开启式负荷开关（瓷底胶盖刀开关）和转换开关（组合开关）。

刀开关在电路中的作用：

（1）隔离电源，以确保电路和设备维修的安全；或作为不频繁地接通和分断额定电流以下的负载用。

（2）分断负载，如不频繁地接通和分断容量不大的低压电路或直接启动小容量电机。

（3）刀开关处于断开位置时，可明显观察到，能确保电路检修人员的安全。

2. 常用低压断路器（自动空气开关）

图 1-2-17 为常用低压断路器外形。低压断路器又叫自动空气开关，既有手动开关作用，又能自动进行失压、欠压过载和短路保护的电器。可用来分配电能，不频繁地启动异步电机，对电源线路及电动机等实行保护，当它们发生严重的过载或短路及欠电压等故障时能自动切断电路。

图1-2-17 常用低压断路器外形

低压断路器内部结构如图1-2-18所示，其工作原理如下：

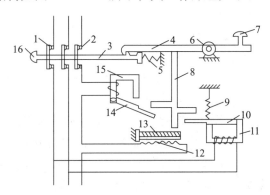

1—动触头；2—静触头；3—锁扣；4—搭钩；5—反作用弹簧；6—转轴座；7—分断按钮；
8—杠杆；9—拉力弹簧；10—欠电压脱扣器衔铁；11—欠电压脱扣器；12—热元件；
13—双金属片；14—电磁脱扣器衔铁；15—电磁脱扣器；16—接通按钮

图1-2-18 低压断路器内部结构

当线路发生过载时，过载电流流过热元件产生一定的热量，使双金属片受热向上弯曲，通过杠杆推动搭钩与锁扣脱开，在反作用弹簧的推动下，动、静触头分开，从而切断电路，使用电设备不致因过载而烧毁。

当线路发生短路故障时，短路电流超过电磁脱扣器的瞬时脱扣整定电流，电磁脱扣器产生足够大的吸力将衔铁吸合，通过杠杆推动搭钩与锁扣分开，从而切断电路，实现短路保护。低压断路器出厂时，电磁脱扣器的瞬时脱扣整定电流一般整定为10In（In为断路器的额定电流）。

欠电压脱扣器的动作过程与电磁脱扣器恰好相反。当线路电压正常时，欠电压脱扣器的衔铁被吸合，衔铁与杠杆脱离，断路器的主触头能够闭合；当线路上的电压消失或下降到某一数值时，欠电压脱扣器的吸力消失或减小到不足以克服拉力弹簧的拉力时，衔铁在拉力弹簧的作用下撞击杠杆，将搭钩顶开，使触头分断。由此也可看出，具有欠电压脱扣器的断路器在欠电压脱扣器两端无电压或电压过低时，不能接通电路。

3. 低压熔断器

熔断器简称保险丝，是最简单有效的短路保护装置。熔断器中的熔丝和熔片是用易熔合金制成的，当流过熔体的电流大于它的整定值时，熔体立刻熔断，切断电源，起到保护作用。图1-2-19所示为常见低压熔断器外形。

图 1-2-19　常见低压熔断器外形

熔断器熔体选用的原则如下：

（1）一般照明电路，熔体 $I_N > I_L$。

（2）单台电动机：熔体 $I_N > (1.5 \sim 2.5) I_L$。

（3）多台电动机：熔体 $I_N \geq (1.5 \sim 2.5)$ 倍最大电机 I_N 加其余电机的额定电流。

4. 热继电器

热继电器是利用流过继电器的电流所产生的热效应而反时限动作的自动保护电器。热继电器的形式有多种，其中双金属片式应用最多。按极数划分有单极、两极和三极三种，其中三极的又包括带断相保护装置和不带断相保护装置两种；按复位方式划分有自动复位式和手动复位式两种。图 1-2-20 所示为常用热继电器外形、结构及图形符号。

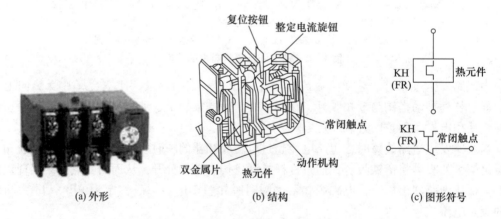

(a) 外形　　　　　　　(b) 结构　　　　　　　(c) 图形符号

图 1-2-20　热继电器外形、结构及图形符号

热继电器的工作原理如下：

当电动机过载时，流过电阻丝的电流超过热继电器的整定电流，电阻丝发热增多，温度升高，由于两块金属片的热膨胀程度不同而使主双金属片向右弯曲，通过传动机构推动常闭触头断开，分断控制电路，再通过接触器切断主电路，实现对电动机的过载保护。电源切除后，主双金属片逐渐冷却恢复原位。热继电器的复位机构有手动复位和自动复位两种形式，可根据使用要求通过复位调节螺钉来自由调整选择。一般自动复位时间不大于5min，手动复位时间不大于2min。

热继电器的整定电流是指热继电器连续工作而不动作的最大电流。其大小可通过旋转电流整定旋钮来调节。超过整定电流,热继电器将在负载未达到其允许的过载极限之前动作。

【任务训练】

➤➤ 训练任务一 电位与电压的测量

训练目标

　　通过本次训练,掌握电位与电压的测量方法与技巧。

训练内容

　　(1)如图1-2-21所示电路,以A点作为电位参考点分别测量B、C、D、E、F各点的电位值Φ及相邻两点之间的电压值U_{AB}、U_{BC}、U_{CD}、U_{DE}、U_{EF}及U_{FA},数据列于表1-2-1中。

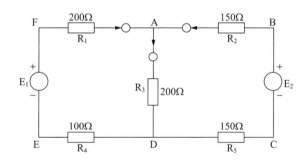

图1-2-21 电位与电压的测量

　　(2)以D点作为参考点,重复实验内容(1)的步骤,测得数据记入表1-2-1中。

表1-2-1 电位与电压的测量

电位参考点	Φ与U(V)	Φ_A	Φ_B	Φ_C	Φ_D	Φ_E	Φ_F	U_{AB}	U_{BC}	U_{CD}	U_{DE}	U_{EF}	U_{FA}
A	计算值												
	测量值												
	相对误差												
D	计算值												
	测量值												
	相对误差												

训后思考

电位与电压的区别在哪里?

▶▶ 训练任务二 常用低压电器的识别

训练目标

通过本次训练,认识常用的低压电器,熟悉各种常用低压电器型号意义,掌握其结构与工作原理。

训练内容

通过识别各种常用低压电器,熟悉其结构与工作原理,按要求填写表1-2-2。

表1-2-2 常用低压电器的结构及工作原理

序号	名称	功能与作用	示意图
1	刀开关		
2	组合开关		
3	低压断路器		
4	热继电器		
5	低压熔断器		

【任务考核】

将以上训练任务考核及评分结果填入表1-2-3中。

表 1 - 2 - 3　电工基本常识任务考核表

序号	考核内容	考核要点	配分（分）	得分（分）
1	训练表现	按时守纪，独立完成	10	
2	电位与电压的测量	能正确选择量程与测量方法；读数准确	30	
3	低压电器的识别	能准确说出常用低压电器名称，概述工作原理	30	
4	思考题	独立完成、回答正确	20	
5	合作能力	小组成员合作能力	10	
6	合　计		100	

【任务小结】

通过电工基本常识任务学习，根据自己的实际情况完成下表。

姓　名		班　级	
时　间		指导教师	
学到了什么			
需要改进及注意的地方			

任务三　水电工施工图的识读

【任务描述】

　　水电工施工图纸是对施工现场进行仔细勘查和认真收集的基础上，通过图像符号、文字说明及标注来表达具体工程性质的一种图纸。掌握水电工施工图的识读，对现场施工有着很重要的作用。

【知识目标】

➤ 了解水电工施工图的基本知识；

> 学习建筑电气、给排水管道、采暖管道等施工图的识读方法。

【技能目标】

> 掌握建筑电气安装施工图的识读方法；
> 掌握各种管道施工图的识读方法。

【知识链接】

一、管道施工图识读基本知识

(一) 管道施工图的分类

1. 按专业分

根据工程项目性质的不同，管道施工图可分为工业（艺）管道施工图和暖卫管道施工图两大类。前者是为生产输送介质即为生产服务的管道，属于工业管道安装工程；后者是为生活或改善劳动卫生条件，满足人体舒适而输送介质的管道，属于建筑安装工程。水暖工主要应掌握暖卫管道施工图。暖卫管道工程又可分为建筑给排水管道、供暖管道、消防管道、通风与空调管道以及燃气管道等诸多专业管道。

2. 按图形和作用分

各专业管道施工图按图形和作用不同，均可分为基本图和详图两部分。基本图包括施工图目录、设计施工说明、设备材料表、工艺流程图、平面图、轴测图、剖（立）面图；详图包括节点图、大样图、标准图。

（1）施工图目录。设计人员将一个项目工程的施工图纸按一定的名称和顺序归纳整理编排而成目录，便于查阅和保管。通过图纸目录，可了解该项目整套专业图的图别、图名及其数量、图纸设计单位、建设单位、拟建工程名称等信息。

（2）设计施工说明。设计人员在图样上无法表明而又必须要建设单位和施工单位知道的一些技术和质量的要求，一般以文字的形式加以说明。其内容包括工程设计的主要技术数据，施工验收要求以及特殊注意事项。如空调工程施工图纸的设计说明则有空调冷负荷、耗电、耗水指标等。

（3）设备材料表。设备材料表是指拟建工程所需的主要设备、各类管道、阀门、防腐、绝热材料的名称、规格、材质、数量、型号的明细表。

（4）工艺流程图。工艺流程图是整个管道系统整个工艺变化过程的原理图，既是设备布置和管道布置等设计的依据，也是施工安装和操作运行时的依据。通过此图，可全面了解建筑物名称、设备编号、整个系统的仪表控制点（温度、压力、流量及分析的测点），可确切了解管道的材质、规格、编号、输送的介质与流向以及主要控制阀门等。

（5）平面图。管道平面图是管道施工图中最基本的一种图样。主要表示设备、管道在建筑物内的平面布置，表示管线的排列和走向、坡度和坡向、管径和标高以及各管段的长度尺寸和相对位置等具体数据。

（6）轴测图。轴测图又称系统图，是管道施工图中的重要图样之一。它反映设备管道的空间布置，管线的空间走向。建筑给排水和暖通工程图，通常结合平面图和轴测图进行识图。

（7）剖（立）面图。剖（立）面图是管道施工图中的常见图样。主要反映管道在建筑物内的垂直高度方向上的布置，反映在垂直方向上管线的排列和走向以及各管线的编号、管径、标高等具体数据。

（8）节点详图。节点详图是对平面图或其他施工图样无法表示清楚的节点部位的放大图；能清楚地反映某一局部管道和组合件的详细结构和尺寸。

（9）大样图及标准图。大样图是表示一组设备的配管或一组管配件组合安装的详图，能反映组合体各部位的详细构造和尺寸。

标准图是一种具有通用性的图样，是为使设计和施工标准化、统一化，一般由国家或有关部委颁发的标准图样；主要反映了成组管件、部件或设备的具体构造尺寸和安装技术要求，是整套施工图纸的一个组成部分。

（二）管道施工图主要内容及表示方法

1. 标题栏

标题栏提供的内容比图纸目录更进一层，其格式没有统一规定。标题栏常见内容如下：

（1）项目。根据该项工程的具体名称而定。

（2）图名。表明本张图纸的名称和主要内容。

（3）设计号。指设计部门对该项工程的编号，有时也是工程的代号。

（4）图别。表明本图所属的专业和设计阶段。

（5）图号。表明本专业图纸的编号顺序（一般用阿拉伯数字注写）。

2. 比例

管道施工图上的长短与实际相比的关系叫作比例。各类管道施工图常用的比例如表1-3-1所示。

表1-3-1　管道施工图常用比例

名　称	比　例
小区总平面图	1:2000，1:1000，1:500，1:200
总图中管道断面图	横向：1:1000，1:500 纵向：1:200，1:100，1:50
室内管道平、剖面图	1:200，1:100，1:50，1:20
管道系统轴测图	1:200，1:100，1:50 或不按比例
流程图或原理图	无比例

3. 标高的表示

标高是标注管道或建筑物高度的一种尺寸形式。标高符号的形式如图1-3-1所示。标高符号用细实线绘制，三角形的尖端画在标高引出线上，表示标高的位置，尖端的指向可向下也可向上。剖面图中的管道标高按图1-3-2标注，轴测图中的管道标高按图1-3-3标注。

图 1 - 3 - 1　平面图中管道标高的标注

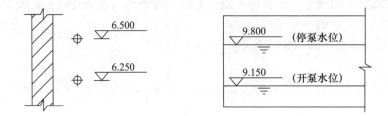

图 1 - 3 - 2　剖面图中管道标高的标注

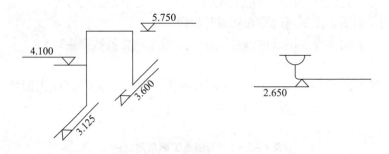

图 1 - 3 - 3　轴测图中管道标高的标注

标高值以米为单位,在一般图纸中宜注写到小数点后3位,在总平面图及相应的小区管道施工图中可注写到小数点后2位。各种管道在讫合点、转角点、连接点、变坡点、交叉点等处视需要标注管道的标高,地沟宜标注沟底标高,压力管道宜标注管中心标高,室内外重力管道宜标注管内底标高,必要时室内架空重力管道可标注管中心标高(图中应加以说明)。

4. 方位标的表示

确定管道安装方位基准的图标,称为方位标。管道底层平面上一般用指北针表示建筑物或管线的方位;建筑总平面图或室外总图管道布置图上还可用风向频率玫瑰图表示方向,如图 1 - 3 - 4 所示。

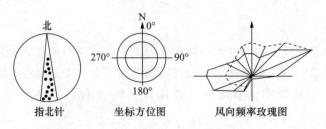

图 1 - 3 - 4　方位标

5. 管径的表示

施工图上管道管径尺寸以毫米为单位，标注时通常只注写代号与数字，而不注明单位。管道施工图中标注管径的符号有 De、DN、d、φ。

（1）De——主要是指管道外径，一般采用 De 标注的，均需要标注成"外径×壁厚"的形式。常用于表示无缝钢管、焊接钢管（直缝或螺旋缝）、铜管、不锈钢管、PPR、PE 管、高密度聚乙烯管（HPPE）、聚丙烯管管径及壁厚。

（2）DN——公称直径，一般来说，《给水排水制图标准》上都有规定，水煤气输送钢管（镀锌或非镀锌），铸铁管等管材，管径宜以公称直径 DN 表示。聚乙烯（PVC）管、钢塑复合管管径也常用公称直径表示。

以镀锌焊接钢管为例，用 DN、De 两种标注方法标注如下：DN20 De25×2.5mm；DN25 De32×3mm；DN32 De40×4mm。

（3）d——混凝土管公称直径。钢筋混凝土管以内径 d 表示（如 d230、d380）等。

（4）φ——无缝钢管公称直径。在通风空调工程中圆形风管也用其表示外径。如 φ100：108×4、φ320 等。

管径在图纸上一般标注在以下位置：

管径尺寸变径处、水平管道的上方、斜管道的斜上方、立管道的左侧，如图 1-3-5 所示。当管径尺寸无法按照上述位置标注时，可另找适当位置标注。多根管线的管径尺寸可用引出线标注，如图 1-3-6 所示。

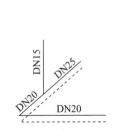

图 1-3-5　管径尺寸标注位置

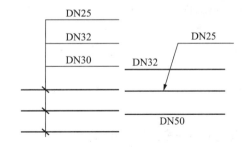

图 1-3-6　多根管线管径尺寸标注

6. 坡度、坡向的表示

管道的坡度及坡向表示管道倾斜的程度和高低方向，坡度用字母"i"表示，在其后面加上等号并注写坡度值；坡向用单面箭头表示，箭头指向低的一端。常用的表示方法如图 1-3-7 所示。

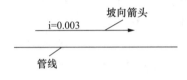

图 1-3-7　坡度及坡向表示

7. 管线的表示及系统编号

管线的表示方法有很多，可以在管线进入建筑物入口处进行编号。管道立管较多时，可进行立管编号，并在管道上标注出管材、截止代号、工艺参数及安装数据等。

图 1 – 3 – 8 是管道系统入口或出口编号的两种形式，其中图 1 – 3 – 8 （a） 主要用于室内给水系统的入口和室内排水系统出口的系统编号；图 1 – 3 – 8 （b） 则用于采暖系统入库或动力管道系统入口的系统编号。立管编号，通常在 8 ~ 10mm 直径的圆圈内，注明立管性质及编号，如给水立管用 JL 表示。

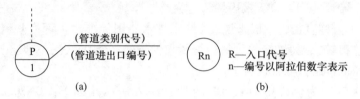

图 1 – 3 – 8　管道系统编号

（三）管道施工图的特点

识读管道施工图时应注意以下特点：

（1）管道施工图中的设备、管道、部件均采用国家统一图例符号加以表示。

（2）管道施工图与房屋建筑图密不可分。

（3）管道系统有始有末，总有一定的来龙去脉。识图时可沿（逆）管道内介质流动方向，按先干管后支管的顺序进行识图。

（4）在水暖工程图中，应将平面图和系统轴测图对照阅读。

（5）掌握管道施工图中的习惯画法和规定画法：

1）给排水工程图中，常将安装于下层空间而为本层使用的管道绘制于本层平面图上。

2）管道施工图中，某些不可见的管道（如穿墙和埋地管道等）不用虚线而用实线表示。

3）管道施工图是按比例绘制的，但局部管道往往未按比例而是示意性的表示。局部位置的管道尺寸和安装方式由规范和标准图来确定。

4）室内给排水系统轴测图中，给水管道只绘制到水龙头，排水管道则只绘制到卫生器具出口处的存水弯，而不绘制卫生器具。

二、室内给排水施工图的识读

（一）室内给排水施工图常用图例

室内给排水施工图中常用图例符号如表 1 – 3 – 2 所示。

（二）室内给排水施工图平面图的识读

建筑给排水管道平面布置图是施工图中最重要和最基本的图样，其比例为 1：50 和 1：100 两种。它主要表明给排水管道和卫生器具等的平面布置。在识读该图时应注意掌握以下内容：

（1）查明卫生器具、用水设备和升压设备的类型、数量、安装位置及定位尺寸。卫生器具和各种设备通常都是用图例画出来的，它只说明器具和设备的类型，而不能具体表示各部分的尺寸及构造，因此在识读时必须结合有关详图和技术资料，搞清楚这些器具和设备的构造、接管方式及尺寸。

表 1-3-2　室内给排水施工图常见图例

名　称	图　例	名　称	图　例
生活给水管	—— J ——	检查口	
生活污水管	—— SW ——	清扫口	—○◎（冂）
通气管	—— T ——	地漏	—●（冂）
雨水管	—— Y ——	浴盆	
水表		洗脸盆	
截止阀		蹲式大便器	
闸阀		坐式大便器	
止回阀		洗涤池	
蝶阀		立式小便器	
自闭冲洗阀		室外水表井	
雨水口	（△）	矩形化粪池	
存水弯		圆形化粪池	—○○
消火栓	（—⊘）	阀门井（检查井）	—○—

注：表中括号内为系统统图图例。

（2）弄清给水引入管和污水排出管的平面位置、走向、定位尺寸、与室外给排水管网的连接形式、管径及坡度。给水引入管上一般都装有阀门，通常设于室外阀门井内。污水排出管与室外排水总管的连接是通过检查井来实现的。

（3）查明给排水干管、立管、支管的平面位置与走向、管径尺寸及立管的编号。从平面图上可清楚地查明管道是明装还是暗装，以确定施工方法。

（4）消防给水管道要查明消火栓的布置、口径大小及消防箱的形式与位置。

（5）在给水管道上设置水表时，必须查明水表的型号、安装位置、表前后阀门的设置情况。

（6）对于室内排水管道，还要查明清通设备的布置情况，清扫口的型号和位置。搞清楚室内检查井的进出管连接方式。对于雨水管道，要查明雨水斗的型号及布置情况，并结合详图搞清雨水斗与天沟的连接方式。

（三）室内给排水施工图系统图的识读

给排水管道系统图主要表明管道系统的立体走向。在给水系统图上，卫生器具不画出来，只需画出水龙头、冲洗水箱等符号；用水设备如锅炉、热交换器、水箱等则画出示意性立体图，并以文字说明。在排水系统图上，也只画出相应的卫生器具的存水弯或器具排水管。在识读系统图时，应掌握以下内容及注意事项：

（1）查明给水管道的走向，干管的布置方式，管径尺寸及其变化情况，阀门的设置，引入管、干管及各支管的标高。

（2）查明排水管的走向，管路分支情况，管径尺寸与横管坡度，管道各部标高，存水弯的形式，清通设备的设置情况，弯头及三通的选用等。

识读管道系统图时，应结合平面图及说明，了解和确定管材及配件。

（3）系统图上对各楼层标高都有注明，看图时可据此分清各层管路。管道支架在图中一般不表示，由施工人员按有关规程和习惯做法自定。

（四）室内给排水施工图详图的识读

室内给排水详图包括节点图、大样图、标准图，主要是管道节点、水表、消火栓、水加热器、卫生器具、套管、开水炉、排水设备、管道支架的安装图及卫生间大样图等，图中注明了详细尺寸，可供安装时直接使用。

（五）识读给排水施工图时应注意的问题

（1）识图时先看设计说明，明确设计要求。

（2）要把施工图按给水、排水分开阅读，把平面图和系统图对照起来看。

（3）给水系统图可以从给水引入管起，顺着管道水流方向看；排水系统图可从卫生器具开始，也可顺着水流方向阅读。

（4）卫生器具的安装形式及详细配管情况要参阅设计选用的相关标准图集。

【例1－3－1】图1－3－9、图1－3－10为某三层楼房的给排水管道平面图与系统图，试对这套施工图进行识读。

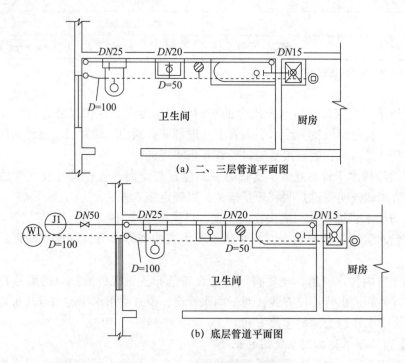

图1－3－9　给排水管道平面图

通过识读平面图可得知各层卫生间内设有低水箱坐式大便器、洗脸盆、浴盆各1套，为了排除卫生间的地面污水和冲洗地面方便还设有1个地漏，厨房内设有1个洗涤盆。

给水系统编号J1。引入管直径50mm，在室外设有闸门，埋深0.8m，进入室内沿墙角设置立管。立管直径在底层分支前为50mm，底层与二层分支前为32mm，二层至三层为25mm。每层设一分支管，分别向大便器水箱、洗脸盆和洗涤盆供水。底层分支管标高为 0.250m，从立管至洗脸盆一段管径为 25mm，洗脸盆至浴盆一段管径变为 20mm。分支管沿内墙敷设（见图 1-3-9），在卫生间内墙墙角升高至标高 0.670m 转弯水平敷设，再分支一路穿墙进入厨房，升高至标高 1.000m 接洗涤盆龙头，管径为 15mm；另一路接浴盆龙头，管径也是 15mm。三层和三层分支管上的接管管径，距地面的距离与底层完全相同。

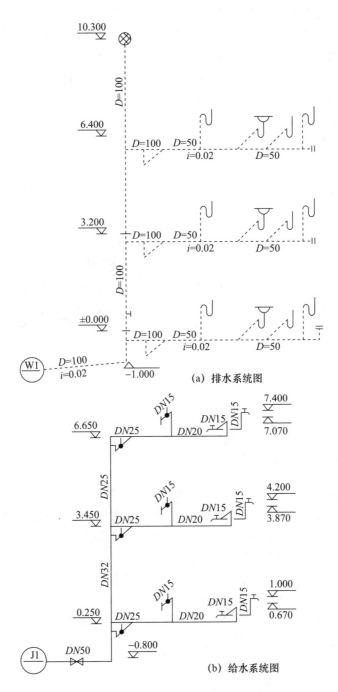

图 1-3-10 给排水管道系统图

排水系统编号 W1。每层设一根排水横管，横管上连接有洗涤盆、浴盆、地漏、洗脸盆和大便器等器具的排水管。横管末端装设清扫口，底层清扫口从地下弯到地板上，二层和三层清扫口设在二层和三层天花板下面。自洗涤盆至大便器的排水横管管径为50mm，大便器至立管段管径为100mm，排水立管、通气管和排出管的管径都是100mm。排出管穿外墙标高为 –1.000m，横管坡度都是0.02。

给排水管道平面图和系统图对管路的布置和走向都表示得很清楚，但管路与卫生器具的连接则未作表达，还需另外查阅详图。例如，大便器与排水管道的连接可按图1－3－11所示进行。从该图上看出大便器水箱进水管，管径为15mm，三通中心距大便器中心偏左165mm，三通水平安装并连接角式截止阀，角式截止阀与水箱之间用15mm铜管镶接，大便器的器具排水管在横管上三通水平设置，与铸铁弯头相连接，弯头中心距光墙面420mm，弯头上再装一段铸铁排水管至地平面。

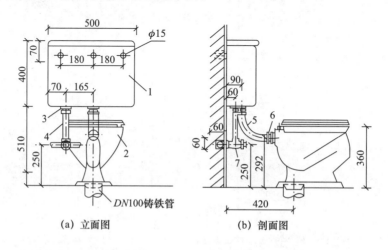

(a) 立面图　　　　　　　(b) 剖面图

1—5 号低水箱；2—3 号坐式大便器；3—DN15 浮球阀配件；4—DN15 进水管
5—DN 冲洗管及配件；6—DN50 锁紧螺母；7—DN15 角式截止阀

图1－3－11　低水箱坐式大便器安装图

三、室内暖管道施工图识读

完整的室内采暖施工图有图纸目录、说明书、设备材料表、平面图、轴测图和详图等。识读采暖施工图应按热媒在管内所走的路程顺序进行，以便掌握全局；识读其系统图时，应将系统图与平面图结合对照进行，以便弄清整个采暖系统的空间布置关系。

（一）室内采暖施工图平面图的识读

室内采暖平面图主要表示管道、附件及散热器在建筑物平面上的位置及相互关系。识读时，应掌握如下内容及注意事项：

（1）查明建筑物内散热器的平面位置、种类、片数及散热器的安装形式、方式。各种散热器的规格及数量应按以下规定标注：

①柱型散热器只标注数量；

②复合柱翼型散热器应标注根数和排数；

③光排管散热器应标注管径、长度、排数及型号（A 型和 B 型）。

（2）查明水平干管的布置方式、干管上的阀门、固定支架、补偿器等的平面位置、型号、干管管径。

（3）通过立管编号查明系统立管的数量和平面布置位置。

（4）在热水采暖系统平面图应查明膨胀水箱、自动排气阀或集气罐的位置、型号、配管管径及布置。对车间蒸汽采暖管道，应查明疏水器的平面位置、规格尺寸、疏水装置组成等。

（5）查明热媒入口及入口地沟情况。当热媒入口无节点详图时，平面图上一般将入口组成的设备如减压阀、疏水器、分水器、分汽缸、除污器、控制阀、温度计、压力表、热量表等标示清楚，并标注管径、热媒来源、流向、热工参数等。如果热媒入口主要配件与国家标准图相同时，平面图则注明规格、标准图号，可按给定标准图号查阅。当热媒入口有节点详图时，平面图则注明节点图的编号以备查阅。

（二）室内采暖施工图系统图的识读

室内采暖系统图主要表示从热媒入口至出口的采暖管道，散热设备及附件的空间位置和互相之间的关系。识读时，应掌握如下内容及注意事项：

（1）查明管道系统中干管与立管之间及支管与散热器之间的连接方式、阀门安装位置及数量，各管道管径、坡度坡向、水平干管的标高、立管编号、管道的连接方式。

（2）查明散热器的规格型号、类型、安装形式及方式与片数（中片和足片）、标高、散热器进场形式（现场组对或成品）。

（3）查明各种阀件、附件及设备在管道系统中的位置，凡是注有规格型号者，应与平面图和材料明细表进行校对。

（4）查明热媒入口装置中各种阀件、附件、仪表之间相对关系及热媒的来源、流向、坡向、标高、管径等。如有节点详图时，应查明详图编号及内容。

（三）室内采暖施工图详图的识读

室内采暖施工图的详图包括标准图和节点图两种，其中标准图是详图的重要组成部分。供水管、回水管与散热器之间的连接形式、详细尺寸和安装要求，均可用标准图表示。因此，对施工技术人员来说，掌握常用的标准图，熟知必要的安装尺寸和管道配件、施工做法，对组织施工活动、控制施工质量是十分必要的。

室内采暖施工图中常用标准图的内容如下：

（1）膨胀水箱、冷凝水箱的制作、配件与安装。

（2）分汽罐、分水器、集水器的构造、制作与安装。

（3）疏水器、减压阀、减压板的组成形式和安装方法。

（4）散热器的连接与安装要求。

（5）采暖系统立管、支管、干管的连接形式。

（6）管道支架、吊架的制作与安装。

（7）集汽罐的制作与安装。

图1-3-12为热水双管系统散热器和立支管连接图。它是用正投影方法绘制出来的，比较形象，可以用前面所学的投影原理知识来进行识读。这个标准图说明散热器是明装的。立管两侧各为4片柱型散热器，每组有两片带是散热片；散热器用卡子固定在墙上，散热器入口的支管上都装有角阀，回水支管上装有活接头。支管有0.01的坡度，供水与回水立管间距为80mm，供水立管中心距墙壁50mm，支管中心距墙壁50mm，两根立管与支管交叉处，都弯成元宝弯来绕过支管，具体连接配件也都表示得很清楚。按这种标准图就可以准确地提出材料预算并安装散热器。

【例1-3-2】图1-3-13为某二层建筑的一层和二层采暖平面图，图1-3-14为其采暖系统，试对这套图纸进行识读。

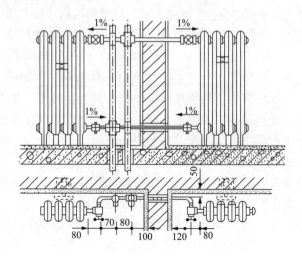

图 1-3-12　热水双管散热器的连接

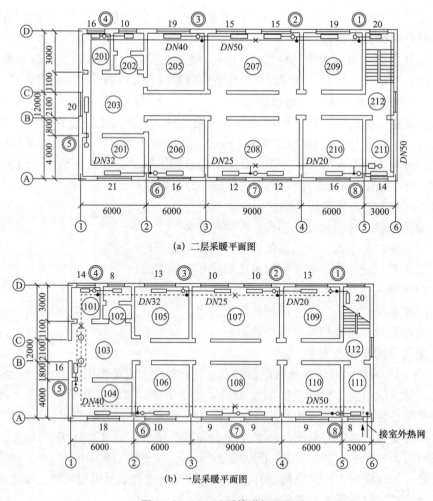

(a) 二层采暖平面图

(b) 一层采暖平面图

图 1-3-13　采暖管道平面图

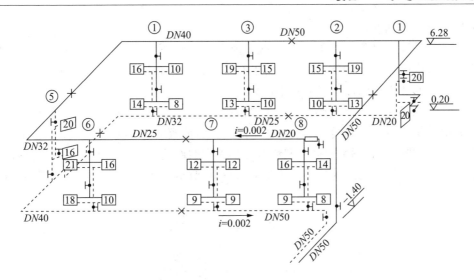

（全部立管管径为 DN20，接散热器支管管径均为 DN15；散热器为四柱型；
管道刷一道醇酸底漆，两道银粉漆；管道坡度为 0.002）

图 1 - 3 - 14　采暖管道系统图

识读时应将平面图与系统图对照起来，可从供水入口开始，沿热媒流向干管、立管、支管的顺序到散热器；再由散热器开始，从回水支管、立管、干管到出口为止。

（1）通过平面图对建筑物的平面布置情况进行初步了解。该建筑总长 30m，总宽 12m，水平建筑轴线为 1～6，竖向建筑轴线为 A～D；该建筑物坐北朝南，东西方向长，南北方向短，建筑出入口有两处，其中一处在 5～6 轴之间，并设有楼梯通向二层，另一处在 B～C 轴之间，每层各有 11 个房间，面积大小不等。

（2）阅读管道系统图上的说明。图纸说明可以表达出图样上不能表达的内容，该例说明表达出建筑物内所用散热器为四柱型。系统内全部立管的管径为 DN20，散热器支管管径为 DN15。水平管道的坡度均为 0.002，管道刷油的要求是一道醇酸底漆，两道银粉漆，回水管过门装置可参见通用图集。

（3）掌握散热器的布置情况。从图 1 - 3 - 13 可以看出，除了在建筑物两个入口处的散热器布置在门口墙壁上外，其余的散热器全部布置在各个房间的窗台下，散热器的片数都标注在散热器图例内或图例边上。例如，209 房间为 19 片，211 房间为 14 片。

（4）了解系统形式及热力入口情况。通过对系统图的识读，可以知道该例是双管上分式热水采暖系统，热媒干管管径为 DN50，标高为 -1.400m，由南向北穿过 A 轴线外墙进入 111 房间，在 A 轴线和 6 轴线交角处登高，并在总立管上安装阀门。

（5）查明管路系统的空间走向、立支管设置、标高、管径、坡度等。从图 1 - 3 - 14 中可以看出，总立管登高至二层 6.280m，在天棚下面沿墙敷设，干管的管径依次为 DN50、DN40、DN32、DN25 和 DN20。通过对立管编号的查看可知共有 8 根立管，立管管径均为 DN20，立管为双管式。回水干管的起始端在 109 房间，标高 0.200m，沿墙在地板上面敷设，坡度与回水流动方向同向，水平干管在 103 房间过门处，返低至地沟内绕过大门，具体走向和做法可查阅标准图。回水干管的管径依次为 DN20、DN25、DN32、DN40 和 DN50，水平管在 111 房间返低为 -1.400m，回水总立管上装有阀门。

另外，供水立管始端和回水立管末端都装有控制阀门（1 号立管上未装，而安装在散热器的进出口的支管上）。

（6）查明支架及辅助设备的设置情况。由平面图和系统图上可以看出，干管上设有固定支架，供水干管上有 4 个，回水干管上有 3 个，并标有具体位置。在供水干管的末端设有集气罐（在 211 房间内），为卧式 Ⅱ 型。

（7）采暖管道施工图有些画法是示意性的，有些局部构造和做法在平面图和系统图上无法表示清楚，因此在识读平面图和系统图时，需要查看部分标准图。如水平干管与立管的连接方法如图 1-3-15 所示，散热器与立支管的连接方法如图 1-3-13 所示；散热器安装所用卡子或托钩的数量及位置如图 1-3-16 所示（图中的数字为散热器的片数）。

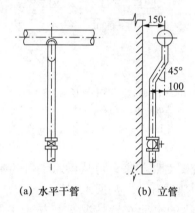

(a) 水平干管　　　　　(b) 立管

图 1-3-15　干管与立管的连接方法

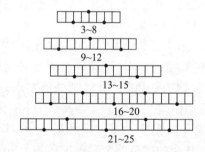

图 1-3-16　柱型散热器卡子安装数量和位置

四、电气施工图的识读

电气工程图种类很多，按功用一般可以分成电气系统图、内外线工程图、动力工程图、照明工程图、弱电工程图及各种电气控制原理图。

电气施工图表达的内容有两个：一是供配电线路的规格与敷设方式；二是各类电气设备及配件的选型、规格及安装方式。而导线、各种电气设备及配件等本身，在图纸中多数不是用其投影，而是用国际规定的图例、符号、文字表示，标会在按比例绘制的建筑物各种投影图中（系统图除外），这也是电气施工图的一个特点。

（一）电气施工图的特点

（1）建筑电气工程图大多是采用统一的图形符号并加注文字符号绘制而成的。

（2）电气线路都必须构成闭合回路。

（3）线路中的各种设备、元件都是通过导线连接成一个整体的。

（4）在进行建筑电气工程图识读时应阅读相应的土建工程图及其他安装工程图，以了解相互间的配合关系。

（5）建筑电气工程图对于设备的安装方法、质量要求以及使用维修方面的技术要求等往往不能完全反映出来，所以在阅读图纸时有关安装方法、技术要求等问题，要参照相关图集和规范。

（二）电气施工图的组成

根据电气工程的规模不同，反映该项工程的电气施工图的种类和数量各不相同，但是一项工程的电气施工图一般由以下几个部分组成：

1. 图纸目录与设计说明

包括图纸内容、数量、工程概况、设计依据以及图中未能表达清楚的各有关事项。如供电电源的来源、供电方式、电压等级、线路敷设方式、防雷接地、设备安装高度及安装方式、工程主要技术数据、施工注意事项等。

2. 主要材料设备表

主要材料设备表包括工程中使用的各种设备和材料的名称、型号、规格、数量等，是编制购置设备、材料计划的重要依据之一。

3. 系统图

系统图包括变配电工程的供配电系统图、照明工程的照明系统图、电缆电视系统图等。系统图反映了系统的基本组成、主要电气设备、元件之间的连接情况以及它们的规格、型号、参数等。如图1-3-17所示。

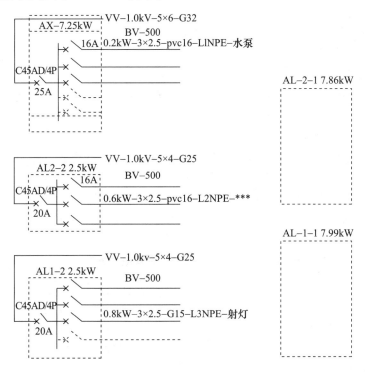

图1-3-17　配电系统图例

4. 平面布置图

平面布置图是电气施工图中的重要图纸之一，如变、配电所电气设备安装平面图、照明平面图、防雷接地平面图等，用来表示电气设备的编号、名称、型号及安装位置、线路的起始点、敷设部位、敷设方式及所用导线型号、规格、根数、管径大小等，如图 1－3－18 所示。通过阅读系统图，了解系统基本组成之后，就可以依据平面布置图编制工程预算和施工方案，然后组织施工。

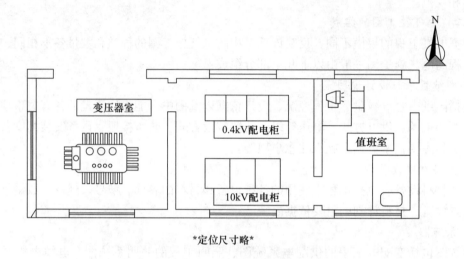

图 1－3－18 变电室平面布置图

5. 控制原理图

控制原理图包括系统中各所用电气设备的电气控制原理，用以指导电气设备的安装和控制系统的调试运行工作。

6. 安装接线图

安装接线包括电气设备的布置与接线，应与控制原理图对照阅读，进行系统的配线和调校。

7. 安装大样图（详图）

安装大样图是详细表示电气设备安装方法的图纸，对安装部件的各部位注有具体图形和详细尺寸，是进行安装施工和编制工程材料计划时的重要参考。

（三）电气施工图的识读方法

（1）熟悉电气图例符号，弄清图例、符号所代表的内容，如表 1－3－3 所示。

表 1－3－3 电气工程中常用电器图例

图例	名称	说明	图例	名称	说明
⏚	接地一般符号		⊗	插座一般符号	1P 单相明装插座 3P 三相明装插座 1C 单相暗装插座 3C 三相暗装插座

续表

图例	名称	说明	图例	名称	说明
—#—	交流配电线路	三根导线	⊗	带保护接点插座	
—3—	交流配电线路	三根导线	⊗	带保护板的插座	
—	交流配电线路	中性线	⊠	带单极开关的插座	
—— PE	交流配电线路	保护接地线		开关一般符号	C—暗装开关 EX—防爆开关 EN—密闭开关
—#+T—	交流配电线路	具有中性线和保护线的三相线	⊢—⊣	带指示的开关	
—T—	交流配电线路	保护线		单极限时开关	
	引向符号	向上配线		单极拉线开关	
	引向符号	向下配线	⊗	双控单极开关	
	引向符号	垂直通过配线		可调光开关	
	接地线			荧光灯一般符号	EX—防爆灯 EN—密闭灯
	接地装置	带接地极		三管荧光灯	
	配电柜、箱、台	AP—动力配电箱 APE—应急电力配电箱 AL—照明配电箱 ALE—应急照明配电箱		双管荧光灯	
	电气箱（柜）	AC—控制箱 AT—电源自动切换箱 AX—插座箱 AW—电度表箱		灯具一般符号	
⊗	投光灯一般符号			负荷开关（负荷隔离开关）	
	聚光灯			熔断式开关	
	泛光灯			熔断器式负荷开关	
	自带电源的事故照明灯具		Ⓜ	电铃	
	壁灯			蜂鸣器	

续表

图例	名称	说明	图例	名称	说明
⊥ E	吸顶灯（天棚灯）		⬆	报警器	
E	电磁阀			断路器	
	钥匙开关		⊕	风机盘管	
	电动阀			窗式空调器	

电气工程图的常用文字符号有以下两种：

第一种，配电线路的标注。

1）线路的标注方式为：$ab-c（d×e+f×g）i-jh$，其标注含义如表1-3-4所示。

表1-3-4 配电线路的标注含义

名称	标注方式	说明
配电线路	$ab-c（d×e+f×g）i-jh$	a—线缆编号 b—型号（不需要可省略） c—线缆根数 d—电缆线芯数 e—线芯截面（mm²） f—PE、N线芯数 g—线芯截面（mm²） i—线缆敷设方式 j—线缆敷设部位 h—线缆敷设安装高度（m）

注：上述字母无内容则省略该部分。

2）表达线路敷设方式的标注及文字符号含义如表1-3-5所示。

表1-3-5 线路敷设方式标注及文字符号含义

序号	文字符号	说明	序号	文字符号	说明
1	SC	穿焊接钢管敷设	8	M	用钢索敷设
2	MT	穿电线管敷设	9	KPC	穿聚氯乙烯塑料波纹电线管敷设
3	PC	穿硬塑料管敷设	10	CP	穿金属软管敷设
4	FPC	穿阻燃半硬聚氯乙烯管敷设	11	DB	直接埋设
5	CT	电缆桥架敷设	12	TC	电缆沟敷设
6	MR	金属线槽敷设	13	CE	混凝土排管敷设
7	PR	塑料线槽敷设			

3）表达线路敷设部位的标注，如表1-3-6所示。

例如，在施工图中，某配电线路上有这样的写法：5. BV－（3×10＋1×6）CT－SCE，5表明第五回路，BV为铜芯胶质导线，3根10mm²加1根6mm²截面导线，CT为

表1-3-6 线路敷设部位标注及文字符号含义

序号	文字符号	说明	序号	文字符号	说明
1	AB	沿或跨梁（屋架）敷设	6	WC	暗敷设在墙内
2	BC	暗敷在梁内	7	CE	沿天棚或顶板面敷设
3	AC	沿或跨柱敷设	8	CC	暗敷在屋面或顶板内
4	CLC	暗敷在柱内	9	SCE	吊顶内敷设
5	WS	沿墙面敷设	10	F	地板或地面下敷设

电缆桥架内敷设，SCE 为吊顶内安装。

第二种，照明灯具的标注。如表 1-3-7 所示，照明灯具标注及文字符号含义。照明灯具安装方式标注如表 1-3-8 所示。

表 1-3-7　照明灯具标注及文字符号含义

名　称	标注方式	说　明
照明灯具	$a-b\dfrac{c \times d \times L}{e}f$	a—灯具数量 b—型号或编号（无则省略） c—每盏照明灯具的灯泡数 d—灯泡安装容量 e—灯泡安装高度（m）"-"表示吸顶安装 f—安装方式 L—光源种类

表 1-3-8　灯具安装方式的标注及文字符号含义

序号	文字符号	说明	序号	文字符号	说明
1	SW	线吊式、自在器吊式	7	CR	顶棚内安装
2	CS	链吊式	8	WR	墙壁内安装
3	DS	管吊式	9	S	支架上安装
4	W	壁装式	10	CL	柱上安装
5	C	吸顶式	11	HM	座装
6	R	嵌入式			

例如：表示 4 盏 BYS-80 型灯具，灯管为 2 根 40W 荧光灯管，灯具为链吊安装，安装高度距地 3.5m。其他常用的电气工程图例及文字符号可参见国家颁布的《电气图形符号标准》。

（2）针对一套电气施工图，一般应先按以下顺序阅读，然后再对某部分内容进行重点识读。

1）查看标题栏及图纸目录。了解工程名称、项目内容、设计日期及图纸内容、数量等。

2）查看设计说明。了解工程概况、设计依据等，了解图纸中未能表达清楚的各有关事项。

3）查看设备材料表。了解工程中所使用的设备、材料的型号、规格和数量。

4）查看系统图。了解系统基本组成，主要电气设备、元件之间的连接关系以及它们的规格、型号、参数等，掌握该系统的组成概况。

5）查看平面布置图。如照明平面图、防雷接地平面图等。了解电气设备的规格、型号、数量及线路的起始点、敷设部位、敷设方式和导线根数等。平面图的阅读可按照以下顺序进行：电源进线—总配电箱干线、支线—分配电箱—电气设备。

6）查看控制原理图。了解系统中电气设备的电气自动控制原理，以指导设备安装调试工作。

7）查看安装接线图。了解电气设备的布置与接线。

8）查看安装大样图。了解电气设备的具体安装方法、安装部件的具体尺寸等。

（3）在识图时，抓住电气施工图要点进行识读。如：

1）在明确负荷等级的基础上，了解供电电源的来源、引入方式及路数。

2）了解电源的进户方式是由室外低压架空引入还是电缆直埋引入。

3）明确各配电回路的相序、路径、管线敷设部位、敷设方式以及导线的型号和根数。

4）明确电气设备、器件的平面安装位置。

（4）结合土建施工图进行阅读。电气施工与土建施工结合得非常紧密，施工中常常涉及各工种之间的配合问题。电气施工平面图只反映了电气设备的平面布置情况，结合土建施工图的阅读还可以了解电气设备的立体布设情况。

（5）熟悉施工顺序，便于阅读电气施工图。如识读配电系统图、照明与插座平面图时，就应首先了解室内配线的施工顺序。

1）根据电气施工图确定设备安装位置、导线敷设方式、敷设路径及导线穿墙或楼板的位置。

2）结合土建施工进行各种预埋件、线管、接线盒、保护管的预埋。

3）装设绝缘支持物、线夹等，敷设导线。

4）安装灯具、开关、插座及电气设备。

5）进行导线绝缘测试、检查及通电试验。

6）工程验收。

（6）识读时，施工图中各图纸应协调配合阅读。

对于具体工程来说，为说明配电关系时需要有配电系统图；为说明电气设备、器件的具体安装位置时需要有平面布置图；为说明设备工作原理时需要有控制原理图；为表示元件连接关系时需要有安装接线图；为说明设备、材料的特性、参数时需要有设备材料表等。这些图纸各自的用途不同，但相互之间是有联系并协调一致的。在实际工作时，应根据需要将各图纸结合起来识读，以达到全面了解整个工程或部分项目的目的。

【任务训练】

▶▶ 训练任务一　室内给排水施工图识读

训练目标

通过本次训练任务，进一步掌握室内给排水施工图的识读方法及注意事项。

训练内容

图 1 – 3 – 19 所示为某二层建筑的二层采暖平面图、采暖系统图，试对这套图纸进行识读。

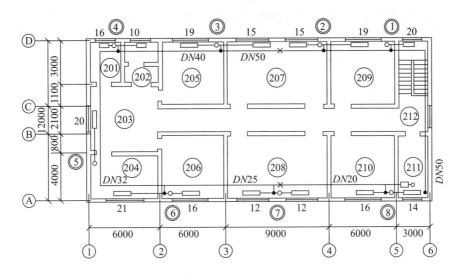

图 1 – 3 – 19 （a） 二层采暖平面图

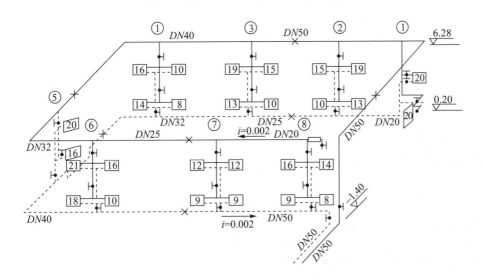

（全部立管管径为 DN20，接散热器支管管径均为 DN15；散热器为四柱型；
管道刷一道醇酸底漆，两道银粉漆；管道坡度为 0.002）

图 1 – 3 – 19 （b） 采暖管道系统图

训后思考

识读室内给排水施工图时应注意哪些事项？

▶▶ 训练任务二　室内电气施工图识读

训练目标

通过本次训练任务，进一步掌握室内电气施工图的识读方法及注意事项。

训练内容

图 1 – 3 – 20 为一住宅楼照明配电系统图，请根据前面的知识进行识读。

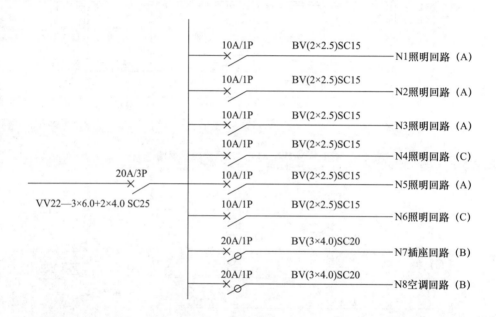

图 1 – 3 – 20　某住宅楼照明配电系统图

训后思考

识读电气施工图时有哪些注意事项？

【**任务考核**】

将以上训练任务考核及评分结果填入表 1 – 3 – 9 中。

表 1 – 3 – 9　施工图识读任务考核表

序号	考核内容	考核要点	配分（分）	得分（分）
1	训练表现	按时守纪，独立完成	10	
2	室内给排水施工图识读	识读方法与注意事项	30	

序号	考核内容	考核要点	配分（分）	得分（分）
3	室内电气施工图识读	识读方法与注意事项	30	
4	思考题	独立完成、回答正确	20	
5	合作能力	小组成员合作能力	10	
6	合　计		100	

【任务小结】

通过学习，根据自己的实际情况完成下表。

姓　名		班　级	
时　间		指导教师	
学到了什么			
需要改进及注意的地方			

任务四 水电工常用工具与仪表的使用

【任务描述】

在实际的工作中，常会用到一些工具，如量具、手工工具、电工工具等。通过本项目的学习，掌握常用的工具、仪表的使用方法及注意事项，保证实际工作顺利进行。

【知识目标】

➢ 认识水电工常用工具与仪表，了解其用途；
➢ 熟练掌握水电工常用工具仪表的使用方法及注意事项。

【技能目标】

➢ 掌握水电工常用工具仪表的使用方法。

【知识链接】

一、水工常用工具与仪表的使用

（一）量具

1. 长度尺

长度尺是测量管线距离的工具。按种类可以分为钢卷尺、皮卷尺、钢直尺。钢卷尺规格以长度划分，大钢卷尺有 15m、20m、30m、40m；小钢卷尺有 1m、2m、3m、5m 等。尺面上刻有米制线，如图 1－4－1 所示。

图 1－4－1　长度尺

长度尺使用注意事项：

（1）钢卷尺使用时应防止折叠，并注意不得与电焊把手或电线触碰，以防被电弧烧坏及发生触电事故。

（2）钢卷尺使用完毕应擦拭干净并涂油防锈。

（3）使用皮卷尺时，应适当拉紧，但不得过度用力，并注意零点位置。

（4）不得用钢卷尺刮物或代替螺丝刀。

2. 角尺

角尺是用来检验弯管的直角、法兰安装的垂直度、画垂直线及型钢画线等，如图 1－4－2所示。角尺的类型有宽座角尺、扁钢角尺、法兰角尺、万能角尺等。管道工常用的有宽座角尺和扁钢角尺两种。

（1）宽座角尺。宽度角尺由长臂和短臂（宽座）两部分组成。长臂上有尺寸刻度。常用于各种类型钢的画线，以及检验法兰安装的垂直度。常用的规格有 63mm×40mm、100mm×63mm、160mm×100mm 三种。

（2）扁钢角尺。扁钢角尺与宽座角尺的不同之处是，长臂和短臂使用同样规格、相等厚度的扁钢制成。

图 1－4－2　角尺

一般按实际需要用宽 20～50mm（厚度 3～5mm）的扁钢自制。扁钢角尺是管道工制作下壳盖及熔制 90°弯管时用的量具。使用角尺时，应轻放轻靠。严禁用角尺撞击核测物，使用完毕应擦拭干净，并涂油保存。

3. 水平尺

水平尺用于测量水平度，有的水平尺还可测量垂直度。常用的水平尺有条形水平仪（水平尺）和框式水平仪（方水平）两种，如图 1－4－3 所示。水工用的是水平尺，它由铁壳和带水泡的玻璃管组成，在平面中央装有一个横向水池玻璃管，作检查平面水平度用；另一个垂直水泡玻璃管，作检查垂直度用。玻璃管上刻有刻度线，管内装水并有气泡。气泡在玻璃管内浮动，当气泡在玻璃管刻度中间位置时，则说明已达到水平或垂直。水平尺的规格是以长度划分的，常用的规格有 150mm、200mm、250mm、300mm、350mm、400mm、450mm、500mm、550mm、600mm 等几种。

图 1－4－3　水平尺

水平尺使用注意事项：

（1）使用水平尺前，应先在标准面上检查水平尺的自身精度，然后置于被测物的表面。不可作为其他工具使用。

（2）使用完毕，应擦拭干净，存放在工具箱内。

4. 线锤

线锤用于测量立管和垂直度，形似锥形。如图 1－4－4 所示。在上部中心有一个连接吊线用的接头，根据线锤大小配上适当粗细的线。线锤的规格是以重量划分的，管道工使用的规格一般在 0.5kg 以下。

图 1－4－4　线锤

（二）手动工具

1. 手锤

手锤的种类及形式较多，水暖工常用的手锤是钳工锤（俗称奶子榔头）和八角锤（俗称大榔头），如图 1－4－5 所示。手锤的规格是以重量（不连柄）来划分的，钳工锤有 0.25kg、0.5kg、0.75kg、1.25kg、1.5kg 等规格。

图 1－4－5　手锤

水暖工常用的手锤是 0.25~1.5kg 中的几种，手柄长度一般为 300mm。手锤多用于管子调直、铸铁管捻口、订洞、拆卸管道等。

手锤使用注意事项：

（1）手锤平面应平整，有裂痕或缺口的手锤不得使用。

（2）手柄不得弯曲，不得有蛀孔、节疤和伤痕。木柄装好后，端头内应用楔铁楔牢，并经常检查，不得有松动现象。不得用手柄来撬其他物体，以免造成手柄暗伤、开裂或折断。

（3）手柄和手锤面上均不得沾有油脂。握手锤的手不准戴手套，手掌上有油或汗时应擦净。

2. 凿子

（1）扁凿和尖口凿。水暖工常用的凿子有扁凿和尖口凿两种，如图 1-4-6 所示。扁凿主要用于凿切平面、剔除毛边、清理气割和焊接后的熔渣等；尖口凿用于剔槽子或剔比较脆的钢材。凿子一般用碳素工具钢、锋钢制造，一般长 200mm。

图 1-4-6　凿子

（2）捻口凿。捻口凿是铸铁管承插连接时填料的必备工具，用碳素工具钢坡制而成。其规格以端面的厚皮划分，常用的有 2mm、4mm、6mm、8mm、10mm 等五种，以适用于不同的承接对口间隙。

凿子使用注意事项：

（1）凿子头部不得沾有油脂。

（2）不使用头部损坏的凿子，当发现凿子头部呈蘑菇状时，用砂轮磨掉后再用。

（3）凿切工件时，视线应集中于工件受凿部位上，否则易产生滑动而敲在手上。

3. 钢锯

钢锯是锯割金属材料的一种手动工具，如图 1-4-7 所示。钢锯由锯弓和锯条构成。锯架有固定和活动两种。目前一般采用的是活动锯架，这种锯架可装长度为 200mm、250mm、300mm 三种长度不同的锯条。

图 1-4-7　钢锯

钢锯使用注意事项：

（1）装锯条时，应使锯齿装向朝前推动的方向。

（2）锯割薄的工件时，应选择小锯齿；反之，应选择较大锯齿。

（3）反复推锯时，应使用锯条的全条；回程时不得施加压力。

（4）不得用新锯条锯旧的锯缝；应从另一面切割。

4. 锉刀

锉刀是从金属工件表面锉掉金属的加工工具，如图 1-4-8 所示。锉刀种类很多，按照加工形状不同，可选用平板锉、三角锉、圆锉、半圆锉等。

图 1-4-8 锉刀

锉刀使用注意事项：

（1）锉刀须装上木柄后才能使用，因为无柄锉刀容易刺伤手心。

（2）锉刀上不准沾有油脂。锉削过程中，不准用手擦工件表面。

（3）锉刀锉削时回程不得施加压力。锉削管子坡口时，应先清除管段的毛刺或氧化物，再用锉刀进行锉削。

（4）锉刀不得当撬杠或手锤使用，不得重叠存放，不得和其他工具堆放一起，并应保持干燥，防止生锈。

5. 管子割刀

管子割刀是切断管子的专用工具，不同规格管子应选用相应规格的管子割刀，如图 1-4-9 所示。

图 1-4-9 管子割刀

管子割刀使用注意事项：

（1）割管子时应将割刀在垂直于管子中心的平面内平稳地转动。每转动 1~2 次需进刀一次，进刀量不宜过大，并应经常加油润滑。

（2）当管子快要割断时，需松开刀片，取下割刀，再用手折断管子。

（3）管子切割后，内径必须用刮刀或半圆锉修光。

6. 扳手

扳手常用于安装和拆卸法兰、各种设备、部件上的螺栓，如图 1-4-10 所示。扳手的种类很多，有活络扳手、固定扳手、整体扳手（如正方形、六角形、梅花形）及套筒扳手。

图 1 - 4 - 10   扳手

扳手使用注意事项：

（1）使用扳手时应按螺栓的规格、种类和螺栓所在位置选用合适的扳手。

（2）扳手套上螺栓后不得晃动，并应卡到底，避免扳手及螺帽划伤。

（3）使用扳手时，应将扳头钳口紧靠螺帽或螺栓，不得在扳头开口中加垫片，活络扳手在每次旋紧前应用钳口收紧，并让固定钳口受主要作用力。

（4）使用扳手时，不准用手锤敲击，也不得加套管接长手柄。

（5）不得将扳手当手锤使用，不得使用扳手拧扳手的方法进行工作。

7. 管子钳和链条钳

管子钳是用来上紧和卸下各种螺纹的管子及其配件的工具，如图 1 - 4 - 11 所示。

图 1 - 4 - 11   管子钳（左）与链条钳（右）

管子钳适用于小口径管道，它由钳柄和活动钳口组成。活动钳口用套夹与钳把柄相连，根据管径大小通过调整螺母以达到钳口适当的紧度，钳口上有轮齿，以便咬牢管子转动。

链条钳用于较大管径及狭窄的地方拧动管子，由钳柄、钳头和短条组成，是用链条来咬住管子转动。

管子钳和链条钳的规格是以长度划分的，分别应用于相应的管子和配件上。

管子钳和链条钳使用注意事项：

（1）用管子钳时，不可用套管接长手柄。扳动手柄时，两手动作应协调，不得用力过猛，以防钳口打滑伤人。钳口不得沾油，以免打滑。当手柄握端高出人头时，不得采取正面攀吊的姿势扳动手柄。

（2）应根据管径大小选用适当的管子钳。

（3）不得将管子钳做撬杠或手锤使用。

8. 管子台虎钳

管子台虎钳一般叫龙门轧头，俗称压力钳，如图 1 - 4 - 12 所示。用以夹持金属管材以便于切断管子，或用来实现套丝、装管件等工作。

图 1 - 4 - 12　管子台虎钳

管子台虎钳使用注意事项：

（1）使用前要检查下钳口是否牢固，上钳口能否在滑道内自由滑动，应经常加油。

（2）夹持长管时，必须将管子另一端伸出部分支承好，旋紧手柄时不得用套管接长或用锤敲击。

（3）使用完毕应清除油污，合拢钳口。长期停用应涂油存放。

9. 管子铰板

管子铰板又称代丝、套丝板，是管子套丝用的主要工具板，由板身、板把、板牙三个主要部分组成，如图 1 - 4 - 13 所示。

图 1 - 4 - 13　管子铰板

每个板牙都具有一个规格，在机身的每个板牙孔口处也有 1 ~ 4 的标号。安装时，先将刻线对准固定盘"0"的位置，然后按板牙上的数字与管子铰板的数字相应的顺序插入牙槽内（对号入座）。转动固定盘（使板牙向中心靠拢或离开），调整到所需套丝的公称直径刻度后将标盘固定。

管子铰板使用注意事项：

（1）使用时不得用锤击的方法旋紧和放松背面挡脚和进刀手把以及活动标盘。

（2）套丝时应用力均匀，不能用加长和接长手柄的方法进行套丝操作。套丝时手柄应在人体旁侧，防止手柄伤人。

（3）管子板牙要经常拆下清洗，保持清洁。套丝时要加注润滑油，套歪牙时不准强行校正。

（4）使用完毕应清除铁屑油污。

（三）电动工具

1. 电锤

电锤俗称冲击电钻，用以在柱、砖墙和岩石上钻孔、开槽等工作，具有冲击、旋转、旋转冲击等功能，是一种多用途的手持工具，是安装膨胀螺栓必备的施工机具，如图 1 - 4 - 14 所示。

图 1 - 4 - 14　电锤

电锤使用注意事项：

（1）使用前，检查开关、插头、插座等，确定良好后方可接通电源。

（2）钻头的旋转方向从操作端看为顺时针。电机旋转方向在出厂时已经接好，维护时不要随意更改，切忌反转。

（3）使用时将钻头顶在工作面上。然后微动开关，以免只旋转不冲击。电锤工作时不宜过分用力推进，应尽力做到操作平衡，用力适宜。在钻孔过程中，如钻头碰到钢筋应立即退出，重新选位打孔。

（4）连续使用时，如发现电锤过热，应暂停使用，待冷却后再使用。严禁用冷水冷却机体。

（5）在钻头卡住时，安全离合器自动打滑。离合器出厂前已调好，若打滑频繁，动力不足，可适当调整，旋紧压紧螺帽，电刷磨损到 1mm 时，应及时更换新的电刷。

（6）当电动机转速及火花发生异常变化时，应及时停机检查。

（7）电锤长期停用后，使用前必须进行电气性能和机械性能检查。若绝缘电阻小于 2Ω 时应进行干燥处理。

（8）使用后应将工具清理干净，装入工具箱内，并放置在清洁、干燥的地方。

2. 电动套丝机

电动套丝机是一种可移动的固定式电动工具，设有正反转装置，用于加工管子外螺纹，如图 1 - 4 - 15 所示。

图 1 - 4 - 15　电动套丝机

电动套丝机使用注意事项：

使用电动套丝机时，先将管子在卡盘内卡紧，由电机经减速器带动管子转动，扳动刀具托架手柄，使板牙头或铣锥作纵向运动，进行套丝或铣口工作。套完丝后可用旋转切丝杠进行切管。套丝机的冷却也是通过主轴上的齿轮带动固定在机壳内的齿轮泵而喷出的。直径40mm以上的管子套丝时，不可一次套成，以防损坏牙板或出现坏丝。要注意前后两次套丝的螺纹轨迹重合，否则会出现乱丝。

二、电工常用工具与仪表的使用

（一）电工常用工具

1. 测电笔

测电笔是用于检测线路和设备是否带电的工具，有笔式和螺丝刀式两种，其结构如图1-4-16所示。

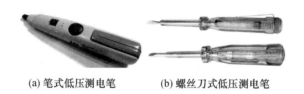

(a) 笔式低压测电笔　　　　(b) 螺丝刀式低压测电笔

图1-4-16　低压测电笔

（1）测电笔的使用方法。使用时手指必须接触金属笔挂（笔式）或测电笔的金属螺钉部（螺丝刀式）。使电流由被测带电体经测电笔和人体与大地构成回路。只要被测带电体与大地之间电压超过60V时，测电笔内的氖管就会起辉发光。测电笔操作方式如图1-4-17所示。由于测电笔内氖管及所串联的电阻较大，形成的回路电流很小，不会对人体造成伤害。

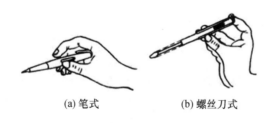

(a) 笔式　　　　　　　(b) 螺丝刀式

图1-4-17　测电笔握法

（2）使用注意事项。测电笔在使用前，应先在确认有电的带电体上试验，确认测电笔工作正常后，再进行正常验电，以免氖管损坏造成误判，危及人身或设备安全。要防止测电笔受潮或强烈震动，平时不得随便拆卸。手指不可接触笔尖露金属部分或螺杆裸露部分，以免触电造成伤害。

2. 螺丝刀

螺丝刀又名起子或旋凿，是用来拆卸或安装坚固螺钉的稳固工具。按照头部形状不同，可分为一字形和十字形；按其握柄材料又分为木柄和塑料柄两类。

（1）一字形螺丝刀。一字形螺丝刀是用来紧固或拆卸带一字槽螺钉的工具。以柄部以外的刀体长度表示规格，单位为mm，电工常用的有100mm、150mm、300mm等几种，如图1-4-18所示。

图 1 - 4 - 18 一字形螺丝刀

（2）十字形螺丝刀。十字形螺丝刀是用来紧固或拆卸带十字槽螺钉的工具，如图 1 - 4 - 19 所示。按其头部旋动螺钉规格的不同，分为Ⅰ、Ⅱ、Ⅲ、Ⅳ四个型号，分别用于旋动直径为 2 ~ 2.5mm、3 ~ 5mm、6 ~ 8mm、10 ~ 12mm 等的螺钉。其柄部以外刀体长度规格与一字形螺丝刀相同。

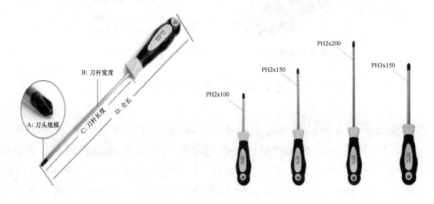

图 1 - 4 - 19 十字形螺丝刀

螺丝刀使用注意事项：

使用螺丝刀时，应按螺钉的规格选用合适的刀口，严禁以小代大或以大代小用螺丝刀，以免损坏螺钉或电气元件。不可使用金属杆直通柄顶的螺丝刀，因带电作业时容易引起电线短路及触电的危险。螺丝刀的正确使用方法如图 1 - 4 - 20 所示。

在使用小螺丝刀时，一般用拇指和中指夹持螺丝刀柄，食指顶住柄端。

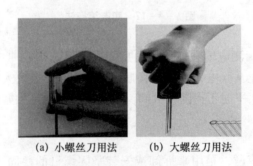

（a）小螺丝刀用法　　（b）大螺丝刀用法

图 1 - 4 - 20 螺丝刀用法

在使用大螺丝刀时，除拇指、食指和中指用力夹住螺丝刀柄外，手掌还应顶住柄端，用力旋转螺丝刀。

3. 钢丝钳

钢丝钳又称钳子（见图1-4-21）。钢丝钳的用途是夹持或折断金属薄板以及切断金属丝（导线）。其中钳口用于弯绞和钳夹线头或其他金属、非金属物体；齿口用于旋动螺钉螺母；刀口用于切断电线、起拔铁钉、剥削导线绝缘层等。铡口用于铡断硬度较大的金属丝，如钢丝、铁丝等。

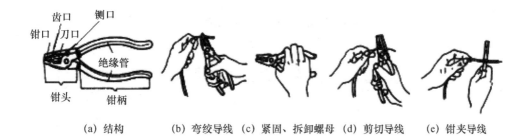

（a）结构　（b）弯绞导线　（c）紧固、拆卸螺母　（d）剪切导线　（e）钳夹导线

图1-4-21　钢丝钳结构及其使用

钢丝钳规格较多，电工常用的有175mm、200mm两种。电工用钢丝钳柄部加有耐压500V以上的塑料绝缘套。

钢丝钳使用注意事项：

（1）使用前应检查钳子的绝缘状况，以免带电操作时发生触电事故。

（2）用钳子剪切导线时，若导线带电，应单根剪切以免发生短路故障。

（3）带电作业时，手与钳子金属部分应保持2cm以上的距离，不得触到金属部分。

4. 尖嘴钳

尖嘴钳头部尖细，适用于在狭小空间操作。主要用于切断较小的导线、金属丝、夹持小螺钉、垫圈，并可将导线端头弯曲成型，如图1-4-22所示。

图1-4-22　尖嘴钳

5. 剥线钳

剥线钳主要用于剥削直径在6mm以下的塑料或橡胶绝缘导线的绝缘层，由钳头和手柄两部分组成，它的钳口工作部分有0.5~3mm的多个不同孔径的切口，以便剥削不同规格的芯线绝缘层。剥线时，为了不损伤线芯，线头应放在大于线芯的切口上剥削。剥线钳外形及使用方法如图1-4-23所示。

6. 活络扳手

活络扳手是一种在一定范围内旋紧或旋松四角、六角螺栓、螺母的专用工具。活络扳手的钳口可在规格范围内任意调整大小，用于旋动螺杆螺母，其结构及使用方法如图1-4-24所示。

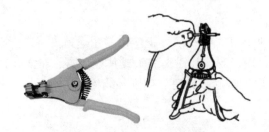

图 1-4-23 剥线钳外形及使用方法

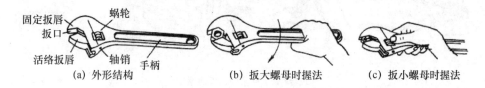

(a) 外形结构　　　　　(b) 扳大螺母时握法　　　(c) 扳小螺母时握法

图 1-4-24 活络扳手结构及使用方法

活络扳手规格较多，电工常用的有 150mm×19mm、200mm×24mm、250mm×30mm 等几种，前一个数表示体长，后一个数表示扳口宽度。扳动较大螺杆螺母时，所用力矩较大，手应握在手柄尾部。扳动较小螺杆螺母时，为防止钳口处打滑，手可握在接近头部的位置，且用拇指调节和稳定螺杆。

活络扳手使用注意事项：

使用活络扳手旋动螺杆螺母时，必须把工件的两侧平面夹牢，以免损坏螺杆螺母的棱角。使用活络扳手不能反方向用力，否则容易扳裂活络扳唇，不准用钢管套在手柄上作加力杆使用，不准用作撬棍撬重物，不准把扳手当手锤，否则将会对扳手造成损坏。

7. 电工刀

电工刀主要用来剖削和切割导线绝缘层及其他电工器材，电工刀一般没有绝缘层，为安全起见禁止带电操作使用。电工刀的结构及其使用方法如图 1-4-25 所示。

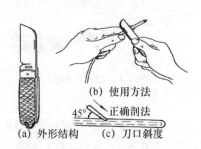

(b) 使用方法

正确剖法

45°

(a) 外形结构　　(c) 刀口斜度

图 1-4-25 电工刀结构及使用方法

电工刀使用注意事项：

由于其刀柄处没有绝缘，不能用于带电操作。割削时刀口应朝外，以免伤手。剖削导线绝缘层时，刀面与导线呈 45°角倾斜切入，以免削伤线芯。

8. 电钻

电钻分为手电钻和冲击电钻两种，将钻头装好后可在建筑物或工件上钻孔，普通手电钻只能旋转无冲击动作，适用于工件上无冲击的转孔工作。其外形结构如图 1-4-26 所示。

图 1-4-26 手电钻外形结构

电钻使用注意事项：

（1）使用前，应检查电源电压是否相符，外壳接地和绝缘是否良好。使用手电钻时，还应检查电源线有无破损和漏电现象，开关是否灵活。检查空负荷运转是否良好。

（2）钻孔前定好中心冲眼，以防钻偏。钻孔时钻头应与工件垂直，进刀量要均匀，不要忽大忽小，人体和手不得摆动。在孔将被钻通时须减少进刀量慢钻，以免发生钻头扭断或伤人事故。

（3）小工件钻孔时，工件必须用钳子夹住或用压板压住，不得用手握持。

（4）钻头未停妥，严禁用手握钻杆、钻头。必须用刷子清除铁屑。

（5）使用电钻必须穿绝缘鞋或戴绝缘手套，不准戴纱手套。

（二）电工常用仪表

1. 万用表

（1）模拟式万用表。模拟式万用表的型号繁多，图 1-4-27 为常用的 MF47 型万用表的面板示意图。

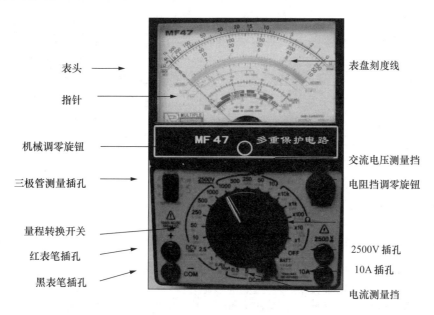

图 1-4-27 MF47 型万用表面板

1）使用前的检查与调整。在使用万用表进行测量前，应进行下列检查、调整：

①外观应完好无破损，当轻轻摇晃时，指针应摆动自如。

②旋动转换开关，应切换灵活无卡阻，挡位应准确。

③水平放置万用表，转动表盘指针下面的机械调零螺丝，使指针对准标度尺左边的"0"位线。

④测量电阻前应进行电调零（每换挡一次，都应重新进行电调零）。即将转换开关置于欧姆挡的适当位置，两支表笔短接，旋动欧姆调零旋钮，使指针对准欧姆标度尺右边的"0"位线。如指针始终不能指向"0"位线，则应更换电池。

⑤检查表笔插接是否正确。黑表笔应接"–"极或"＊"插孔，红表笔应接"＋"极。

⑥检查测量机构是否有效，即应用欧姆挡，短时碰触两表笔，指针应偏转灵敏。

2）直流电阻的测量。

①断开被测电路的电源及连接导线。若带电测量，将损坏仪表；若在路测量，将影响测量结果。

②合理选择量程挡位，以指针居中或偏右为最佳。测量半导体器件时，不应选用 R×1挡和 R×10K 挡。

③测量时表笔与被测电路应接触良好；双手不得同时触至表笔的金属部分，以防将人体电阻并入被测电路造成误差。

④正确读数并计算出实测值。

⑤切不可用欧姆挡直接测量微安表头、检流计、电池内阻。

3）电压的测量。

①测量电压时，表笔应与被测电路并联。

②测量直流电压时，应注意极性。若无法区分正负极，则先将量程选在较高挡位，用表笔轻触电路，若指针反偏，则调换表笔。

③合理选择量程。若被测电压无法估计，先应选择最大量程，视指针偏摆情况再作调整。

④测量时应与带电体保持安全间距，手不得触至表笔的金属部分。测量高电压时（500～2500V），应戴绝缘手套且站在绝缘垫上使用高压测试笔进行。

4）电流的测量。

①测量电流时，应与被测电路串联，切不可并联。

②测量直流电流时，应注意极性。

③合理选择量程。

④测量较大电流时，应先断开电源再撤表笔。

5）注意事项。

①测量过程中不得换挡。

②读数时，应三点成一线（眼睛、指针、指针在刻度中的影子）。

③根据被测对象，正确读取标度尺上的数据。

④测量完毕应将转换开关置空挡或 OFF 挡或电压最高挡。若长时间不用，应取出内部电池。

（2）数字万用表。数字万用表具有测量精度高、显示直观、功能全、可靠性好、小巧轻便以及便于操作等优点。

1）面板结构与功能。

图1-4-28为UT51型数字万用表的面板，包括LCD液晶显示器、电源开关、量程选择开关、表笔插孔等。

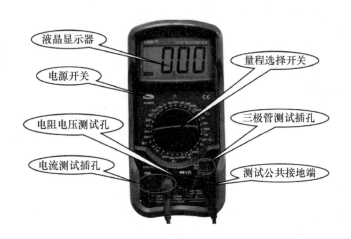

图1-4-28 UT51型数字万用表面板

2）使用方法。

①测量交、直流电压（ACV、DCV）时，红、黑表笔分别接"V·Ω"与"COM"插孔，旋动量程选择开关至合适位置（200mV、2V、20V、200V、700V或1000V），红、黑表笔并接于被测电路（若是直流，注意红表笔接高电位端，否则显示屏左端将显示"－"）。此时显示屏显示出被测电压数值。若显示屏只显示最高位"1"，表示溢出，应将量程调高。

②测量交、直流电流（ACA、DCA）时，红、黑表笔分别接"mA"（大于200mA时应接"10A"）与"COM"插孔，旋动量程选择开关至合适位置（2mA、20mA、200mA或10A），将两表笔串接于被测回路（直流时，注意极性），显示屏所显示的数值即为被测电流的大小。

③测量电阻时，无须调零。将红、黑表笔分别插入"V·Ω"与"COM"插孔，旋动量程选择开关至合适位置（200、2K、200K、2M、20M），将两笔表跨接在被测电阻两端（注意：不得带电测量），显示屏所显示数值即为被测电阻的数值。当使用200MΩ量程进行测量时，先将两表笔短路，若该数不为零，仍属正常，此读数是一个固定的偏移值，实际数值应为显示数值减去该偏移值。

④进行二极管和电路通断测试时，红、黑表笔分别插入"V·Ω"与"COM"插孔，旋动量程开关至二极管测试位置。正向情况下，显示屏即显示出二极管的正向导通电压，单位为mV（锗管应在200～300mV，硅管应在500～800mV）；反向情况下，显示屏应显示"1"，表明二极管不导通，否则，表明此二极管反向漏电流大。正向状态下，若显示"000"，则表明二极管短路，若显示"1"，则表明断路。在用来测量线路或器件的通断状态时，若检测的阻值小于30Ω，则表内发出蜂鸣声表示线路或器件处于导通状态。

⑤进行晶体管测量时，旋动量程选择开关至"hFE"位置（或"NPN"或"PNP"），

将被测三极管依 NPN 型或 PNP 型将 B、C、E 极插入相应的插孔中，显示屏所显示的数值即为被测三极管的"hFE"参数。

⑥进行电容测量时，将被测电容插入电容插座，旋动量程选择开关至"CAP"位置，显示屏所示数值即为被测电荷的电荷量。

3）注意事项。

①当万用表的电池电量即将耗尽时，液晶显示器左上角会有电池符号显示，此时若仍进行测量，测量值会比实际值偏高。

②若测量电流时没有读数，应检查熔丝是否熔断。

③测量完毕，应关上电源；若长期不用，应将电池取出。

④不宜在日光及高温、高湿环境下使用与存放（工作温度为 0 ~ 40℃，湿度为 80%）。

⑤使用时应轻拿轻放。

2. 钳形电流表

钳形表的最基本使用是测量交流电流，虽然准确度较低（通常为 2.5 级或 5 级），但因在测量时无须切断电路，因而使用仍很广泛。如需进行直流电流的测量，则应选用交直流两用钳形表。

图 1 - 4 - 29　常用钳形电流表

（1）钳形电流表使用方法。

1）使用钳形表测量前，应先估计被测电流的大小以合理选择量程。

2）使用钳形表时，被测载流导线应放在钳口内的中心位置，以减小误差；钳口的结合面应保持接触良好，若有明显噪声或表针振动厉害，可将钳口重新开合几次或转动手柄；在测量较大电流后，为减小剩磁对测量结果的影响，应立即测量较小电流，并把钳口开合数次；测量较小电流时，为使该数较准确，在条件允许的情况下，可将被测导线多绕几圈后再放进钳口进行测量（此时的实际电流值应为仪表的读数除以导线的圈数）。

3）使用时，将量程开关转到合适位置，手持胶木手柄，用食指勾紧铁芯开关，便于打开铁芯。将被测导线从铁芯缺口引入铁芯中央，然后放松食指，铁芯即自动闭合。被测导线的电流在铁芯中产生交变磁通，表内感应出电流，即可直接读数。

4）在较小空间内（如配电箱等）测量时，要防止因钳口的张开而引起相间短路。

（2）注意事项。

1）使用前应检查外观是否良好，绝缘有无破损，手柄是否清洁、干燥。

2）测量时应戴绝缘手套或干净的线手套，并注意保持安全间距。测量过程中不得切换挡位。

3）钳形电流表只能用来测量低压系统的电流，被测线路的电压不能超过钳形电流表所规定的使用电压。

4）每次测量只能钳入一根导线。若不是特别必要，一般不测量裸导线的电流。

5）测量完毕应将量程开关置于最大挡位，以防下次使用时，因疏忽大意而造成仪表的意外损坏。

3. 兆欧表

兆欧表也称绝缘摇表、绝缘电阻表，用于测量变压器、电极、电缆等电器设备、电器线路的绝缘电阻，如图 1-4-30 所示。

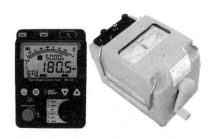

图 1-4-30　常用兆欧表

（1）兆欧表的使用方法。兆欧表上有三个接线柱，两个较大的接线柱上分别标有 E（接地）、L（线路），另一个较小的接线柱上标有 G（屏蔽）。其中，L 接被测设备或线路的导体部分，E 接被测设备或线路的外壳或大地，G 接被测对象的屏蔽环（如电缆壳芯之间的绝缘层上）或不需测量的部分。

1）测量前，要先切断被测设备或线路的电源，并将其导电部分对地进行充分放电。用兆欧表测量过的电气设备，也须进行接地放电，才可再次测量或使用。

2）测量前，要先检查仪表是否完好：将接线柱 L、E 分开，由慢到快摇动手柄约 1 分钟，使兆欧表内发电机转速稳定（约 120 转/分），指针应指在"∶"处；再将 L、E 短接，缓慢摇动手柄，指针应指在"O"处。

3）测量时，兆欧表应水平放置平稳。测量过程中，不可用手去触及被测物的测量部分，以防触电。兆欧表的操作方法如图 1-4-31 所示。

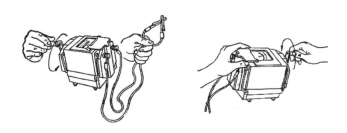

图 1-4-31　兆欧表的操作方法

（2）注意事项。

1）仪表与被测物间的连接导线应采用绝缘良好的多股铜芯软线，而不能用双股绝缘线或绞线，且连接线间不得绞在一起，以免造成测量数据不准。

2）手摇发电机要保持匀速，不可忽快忽慢地使指针不停地摆动。

3）测量过程中，若发现指针为零，说明被测物的绝缘层可能击穿短路，此时应停止摇动手柄。

4）测量具有大电容的设备时，读数后不得立即停止摇动手柄，否则已充电的电容将对兆欧表放电，有可能烧坏仪表。

5）温度、湿度、被测物的有关状况等对绝缘电阻的影响较大，为便于分析比较，记录数据时应反映上述情况。

【任务训练】

▶ 训练任务一　水暖工常用工具的使用

训练目标

通过本次训练任务，进一步熟悉水暖工常用工具，了解其用途，熟练掌握其正确的使用方法及注意事项。

训练内容

通过识别、练习各种水暖工常用工具的使用，掌握其使用方法与注意事项，按要求填写下表。

序号	名称	功能与作用	示意图
1	水平尺		
2	线锤		
3	管子铰板		
4	管子台虎钳		
5	管子割刀		

▶▶ 训练任务二 常用电工工具的使用

训练内容

通过识别、练习各种常用电工工具的使用，掌握常用电工工具的使用方法与注意事项，按要求填写下表。

序号	名称	功能与作用	示意图
1	电工钳		
2	钢丝钳		
3	剥线钳		
4	螺丝刀		
5	电工刀		

训后思考

（1）常用的电工工具有哪些？

（2）测电笔的使用注意事项有哪些？

▶▶ 训练任务三　万用表与钳形电流表的使用训练

训练目标

　　通过本次训练，掌握常用电工仪表（万用表、钳表）的正确使用方法。

训练内容

（1）分别用数字万用表、指针式万用表测量电工实验台上的交、直流电压，直流电流。

（2）用钳形电流表测量电工实验台上三相电源的电流，判别三相回路是否平衡。

训练器材

指针式万用表、数字万用表、钳形电流表各一、综合电工实验台一座、三相供电线路。

训练步骤

1. 万用表的使用训练

（1）量程的选择。将红、黑表笔插入对应的插孔中，选择开关旋至直流电压挡相应的量程进行测量。如果不知道被测电压的大致数值，需将选择开关旋至直流电压挡最高量程上预测，然后再旋至直流电压挡相应的量程上进行测量。

（2）直流电压、电流的测量。注意表笔的极性和仪表的接入方式。

（3）交流电压的测量。

2. 钳形电流表的使用

（1）测定三相电源的电流。用钳形电流表分别钳住实训室的三根配电电源线，分别测量三相电源各线的电流。

（2）判断三相回路是否平衡。将三相电源的三根火线同时钳入钳形表的钳口内，如指示为 0，则表示三相电源处于平衡状态；若读数不为 0，则表示出现了零序电流，说明三相电源不平衡。

训后思考

（1）万用表的使用注意事项有哪些？

（2）如何使用钳形电流表判断三相回路是否平衡？

【任务考核】

将以上训练任务考核及评分结果填入表 1 - 4 - 1 中。

表1-4-1 水电工常用工具与仪表使用任务考核表

序号	考核内容	考核要点	配分（分）	得分（分）
1	训练表现	按时守纪，独立完成	10	
2	实训安全操作规程	能够遵守安全操作规程，完成实训任务	30	
3	认识与使用水电工常用工具	能识别各种常用工具，分别说出其名称并掌握其使用方法	30	
4	思考题	独立完成、回答正确	20	
5	合作能力	小组成员的合作能力	10	
6		合　计	100	

【任务小结】

通过学习，根据自己的实际情况完成下表。

姓　名		班　级	
时　间		指导教师	
学到了什么			
需要改进及注意的地方			

任务五 水电工常用材料与器具的识别

【任务描述】

水电工中常用的管材、阀门、配件等常用材料的选择合适与否，都会直接影响到工程的质量、造价以及使用的效果。熟悉了管道材料的种类、规格、性能，才能因地制宜、按需选材，以达到适用、经济、美观的效果。

【知识目标】

➤ 认识水电工常用材料及器具，了解其用途；
➤ 掌握识别各种常用材料及器具的方法与技巧。

【技能目标】

➤ 掌握识别各种常用材料及器具的方法；
➤ 掌握水电工常用材料与器具的选用方法。

【知识链接】

一、水工常用材料与器具

（一）管材及连接配件

1. 钢管

钢管是横截面为圆形、沿长度方向上为条状、空心、无封闭端的产品，按加工方法分为无缝钢管（包括热轧和冷拔管）和焊接钢管（包括直缝焊管和螺旋缝焊管）两大类。钢管与同样截面积的其他钢材相比具有较高的抗弯和抗扭能力、重量轻、材料利用率高等特点，因而被广泛应用。

常用钢管是用普通碳素钢 Q235、Q235F 及优质碳素结构钢中的 10 号或 20 号钢制造的，其机械性能稳定，具有足够的塑性和韧性，加工性能良好，可用任何方法进行冷加工和热加工；具有良好的可焊性，在常温下可直接进行电焊、气焊和气割，一般不需要采取预热和热处理措施。Q235 和 Q235F 钢使用温度为 −20℃～300℃，适用于公称压力不超过 1.6MPa 的低压流体管道，手工电焊采用 E4303 焊条，气焊采用 H08 焊丝。10 号和 20 号钢使用温度为 −40℃～475℃，在介质温度450℃以下的中、低压流体管道平程中应用广泛；手工电焊采用 E4303、E4315、E4316 焊条，气焊采用 H08A 焊丝。碳素钢管的耐蚀性和耐热性不够高，一般用来输送常温或中温弱腐蚀性介质。

（1）低压流体输送焊接钢管。室内给水系统中常用的钢管属于低压流体输送焊接钢管，由普通碳素钢钢板用电阻焊（ERW）的方法制造，有直缝焊管和卷焊管之分。按表面防腐处理可分为镀锌管（白铁管）和不镀锌管（黑铁管）两种，按管壁厚度可分普通管和加厚管。常用的普通焊接钢管可承受的工作压力为 1.0MPa，加厚焊接钢管可承受的工作压力为 1.6MPa。

低压流体输送用焊接钢管的公称直径用 DN 表示，通常长度为 4～12m，按管端形式分为带螺纹和不带螺纹两种，按壁厚分为普通管和加厚钢管两种。带螺纹钢管在出厂时，管端带有管螺纹，并应带有保护管螺纹的管件。低压流体输送用焊接钢管规格如表 1−5−1 所示。

低压流体输送用焊接钢管的配件，通常用可锻铸铁锻造加工而成，配件有镀锌和非镀锌之分，分别用于连接镀锌焊接钢管和非镀锌焊接钢管。

常用的管件有管箍、外螺丝、弯头、三通、四通、活接头、螺钉、丝堵等（见图 1−5−1）。

管箍又称内螺丝、内接头、管接头，用于连接两根公称直径相同的管子。

外螺丝又称外螺管接头、外接头、短接，用于连接两个公称直径相同的内螺纹管件，如弯头内螺、阀门等。

（2）无缝钢管。无缝钢管按制造方法分为热轧管和冷拔（冷轧）管。冷拔管受加工条件限制，不宜制造大直径管，其最大公称直径为 200mm（管子外径219mm），其强度虽高但

表 1-5-1　低压流体输送用焊接钢管规格

公称直径		外径		普通钢管			加厚钢管		
				壁厚		理论重量（kg/m）	壁厚		理论重量（kg/m）
mm	英寸	mm	允许偏差	公称尺寸（mm）	允许偏差		公称尺寸（mm）	允许偏差	
8	1/4	13.5		2.25		0.62	2.75		0.73
10	3/8	17.0		2.25		0.82	2.75		0.97
15	1/2	21.3		2.75		1.26	3.25		1.45
20	3/4	26.8		2.75		1.63	3.50		2.01
25	1	33.5		3.25		2.42	4.00		2.91
32	$1\frac{1}{4}$	42.3	±50%±1%	3.25	+12%−15%	3.13	4.00	+12%−15%	3.78
40	$1\frac{1}{2}$	48.0		3.50		3.48	4.25		4.58
50	2	60.0		3.50		4.88	4.50		6.16
65	$2\frac{1}{2}$	25.5		3.75		6.46	4.50		7.88
80	3	88.5		4.00		8.34	4.75		9.81
100	4	114.0		4.00		10.85	5.00		13.44
125	5	140.0		4.50		15.04	5.50		18.24
150	6	165.0		4.50		17.81	5.50		21.63

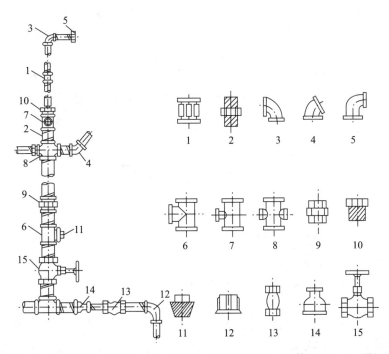

1—管箍；2—外螺丝；3—90°弯头；4—45°弯头；5—异径弯头；6—等径三通；7—异径三通；
8—异径四通；9—活接头；10—螺钉；11—丝堵；12—管帽；13—快速接头；14—异径管箍；15—阀门

图 1-5-1　低压流体输送焊接钢管螺纹连接配件

不稳定；热轧管可制造大直径管，其最大公称直径可达600mm（管子外径630mm）；工程中管径在57mm以内时，常选用冷拔管，管径超过57mm时，常选用热轧管。无缝钢管按用途可分为一般无缝钢管和专用无缝钢管，前者简称无缝钢管；后者主要有锅炉用无缝钢管，锅炉用高压无缝钢管，化肥用高压无缝钢管，石油裂化钢管，不锈、耐酸钢无缝钢管等。

无缝钢管管件是用压制法、热推弯法及管段弯法制成，无缝钢管管件具有制作省工并可以在安装、加工场地集中预制的优点，因而应用十分广泛，无缝钢管管件与管道采用焊接连接。

常用的钢管管件有弯头、三通、四通、异径管、管帽等。为了方便管路的安装施工，无缝钢管管件已完全标准化，并由专门的工厂进行生产。

2. 铸铁管

铸铁管根据用途可分为给水铸铁管和排水铸铁管；根据材料性能可分为普通灰口铸铁管和球墨铸铁管。

（1）给水铸铁管。

1）灰口铸铁管，根据铸造方式可分为砂型离心铸铁管和连续铸铁管。砂型离心铸铁管（见图1-5-2）按其壁厚分为P级和B级。P级适用于输送工作压力≤75MPa的流体，B级适用于输送工作压力≤1.0MPa的流体。

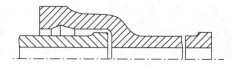

图1-5-2 砂型离心铸铁管

砂型离心铸铁管有公称直径DN75mm～DN1000mm各种规格，有效长度有5000mm和6000mm两种。其中，工程直径小于DN300mm时，管子有效长度为5000mm；公称直径大于DN300mm时，管子有效长度有5000mm和6000mm两种规格。

连续铸铁管按其壁厚分为L_A、A和B三级。L_A适用于输送工作压力≤0.75MPa的流体；A级适用于输送工作压力≤1.0MPa的流体；B级适用于输送工作压力≤1.25MPa的流体（见图1-5-3）。

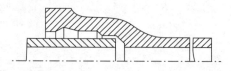

图1-5-3 连续铸铁直管

2）球墨铸铁管，具有承受压力高、韧性好、管壁薄、便于安装等特点。有公称直径DN500mm～DN1200mm各种规格，管子有效长度为6000mm。

3）给水铸铁管管件，按接口形式分为承插和法兰两种（见图1-5-4）。

（2）排水铸铁管。排水铸铁管通常是用灰口铸铁铸造而成，其化学成分含磷量不大于0.30%，含硫量大于0.10%，抗拉强度不小于140MPa，水压试验压力为14MPa，可用于输送雨水、污废水，适用于城镇、工业企业排水。其管壁较薄，承口较小。出厂前管子内外表面不涂刷沥青漆，管径为50～200mm，壁厚为4.5～6mm，管长可依需要做成500、1000、1500、2000mm几种，采用承插式连接，按管承口部位的形状可分为A型和B型。

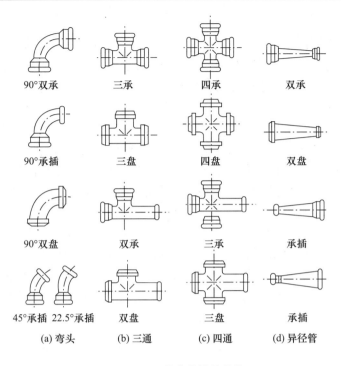

90°双承	三承	四承	双承
90°承插	三盘	四盘	双盘
90°双盘	双承	三承	承插
45°承插 22.5°承插	双盘	三盘	承插
(a) 弯头	(b) 三通	(c) 四通	(d) 异径管

图 1 - 5 - 4　给水铸铁管管件

排水铸铁管管件主要用于没有压力的排水管道，它是用灰口铸铁浇铸而成，常用的铸铁排水管管件如图 1 - 5 - 5 所示。

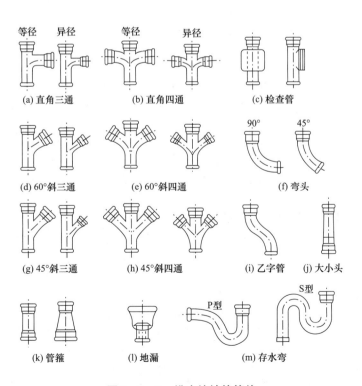

(a) 直角三通	(b) 直角四通	(c) 检查管
(d) 60°斜三通	(e) 60°斜四通	(f) 弯头
(g) 45°斜三通	(h) 45°斜四通	(i) 乙字管	(j) 大小头
(k) 管箍	(l) 地漏	(m) 存水弯

图 1 - 5 - 5　排水铸铁管管件

3. 塑料管

建筑给水塑料管材、管件具有耐酸、耐碱、耐腐蚀、不结垢、抗氧化、质量轻、施工方便等优点。目前已广泛用于建筑物内给排水系统中。这里主要介绍硬聚氯乙烯给排水管。

（1）给水塑料管。给水聚氯乙烯管材及管件应符合现行的《给水用硬聚氯乙烯管材》（GB/T1002.1-96）和《给水用硬聚氯乙烯管件》（GB/I10002.2-88）的要求。适用于给水温度不大于45℃，给水压力不大于0.6MPa的多层和高层建筑分区供水系统，管道在室内不得用于消防供水系统或与消防供水系统相连接的生活给水系统。

1）管材、管件及橡胶密封圈、胶黏剂的质量要求和主要技术性能指标。管材、管件应有制造单位质量检验部门的质量检验合格证。管材表面应标明商标、用途、生产厂名、公称大径、壁厚、公称压力等级、执行产品标准和生产时间。管件应标明商标、规格、公称压力等级。管件、管材颜色应一致；管材表面应光滑、平整；管材直线偏差不应大于1%，管材端口平整。管件应无缺损变形，无明显合模缝，浇口应平整。管材不得小于定尺长度，极限偏差长度为+0.4%。管材、管件大径配合公差管口部位应≤0.25mm。管件中间部位应为管材的大径尺寸。表1-5-2为给水硬聚氯乙烯管材、管件的物理、力学性能。

表1-5-2　给水聚氯乙烯管材、管件的物理、力学性能

项　目	单位（符号）	指　标	
		管材	管件
密度	kg/m³	1350~1460	1350~1460
维卡软化温度	℃	≥80	≥72
纵向回缩率	%	≤5	
二氯乙烷浸渍实验	15℃　15min	表面无变化	
落锤冲击实验（℃）TLR		冲击 TLR≤5%	
液压试验	MPa	诱导应力20℃ 42（1h）或20℃ 35（100h）无渗漏无破裂	4.2×p_N（p_N公称压力）
连续密封试验		D_e≤90　4.2×p_N D_e>90　3.36×p_N 无渗漏，无破坏	

2）管材、管件规格。给水硬聚氯乙烯管道的基本尺寸是以大径来表示的，如表1-5-3所示。管材、管件壁越厚其公称压力越高。从安全、耐久考虑，用于建筑物内的管材、管件公称压力应采用1.6MPa等级。表1-5-4为管材尺寸及公差，表1-5-5为管材、管件承口尺寸。

表1-5-3　塑料管大径与公称直径对照关系

塑料管大径/mm	20	25	32	40	50	63	75	90	110
公称直径/英寸	1/2	3/4	1	$1\frac{1}{4}$	$1\frac{1}{2}$	2	$2\frac{1}{2}$	3	4
公称直径/mm	15	20	25	32	40	50	65	80	100

表1-5-4 管材尺寸及公差

外径D		壁厚			
		公称压力0.63MPa		公称压力1.0MPa	
基本尺寸	公差	基本尺寸	公差	基本尺寸	公差
20	+0.30 0.00	1.6	+0.40 0.00	1.9	+0.40 0.00
25	+0.30 0.00	1.6	+0.40 0.00	1.9	+0.40 0.00
32	+0.30 0.00	1.6	+0.40 0.00	1.9	+0.40 0.00
40	+0.30 0.00	1.6	+0.40 0.00	1.9	+0.40 0.00
50	+0.30 0.00	1.6	+0.40 0.00	2.4	+0.50 0.00
63	+0.30 0.00	2.0	+0.40 0.00	3.0	+0.50 0.00
75	+0.30 0.00	2.3	+0.50 0.00	3.6	+0.60 0.00
90	+0.30 0.00	2.8	+0.50 0.00	4.3	+0.70 0.00
110	+0.30 0.00	3.4	+0.60 0.00	5.3	+0.80 0.00

表1-5-5 管材、管件承口尺寸

单位：mm

承口小径	承口长度	承口中部的平均小径	
		最小值	最大值
20	16.0	20.1	20.3
25	18.5	25.1	35.3
32	22.0	32.1	32.3
40	26.0	40.1	40.3
50	31.0	50.1	50.3
63	37.5	63.1	63.3
75	43.5	75.1	75.3
90	51.0	90.1	90.3
110	61.0	110.1	110.4

（2）排水塑料管（U-PVC）。硬聚氯乙烯管（U-PVC）目前已广泛用于建筑物内排水系统，在一般民用和工业建筑室内排水系统中基本上取代了排水铸铁管。建筑排水用硬聚氯乙烯管具有耐腐蚀、质量轻、排水阻力小、施工方便等特点。适用于建筑物内连续排放温度不大于40℃，瞬时排放温度不大于80℃的生活污水（废水）管道。

1）管材、管件的质量要求和主要技术性能指标。管材、管件等材料应具有质量检验部门的产品合格证，并有明显的标志，标明生产厂名和规格。包装上应标有批号、数量、生产日期和检验代号。管材、管件的质量应符合下列规定：管材和管件的颜色应一致，无色泽不均及分解变色浅；管材的内外壁应光滑、平整、无气泡、无裂口、无明显的痕纹和凹陷，管材的端面平整并垂直于轴线；管材不允许有异向弯曲，直线度的公差应小于0.3%；管件应完整无缺损，浇口及溢边应修理平整，内外表面光滑，无明显痕纹。管材和管件的物理、力学性能如表1-5-6所示。

表1-5-6　管材、管件的物理、力学性能

试验项目	指标	
	管材	管件
抗拉强度	>41.19MPa	
维卡软化温度	>79℃	>70℃
扁平试验	压至大径的1/2时，无裂缝	在规定试验压力下，无破裂
落锤冲击试验	试样不破裂	
液压试验	1.226MPa，保持1min无渗漏	
坠落试验		无破裂
纵向尺寸变化率	±2.5%	

胶黏剂必须有生产厂名称、出厂日期和使用年限，并必须有生产合格证和说明书。胶黏剂属易燃品，在存放、运输和使用时，必须远离火源，注意安全。

2）管材、管件规格。硬聚氯乙烯排水管道的基本尺寸是以大径来表示的。管材的大径主要有以下5种规格：40mm、50mm、75mm、110mm和160mm，也有90mm和125mm两种不常用规格（见表1-5-7）。

表1-5-7　硬聚氯乙烯直管公称大径与壁厚

单位：mm

公称大径	极限偏差	壁厚		长度	
		基本尺寸	极限偏差	基本尺寸	极限偏差
40	+0.3	2.0	+0.4		
50	+0.3	2.0	+0.4		
75	+0.3	2.3	+0.4		
90	+0.3	3.2	+0.6	4000或6000	±10
110	+0.4	3.2	+0.6		
125	+0.4	3.2	+0.6		
160	+0.5	4.0	+0.6		

硬聚氯乙烯排水管的管件主要有以下10个品种：45°弯头、90°弯头、90°顺水三通、45°斜三通、瓶形三通、正四通、45°斜四通、直角四通、异径管和管箍。

（二）其他附件

1. 紧固件和密封件

（1）紧固件。在管道上用的紧固件有螺栓、螺母，用来连接并紧固成对法：法兰与

法兰盘。螺栓又有单头六角螺栓和双头螺栓两种。

（2）密封材料。

1）密封垫片。法兰之间装入合适的垫片才能使接口密封。法兰垫片应有足够的强度，具有耐冷、耐热和耐腐蚀的性能。

2）铸铁管接头的密封材料

①水泥。水泥是水硬性胶结材料一般是32级以上的硅酸盐水泥。

②石棉。石棉是一种矿物纤维，它具有隔热、耐腐蚀、不燃等优良功能。铸铁管的接口中使用四级石棉纤维与水泥。

③麻丝。用作铸铁管接口密封填料的麻丝为亚麻丝或线麻丝制得油麻后再编成麻辫，方可填塞于铸铁管承口内。麻丝也常作螺纹连接的密封材料。

④沥青。沥青具有良好的黏结性、不进水性和耐腐蚀性，与汽油混合液作麻丝的浸泡剂，以制作沥青麻丝。

3）聚四氟乙烯生料带。聚四氟乙烯生料带是螺纹连接管道的常用密封材料，聚四氟乙烯生料带是聚四氟乙烯树脂掺入一定量的添加剂而制成。市售生料带的厚度仅0.1mm，宽度约30mm，每小盘长约5m。聚四氟乙烯生料带具有很强的化学稳定性，能耐零下180℃的低温和高于200℃的高温。

2. 水嘴、开关阀门和水表

（1）水嘴。水嘴又称龙头，其种类繁多式样各异。有普通水嘴、洗脸盆水嘴、洗涤盆水嘴、浴盆水嘴等。水嘴的作用是用来调节和启闭水流，如图1-5-6所示。

图1-5-6 常见水嘴（水龙头）

（2）开关阀门。阀门用来调节水量和关闭水流。常用的有闸阀、截止阀、球阀、止回阀等，如图1-5-7所示。这里只介绍闸阀和截止阀。

(a) 截止阀　　　　　(b) 闸阀

(c) 球阀　　　　　(d) 止回阀

图1-5-7 常用的开关阀门

1）闸阀。给水管道常采用闸阀。优点是：流体阻力小，开启、关闭力较小，介质可从两个方面流动。缺点是：结构复杂，高度尺寸大，密封面容易擦伤。闸阀有暗杆、明杆、楔杆、平行式等几种。明杆适用于非腐蚀性介质和安装及操作位置受到限制的地方。暗杆适用于腐蚀性介质及室内管道上。平行式大多制造为双闸板，此种闸板容易制造、修理，不易变形，不适合于污物及含有杂质的介质中，主要用于蒸汽、清水管道上。楔式大多制造为单闸，在高温下不易变形，如石油化工管道。

水流阻力小，介质的流向不受限制的特点，缺点是外形尺寸较大，安装所需空间较大，水中有杂质时易磨损阀座造成漏水。常应用于 DN50 以上的管道中。

2）截止阀。截止阀是一种使用广泛的阀门。有内螺纹接口截止阀和法兰盘接口截止阀。与闸阀相比较，截止阀的优点是：结构简单，密封性好，制造维修方便；缺点是：流体阻力大，开启、关闭力也稍大。截止阀常应用于 DN50 以下的管道中。

3）阀门设置与选用。给水管网在下列管段上应设阀门：引入管、水表前和立管、环形管网分干网、贯通支状管网的连通管；居住和公共建筑中，从立管接有 3 个及 3 个以上配水点的支管；工艺要求设置阀门的生产设备配水支管或配水管，但同时关闭的配水点不得超过 6 个。阀门应装设在便于检修和易于操作的位置。给水管网上阀门的选择应符合下列规定：管径≤50mm 时，宜采用截止阀；管径大于 50mm 时，宜采用闸阀；在双向流动管段上，宜采用闸阀；在经常启闭的管段上，宜采用截止阀。

（3）水表。水表是一种计量建筑物或设备用水量的仪表。根据测量流量的方法可分为容积式水表和流速式水表两种，目前常用的是流速式水表。

流速式水表是当水流通过水表时推动翼片转动，从而取得流量。翼片转动速度与水的速度成正比，翼片轮的转动带动一组联动齿轮，联动齿轮计量盘上通过指针的转动将流量读数表示出来。

常用流速式水表有旋翼式水表（小口径、小流量）、螺翼式水表（大口径、大流量）两种。

1）旋翼式水表又称叶轮式水表，翼轮转轴与水流方向垂直，水流阻力大。多为小口径水表，用于测量小的流量。如图 1 - 5 - 8 所示。

2）螺翼式水表。螺翼式水表工作时，翼轮转轴与水流方向平行，水流阻力小。多为大口径水表，用于测量大的流量。如图 1 - 5 - 9 所示。

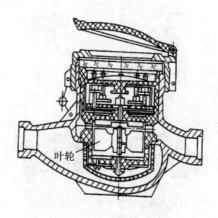

叶轮

图 1 - 5 - 8　旋翼式水表

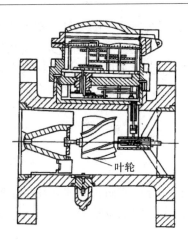

图 1 - 5 - 9　螺翼式水表

3）水表安装要求：

①选用防冻的干式水表（若常年 t > 0℃，可用湿式水表）。

②位置高度 1.1m，便于观察和检修，不受暴晒、污染及不易结冻的地方。

③方向正确，水表安装有方向性，不得装反。

④安装螺翼式水表时水表与阀门间的直管段长度不应小于 300mm，其他水表表前与阀门间的直管长度应不小于 8 ~ 10 倍的水表直径。

3. 地漏和存水弯

（1）地漏。厕所、盥洗室、卫生间及其他房间需从地面排水时，应设置地漏。地漏应设置在易溅水的器具附近及地面的最低处。地漏的顶面标高应低于地面 5 ~ 10mm。地漏水封深度不得小于 50mm。

淋浴室的地漏直径，可按表 1 - 5 - 8 来确定。

表 1 - 5 - 8　淋浴室的地漏直径

地漏直径（mm）	淋浴器数量（个）
50	1 ~ 2
75	3
100	4 ~ 5

1）防返溢地漏。地漏处于室内排水系统排水口位置最低处。当排水管堵塞时，污水（废水）往往从地漏处返溢而造成室内进水，因此，建筑上不适用防返溢地漏。

防返溢地漏适用于建筑排水系统中地面排水和家用洗衣机排水，防返溢多用地漏可用于浴盆和洗脸盆排水。当地漏因堵塞而致排水量减少时，可取出水封套，清洗地漏内部，便可恢复原状重新排水。

2）地漏安装程序和要求。在楼板上预留安装孔，放置地漏，连接排水管道，调整地漏与地面的高度，使地漏的顶面标高低于地面 5 ~ 10mm，细石混凝土分层嵌实。安装时应确保地漏垂直度及顶面水平。

（2）存水弯。存水弯是一种特殊的弯管，里面存有一定深度的水，这个深度称为水封深度。其作用是防止排水管道系统所产生的臭气、有害气体、可燃气体以及小虫、小动物通过卫生器具进入室内,当卫生器具、工业废水受水器和生活污水管道或其他可能产生有害气体的排水管道连接时,必须在排水口以下设置存水弯。卫生器具构造内已有存水弯时,不必在排水口以下设置存水弯,如坐便器。存水弯的水封深度一般不小于50mm,存水弯有S形、P形及瓶形。

二、电工常用材料及选用

(一)绝缘材料

具有高电阻率、能够隔离相邻导体或防止导体间发生接触的材料称为绝缘材料,又称电介质。绝缘材料主要用于隔离电气中电位不同的带电体,保护导体、防止电晕、机械支撑等。

1. 绝缘材料的分类

绝缘材料的品种很多,按形态可分为气体绝缘材料、液体绝缘材料和固体绝缘材料三大类。按化学性质可分为无机绝缘材料、有机绝缘材料和混合绝缘材料。

(1)无机绝缘材料主要作为电动机及电器中绕组的绝缘材料,常见的有云母、石棉、大理石、瓷器、玻璃和硫磺等。

(2)有机绝缘材料主要用于制造绝缘漆、绕组和导线的被覆绝缘物等,常见的有矿物油、虫胶、树脂、橡胶、棉纱、纸、麻、蚕丝和人造丝等。

(3)混合绝缘材料是由无机绝缘材料和有机绝缘材料经加工后制成的各种成型绝缘材料,主要用于电器的底座、外壳等。

绝缘材料按其在正常运行条件下允许的最高工作温度分级,称为耐热等级(见表1-5-9)。

表1-5-9　电工绝缘材料的耐热等级

耐热等级	最高工作温度/℃	绝缘材料
Y	90	棉纱、纸、天然丝等纺织品(如纱、丝带、胶布带等)和以这些材料作为覆盖物的制品,以及易于热分解和熔点较低的塑料及其制品(如塑料管、带等)
A	105	工作于矿物油或浸渍过的Y级材料及其制品、油性漆等
E	120	聚酯薄漆膜和A级材料复合
B	130	经过树脂黏合或浸渍涂覆的云母、玻璃纤维、石棉、聚酯漆等
F	155	以有机纤维补强和石棉补强的云母制品、玻璃丝和石棉、玻璃漆布,以玻璃丝布和石棉纤维为基础的层压制品,复合硅有机聚酯漆,芳香族聚酰胺薄膜等
H	180	无补强或以无机材料为补强的云母制品、加厚的F级材料、符合云母、有机硅云母制品、聚酰亚胺薄膜等
C	>180	不用任何有机黏合剂及浸渍的无机物如石英、石棉、云母、玻璃和电瓷材料等

2. 常用的绝缘材料及制品

(1)绝缘漆。常用的浸渍漆分为有溶剂漆和无溶剂漆两大类。有溶剂漆以醇酸类漆和环氧类漆应用最广泛（见表 1 - 5 - 10）。有溶剂漆在使用时要特别注意掌握烘烧温度和时间，以及两者之间的关系。一般多采用多次浸渍、多次烘烧和逐步升温的方法。先低温干燥，温度不宜超过 70℃ ~ 80℃，烘熔 2 ~ 4h；然后高温干燥，温度在 110℃ 左右，烘熔 4 ~ 8h。这样可避免由于溶剂挥发过快使漆膜形成针孔或气泡而影响质量。

表 1 - 5 - 10 常用有溶剂漆的型号和用途

名　称	型号	用　途
沥青漆	1010	浸渍不要求耐油的电动机线圈
油性醇酸漆	1030	浸渍在绝缘油中工作的线固和绝缘零件
丁基酚醛醇酸漆	1031	浸渍线圈，可用于湿热地区
环氧酯漆	1033	机械强度高，浸渍在湿热地区应用的线圈

常用的无溶剂漆有环氧型、聚酯型和环氧聚酯型。其品种有环氧无溶剂漆，型号为 110、9102、9101；环氧聚酯无溶剂漆（1034）；环氧聚酯酚醛无溶剂漆（5152 - 2）和不饱和聚酯无溶剂漆（319 - 2）。

（2）沥青绝缘胶和电缆浇注胶。沥青绝缘胶是由沥青按一定比例掺入变压器油及松香脂等混合制成的。根据其耐冻性及抗电击强度，分有五个牌号（见表 1 - 5 - 11）。电缆浇注胶的型号有 1810、1811 和 1812 三种。1810 适用于浇注 10kV 以上的电缆接头盒和终端盒，1811 和 1812 适用于浇注 10kV 以下的电缆盒。

表 1 - 5 - 11 沥青绝缘胶性能

牌号	软化点不低于/℃	冻裂点不高于/℃	电击穿强度不小于/4kV	用　途
1 号	45 ~ 55	- 45	40	用于浇灌户外高低压电缆终端盒
2 号	55 ~ 65	- 35	40	
3 号	65 ~ 75	- 30	45	
4 号	75 ~ 85	- 25	50	用于浇灌温度较高的户内高低压电缆终端盒及电机绝缘
5 号	85 ~ 95	- 25	60	

（3）变压器油。有 10 号、25 号和 45 号三种。10 号和 25 号油用于变压器、油开关，起绝缘和散热作用；45 号油用于低温工作的油开关，起绝缘、散热和灭弧作用。

（二）导电材料

导电材料一般都是金属，但并不是所有的金属都可用来做导电材料。用于导电材料的金属必须同时具备以下五个特征：

（1）导电性能好（即电阻系数要小）。

（2）有一定的机械强度。

（3）不易氧化和腐蚀。

（4）容易加工和焊接。

（5）资源丰富，价格便宜。

铜和铝是目前最常用的导电材料。若按导电材料制成线材（电线或电缆）和使用特点分，导线又有裸导线、绝缘电线、电磁线、通信电缆线等。

1. 裸导线

只有导线部分，没有绝缘层和保护层。按其形状和结构分，导线有单线、绞合线、特殊导线等几种。单线主要作为各种电线电缆的线芯，绞合线主要用于电气设备的连接等。裸导线的分类、型号、特性及主要用途如表 1-5-12 所示。

表 1-5-12　裸导线的分类、型号、特性及主要用途

分类	名称	型号	截面范围（mm²）	主要用途	备注
裸单线	硬圆铝单线	LY	0.06~6.00	硬线主要做架空线用。半硬线和软线做电线、电缆及电磁的线芯；亦可做电机、电器及变压器绕组用	
	半硬圆铝单线	LYB			
	软圆铝单线	LR			
	硬圆铜单线	TY	0.02~6.00		可用 LY、LR 代替
	软圆铜单线	TR			
	镀锌铁线		1.6~6.0	用做小电流、大跨度的架空线	具有良好的耐腐蚀性
裸绞线	铝绞线	LY	10~600	用做高、低压架空输电线	
	铝合金绞线	HLJ			
	钢芯铝绞线	LGJ	10~400	用于拉力强度较高的架空输电线	
	防腐钢芯铝绞线	LGJF	25~400		
	硬铜绞线	TJ		用做高、低压架空输电线	可用铝制品代替
	镀锌钢绞线	GJ	2~260	用做农用架空线或避雷线	
裸型线	硬铝母线	LBY	a: 0.08~7.01 b: 2.00~35.5	用于电机、电器设备绕组	
	半硬铝扁线	LBBY			
	软铝母线	LBR			
	硬铝母线	LMY	a: 4.00~31.50 b: 16.00~125.00	用于配电设备及其他电路装置中	
	软铝母线	LMR			
	硬铜扁线	TBY	a: 0.80~7.10 b: 2.00~35.00	用于安装电机、电器、配电设备	
	软铜扁线	TBR			
	硬铜母线	TMY	a: 4.00~31.50 b: 16.00~125.00		
	软铜母线	TMR			
裸软接线	铜电刷线	TS	0.3~16	用于电机、电器及仪表线路上连接电刷	
	软铜电刷线	TSR			
	纤维织镀锡铜电刷线	TSX			
	纤维编织镀锡铜软电刷线	TSXR	0.6~2.5		
	铜软绞线	TJR	0.06~5.00	电气装置电子元器件连接线	
	镀锡铜软绞线	TJRX			
	铜编织线	TZ	4~120		
	镀锡铜编织线	TZX			

2. 绝缘电线

不仅有导线部分，而且还有绝缘层。按其线芯使用要求分有硬型、软型、特软型和移动型等几种。主要用于各电力电缆、控制信号电缆、电气设备安装连线或照明敷设等。常用绝缘软线的品种、型号和主要用途如表1-5-13所示。

表1-5-13 常用绝缘软线的品种、型号和主要用途

产品名称	型号	截面范围（mm²）	额定电压（U₀/U）	最高允许工作温度（℃）	主要用途
聚氯乙烯绝缘单芯软线	RV	0.12~10	450/750	70	供各种移动电器、仪表、电信设备、自动化装置接线、移动电具、吊灯的电源连接线
聚氯乙烯绝缘双芯平行软线	RVB	0.12~2.5	300/300		
聚氯乙烯绝缘双芯绞合软线	RVS	0.12~2.5			
聚氯乙烯绝缘及护套平行软线	RVVB	0.5~0.75			
聚氯乙烯绝缘和护套软线	RVV	0.12~6（4芯以下）0.12~2.5（5~7芯）0.12~1.5（10~24芯）	300/500	70	同RV，用于潮湿和机械防护要求较高场合
丁腈聚氯乙烯复合绝缘平行软线	RFB RVFB	0.12~2.5	交流300/500	70	同RVB，但低温柔软性较好
丁腈聚氯乙烯复合绝缘绞合软线	RFS RVFS	0.12~2.5	直流300/500	70	同RVB，但低温柔软性较好
橡皮绝缘棉纱编织双绞软线	RXS	0.2~0.4	300/500	65	用于灯头、灯座之间，移动家用电器连接线
橡皮绝缘棉纱总编软线（2芯或3芯）	RX	0.3~0.4			
氯丁橡套软线	RHF		300/500	65	用于移动电器的电源连接线
橡套软线	RH				
聚氯乙烯绝缘软线	RVR-105	0.5~0.6	450/750	105	高温场所的移动电器连接线
氟塑料绝缘耐热电线	AF AFP	0.2~0.4（2~24芯）	300/300	-60~200	用于航空、计算机、化工等行业

3. 电磁线

电磁线是一种涂有绝缘漆或包缠纤维的导线。主要用于电动机、变压器、电器设备及电工仪表等，作为绕组或线圈。

（三）导线截面的选择

GB50096-1999《住宅设计规范》规定：住宅供电系统（220/380V）的电气线路应采用符合安全和防火要求的敷设方式配线，导线应采用铜线，每套住宅的进户线截面不应小于10mm²，分支回路导线截面不应小于2.5mm²。

1. 住宅供电线路中导线截面选择的原则

（1）按允许电压损失选择：导线在通过正常最大负荷电流时产生的电压损失必须在允许范围内；不能小于5%，以保证供电质量。

（2）按发热条件选择：导线在通过正常最大负荷电流（计算电流）时产生的发热系数应在允许范围内；不能因过热导致绝缘损坏，影响使用寿命。

（3）按机械强度选择：在正常工作条件下，导线应有足够的机械强度，保证在正常使用下不会断线，要求导线截面不应小于最小允许截面。

（4）按经济电流密度选择：选择导线截面时，既要降低线路的电能损耗和维修费等年运行费用，又要尽可能减少线路投资和有色金属消耗量，通常可按国家规定的经济电流密度选择导线截面。

2. 住宅供电线路中导线截面选择的内容

（1）型号：反映导线的材质和绝缘方式。

（2）截面：单位 mm^2；导线选择的主要内容，直接影响导线的使用安全和工程造价的经济。

（3）电压：导线的绝缘电压必须等于或大于线路的额定电压值。

3. 住宅供电线路中导线截面选择

（1）通过估算负荷来选择。

1）计算出用电设备的总功率。

2）根据用电设备的功率计算出导线的载流量。不同电感性负载功率因数不同，统一计算家庭用电器时可以将功率因数取 0.8，但是，一般情况下，家用电器不可能同时使用，因此总功率要乘上一个公用系数，公用系数一般取 0.5。

载流量计算公式：

$I = P \times$ 公用系数 $/U$（A）

3）求出导线的截面积。

（2）查阅电工手册选择。该方法多为电力部门专业人员使用，此处暂不介绍。

（3）其他方法。另外，利用口诀和一些简单心算方法，也可以直接求得导线截面的估算值。而且并不影响使用。铝芯绝缘导线载流量与截面倍数的关系口诀如下：

10 下五，100 上二；25、35，四、三倍；70、95，两倍半。

穿管、温度，八、九折；裸线加一半，铜线升级算。

说明：此口诀以铝芯绝缘导线明敷，环境温度为 25℃ 的条件为准。口诀对应各种截面积导线的载流量（安培）不是直接指出，而是用截面积（平方毫米）乘上一定的倍数来表示。为此，要熟悉导线芯线截面排列，常用导线标称截面（平方毫米）排列如下：

1、1.5、2.5、4、6、10、16、25、35、50、70、95、120、150、185、……

把口诀的截面与倍数关系排列起来如下：

1～10	16～25	35～50	70～95	120～……
五倍	四倍	三倍	二倍半	二倍

口诀中的"穿管、温度，八、九折"是指：若是穿管敷设（包括槽板等敷设，即导线加有保护套层，不明露的），计算后再打八折；若环境温度超过 25℃，计算后再打九折；若既穿管敷设，温度又超过 25℃，则打八折后再打九折，或简单按一次打七折计算。

口诀中的"裸线加一半"是指：一般计算得出的载流量再加一半（即乘以 1.5）。

口诀中的"铜线升级算"是指：将铜导线的截面排列顺序提升一级，再按相应的铝线条件计算。

【任务训练】

▶▶ 训练任务一 水电工常用材料与器具的识别

训练目标

通过本次训练任务学习，进一步熟悉各种水电工常用材料，了解其用途与特点，熟练掌握各种材料的选用方法及注意事项。

训练内容

通过识别各种水电工常用材料，了解其用途与特点；掌握常用材料的选用方法与注意事项，按要求填写下表。

序号	名　称	功能与作用	示意图
1	钢管		
2	给水铸铁管		
3	排水铸铁管		
4	阀门		
5	水表		

➤➤ 训练任务二　导线的选择

训练目标

通过本次训练，掌握根据负载选用导线的计算方法。

训练内容

某小区居民张女士家中进行电路改造，需要购置一些电线。请根据张女士提供的用电设备清单（见表 1-5-14）帮忙选购合适的电线，并将选购结果填在表 1-5-15 内。

表 1-5-14　张女士家需要安装的用电设备

电器名称	功率（W）	数量	总功率（W）	备　注
灯类	40	10	400	
电视机	300	1	300	
洗衣机	400	1	400	
冰箱	400	1	400	
微波炉	2000	1	2000	
电饭锅	500	1	500	
电磁炉	2000	1	2000	
空调	3000	1	3000	
未知电器	1000	不定	1000	

表 1-5-15　张女士家选用的导线

种类	灯类插座	电视机插座	洗衣机插座	微波炉插座	空调插座
铝绝缘线（mm²）					
铜绝缘线（mm²）					

种类	冰箱插座	电饭锅插座	电磁炉插座	未知电器插座
铝绝缘线（mm²）				
铜绝缘线（mm²）				

训后思考

（1）阀门的设置与安装方法有哪些？

（2）水表安装的注意事项有哪些？

（3）导线的选用原则有哪些？

【任务考核】

将以上训练任务考核及评分结果填入表 1-5-16 中。

表 1 – 5 – 16 水电工常用材料与器件任务考核表

序号	考核内容	考核要点	配分（分）	得分（分）
1	训练表现	按时守纪，独立完成	10	
2	水电工常用材料的识别	能识别各种常用材料，并说出其名称、功能及使用注意事项	30	
3	水表、阀门及导线的选用	能够正确对水表、阀门进行合理选择安装；能合理选购家装电路改造电线	40	
4	思考题	独立完成、回答正确	10	
5	合作能力	小组成员合作能力	10	
6	合　计		100	

【任务小结】

通过学习，根据自己的实际情况完成下表。

姓　名		班　级	
时　间		指导教师	
学到了什么			
需要改进及注意的地方			

项目二　水工基本操作技能

任务一　室内给水系统安装

【任务描述】

室内给水系统安装是指工作压力不大于 1.00MPa 的室内给水和消防栓系统管道的安装和质量检验。

【知识目标】

➢ 了解室内给水系统的组成及结构；
➢ 掌握室内给水管道安装的基本技术要求；
➢ 掌握室内消防管道布置要求；
➢ 熟悉室内给水管道安装方法与原则、注意事项。

【技能目标】

➢ 掌握室内给水管道安装方法、原则、注意事项；
➢ 掌握室内消防管道安装方法、原则。

【知识链接】

一、室内给水管道安装的基本技术要求

（1）建筑给水工程使用的主要材料、成品、半成品、配件、器具和设备必须具有合格证明文件，规格、型号及性能检验报告应符合国家技术标准或设计要求。

（2）地下室或地下构筑物外墙有管道穿过的，应采取防水措施。对有严格要求的建筑物，必须采用防水套管。

（3）明装管道成排安装时，直线部分应互相平行。遇曲线部分，当管道水平或垂直并行时，应与直线部分保持等距；管道水平上下并行时，弯管部分的曲率半径应一致。

（4）管道支、吊、托架安装位置应正确、埋设应平整牢固，与管道接触要紧密、间距应符合施工验收规范的规定。

（5）管道穿过墙壁和楼板，应设置金属或塑料套管，安装在楼板内的套管，其顶部应高出装饰地面 20mm；安装在卫生间及厨房内的套管，其顶部应高出装饰地面 50mm，底部应与楼板底面相平；安装在墙壁内的套管其两端与饰面相平。穿过楼板的套管与管道之间的缝隙应用阻燃密实材料和防水油膏填实，端面应光滑，穿墙套管与管道之间缝隙宜用阻燃密实材料填实，且端面应光滑。管道的接口不得设在套管内。

（6）给水支管和装有 3 个或 3 个以上配水点的支管始端，均应安装可拆卸连接件。

（7）冷热水管道同时安装应符合下列规定：一是上下平行安装时，热水管应在冷水管上方；二是垂直平行安装时热水管应在冷水管左侧。

两管间的最小水平净距不得小于 0.5m；交叉铺设时，垂直净距不得小于 0.15m，且给水管道应铺在排水管上面；若给水管必须铺在排水管的下面，给水管应加套管，其长度不得小于排水管管径的 3 倍。

二、室内给水管道及配件安装

室内给水管道的安装包括引入管、干管、立管和支管的安装。室内给水管道的安装有明装和暗装两种形式。明装管道一般沿墙、梁、柱、天花板下、地板旁暴露敷设。暗装管道常敷设在天花板下吊顶中、管井、管槽、管沟中，常见于宾馆、酒店等美观度要求较高的建筑。

（一）室内给水管道施工工艺流程

1. 管道安装顺序与原则

管道安装应结合具体条件，合理安排顺序。一般为先地下、后地上；先大管、后小管；先主管、后支管。当管道交叉中发生矛盾时，应按下列原则避让：

（1）小管让大管。

（2）无压力管道让有压力管道，低压管让高压管。

（3）一般管道让高温管道或低温管道。

（4）辅助管道让物料管道，一般管道让易结晶、易沉淀管道。

（5）支管道让主管道。

2. 室内给水管道施工工艺流程

施工准备➡管道预制加工➡干管安装➡立管安装➡支管安装➡管试水压➡试验管道的防腐➡保温管道➡消毒冲洗➡竣工验收

（二）管道配件安装要求

1. 安装给水引入管

（1）引入管进入室内部分的施工。引入管进入室内部分有两种情况：一是，由基础下面通过进入室内。二是，穿过墙壁或建筑物的基础进入室内。如图 2-1-1、图 2-1-2 所示。

引入管由基础下面通过敷设时，应尽量与建筑物外墙的轴线垂直。安装时，引入管下部及转弯处应设置支座，支座用 75# 混凝土浇筑，支座高度比引入管直径大 200mm，其间隙用土回填并压实。

引入管穿墙基础敷设时，应尽量与建筑物外墙的轴线垂直。在穿越建筑物基础时，为了防止建筑物下沉而破坏引入管，应配合土建施工预留孔洞或预埋套管，预留孔洞或预埋钢套管的直径应比引入管直径大 100～200mm。引入管敷设在预留孔内时，其管

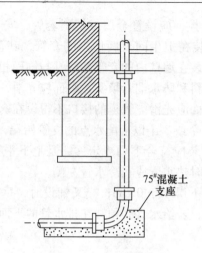

图 2-1-1　给水管穿越浅基础

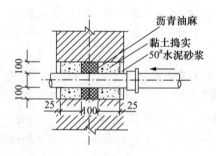

图 2-1-2　给水管穿越砖基础

顶距孔壁的距离不小于100mm，预留孔与管道间隙用黏土填实，两端用1:2的水泥砂浆封口。

（2）水表节点的安装。引入管上一般要安装水表节点，水表的安装有设旁通管和不设旁通管两种形式，如图2-1-3所示。

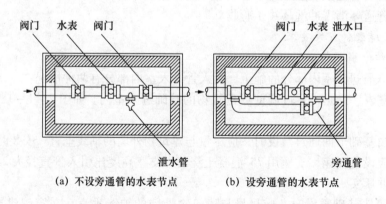

（a）不设旁通管的水表节点　　　（b）设旁通管的水表节点

图 2-1-3　水表节点

用水量不大、用水可以间断的建筑，安装水表节点时一般不设旁通管，只需在水表前后安装阀门即可，其接口根据所选用水表已有的接口形式确定。

对于用水要求较高的建筑物，安装水表节点时应设置旁通管。旁通管由阀门两侧的三通引出，中间加阀门进行连接。安装时，水表下面应设置红砖或混凝土预制块。若建筑物有两条引入管时，每条引入管上水表出口处均应装设止回阀。

引入管底部应用三通加装泄水阀或管堵，以利于管道水压试验及冲洗时排水。管道敷设完毕，在甩出地面的接口处应设盲板或管堵，如图 2 - 1 - 4 所示。

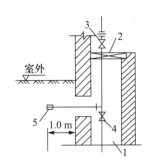

图 2 - 1 - 4　引入管的泄水阀

2. 安装干管

对于上分式给水系统，干管可明装于顶层楼板下或暗装于屋顶、吊顶及技术层内；对于下分式系统，干管可敷设于底层地面上地下室楼板下及地沟内。

干管安装一般是在支架要安装完毕后进行的。给水管道支架形式有钩钉、管卡、吊架、托架，管径小于或等于 32mm 的管子多采用管卡或钩钉，管径大于 32mm 的管子采用吊架、托架。根据干管的标高、位置、坡度、管径，确定支架的型号、安装位置及支架数量，按尺寸埋好支架。当两立管之间干管较长时，可用管接头延长直线管段。

待支架安装完毕，即可进行干管安装。干管安装的要点如下：

（1）地下干管在上管前，应将各分支口堵好，防止泥沙进入管内；在上主管时，要将各管口清理干净，保证管路的畅通。

（2）预制好的管子要小心保护好螺纹，上管时不得碰撞。可用加装临时管件方法加以保护。

（3）安装完的干管，不得有塌腰、拱起的波浪现象及左右扭曲的蛇弯现象。管道安装应横平竖直。水平管道纵横方向弯曲的允许偏差，当管径小于 100mm 时为 5mm，当管径大于 100mm 时为 10mm，横向弯曲全长 25m 以上时为 25mm。

（4）在高空上管时，要注意防止管钳打滑而发生安全事故。

（5）支架应根据图纸要求或管径正确选用，其承重能力必须达到设计要求。

3. 安装立管

立管一般沿房间的墙角或墙、梁、柱敷设，可分为明装和安装于管道竖井或墙槽内的暗装。

（1）根据地下给水干管各立管甩头位置，应配合土建施工，按设计要求及时准确地逐层预留孔洞或埋设套管。施工中不得在钢筋混凝土楼板上凿洞。自顶层向底层吊线坠，并在墙面弹画出立管安装的垂直中心线。作为预制量尺及现场安装中的基准线。

（2）根据立管卡的高度，在垂直中心线上面横线确定管卡的安装位置并打洞栽卡。每安装一层立管，用立管卡件予以固定，管卡距地面1.5～1.8m，两个以上的管卡应均匀安装，成排管道或同一房间的管卡和阀门的安装高度应保持一致。

（3）给水与排水立管并行时，应置于排水立管外侧；与热水立管并行时，应置于热水立管右侧。

（4）立管穿过楼板时，应设金属或塑料套管。安装在楼板内的套管，其顶部应高出装饰地面20mm；安装在厨房及卫生间的套管应高出装饰地面50mm，套管底部应与楼板底面相平。套管与管道之间应用防水油膏或石棉绳填实，端面应光滑，套管内不得设有管道接口。

立管安装的要点如下：

（1）调直后的管道上的零件如有松动，必须重新上紧。

（2）立管上的阀门要考虑便于开启和检修。下供式立管上的阀门，当设计未标明高度时，应安装在地平面上300mm处，且阀柄应朝向操作者的右侧并与墙面形成45°夹角处，阀门后侧必须安装可拆装的连接件（油任）。

（3）当使用膨胀螺栓时，首先在安装支架的位置用冲击电钻钻孔，孔的直径与套管外径相等，深度与螺栓长度相等；然后将套管套在螺栓上，带上螺母一起打入孔内；到螺母接触孔口时，用扳手拧紧螺母，使螺栓的锥形尾部将开口的套管尾部张开，螺栓便和套管一起固定在孔内。这样就可在螺栓上固定支架或管卡。

（4）上管要注意安全，且应保护好末端的螺纹，不得碰坏。

（5）多层及高层建筑，每隔一层在立管上要安装一个活接头（油任）。

4. 安装支管

安装支管前，先按立管上预留的管口在墙面上画出（或弹出）水平支管安装位置的横线，并在横线上按图纸要求画出各分支线或给水配件的位置中心线，再根据横线中心线测出各支管的实际尺寸并进行编号记录，根据记录尺寸进行预制和组装（组装长度以方便上管为宜），检查调直后进行安装。

给水支管安装方法与步骤如下：

（1）给水支管安装一般先施工到卫生器具的进水阀处，支管与卫生器具的连接，应在卫生器具安装后进行。

（2）连接数个卫生器具的给水横支管，可用比量法进行下料预制，按相应的接口工艺标准，组装成整体横支管。

（3）支管应以不小于0.002的坡度坡向立管，以便维修时放水。支管安装完毕，应检查支架和管道接口，清理残余填料、黏结剂，并及时用堵头或管帽将各管口封堵。

5. 管道连接

塑料管和复合管与金属管件、阀门连接，应使用专用管件连接，不得在塑料管上套螺纹。给水管道必须采用与管材相适应的管件。生活给水系统材料必须达到饮用水卫生标准，室内给水管材及连接方式如表2-1-1所示。

表 2 - 1 - 1　室内给水管材及连接方式

管　材	用　途	连接方法
给水铸铁管	建筑给水引入管 DN > 150mm	承插连接
镀锌钢管	DN ≤ 100mm 的冷热给水、消防管道	螺纹连接
	DN ≥ 100mm 的冷热给水、消防管道	法兰、卡套、卡箍连接
焊接钢管	生活、消防给水管	DN ≤ 32mm 螺纹连接，DN > 32mm 焊接
无缝钢管	生活、生产给水管	焊接或法兰连接
不锈钢管	生活、生产给水管	焊接、卡压连接
铜管	生活热水给水管	专用接头连接、焊接
PVC 给水管	生活、生产给水管	承插连接（橡胶圈接口）、焊接、粘接
PE—X 管	生活冷热水给水管	电熔接、粘接
PP—R 管	生活给水管	热熔接、电熔接
铝塑复合管	生活冷热水给水管	卡套连接
钢塑复合管	生活、消防给水管	螺纹连接、卡箍连接

注：①铜管管径小于 22mm 时宜采用承插或磁管焊接，承口应迎介质流向安装；当管径大于或等于 22mm 时宜采用对口焊接。

②镀锈钢管管径小于或等于 100mm 应采用螺纹连接。套螺纹破坏的镀锌层表面以及外露螺纹部分应作防磨处理；管径大于 100mm 时采用法兰或卡箍连接。镀锌钢管与法兰的焊接处应二次镀锌。

6. 给水管道的试压

室内给水管道安装完毕后需进行水压试验，其目的是为了检查管道及接口的强度及严密性。试验压力不应小于 0.6MPa。生活饮用水和生产、消防合用的管道，试验压力为工作压力的 1.5 倍，但不得超过 1MPa。

（1）连接试压系统。准备好试压泵、管材、管件、阀门、压力表等工具和器材，按图 2 - 1 - 5 所示进行接管。在试压系统的最高点设置排气阀，将室内引入管外侧用盲板堵死，系统中各配水设备一律不得安装，并将管口堵严。

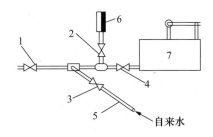

1、2、3、4—阀门；5—自来水管；6—压力表；7—试压泵

图 2 - 1 - 5　管道系统试压操作接管

（2）向试压系统注水。确认元敞口管头及遗漏项目时，即可向系统内通水。水压试验一般采用自来水。注水前，打开排气阀和阀门 1、2、3，使系统充满水，待放气阀连续出水时将其关闭。

（3）试压。首先，用试压泵向系统中加压，但升压不能太快，一般以 2～3 次升至试验压力为宜，然后关闭阀门 4，10 分钟后观察压力表，以压力下降不大于 0.05MPa 为强度试验合格。其次，将试验压力降至工作压力，对系统作外观检查，以无渗漏现象为严密性试验合格。最后，拆除试压系统，同时将系统中的水排尽。

7. 管道冲洗、消毒

新敷设的给水管道竣工或旧管道检修后，均应进行冲洗消毒。操作时，将管道中已安装的水表拆除，以短管代替，且在管道末端设置几个放水点以排除冲洗水。

首先，配制消毒液，一般采用漂白粉配制。新安装的给水管道冲洗消毒时，每 100m 管道漂白粉及水的用量可参照表 2-1-2 内的要求选用。其次，将配制好的消毒液随水流一起加入管中，浸泡 24 小时后再放水清洗。最后，用自来水连续进行冲洗，要保证充足的流量，直至排出的水中无杂质，且管内的含氯量和细菌量经检测后满足水质标准。

表 2-1-2　每 100m 管道漂白粉用量及用水量

管径（mm）	用水量（m³）	漂白粉用量（kg）	管径（mm）	用水量（m³）	漂白粉用量（kg）
15~50	0.8~5	0.09	200	22	0.38
75	6	0.11	250	32	0.55
100	8	0.14	300	42	0.93
150	14	0.14	350	56	0.97

（三）安全操作规程

（1）施工现场应保持整洁，材料设备及废料应按指定地点堆放，并按指定道路行走。不能从起吊设备下方等危险地区通行。

（2）地下给水管道为铸铁管时，剁管应注意飞削伤人，下管时使用绳索应牢固，以防伤人。

（3）使用电动套丝机套螺纹时，机具应具有良好绝缘装置，防止发生触电事故。

（4）登高作业时，应做好监护工作，设人扶梯、凳，并戴好安全帽，不允许向上或向下抛丢工具等物品，只准用绳向上吊或向下系。

三、室内消防管道安装

（一）室内消火栓给水系统

建筑高度不超过 24m 的低层建筑物室内消火栓给水系统一般可用来扑灭建筑物内的初期火灾。

根据建筑物高度、室外管网压力、流量和室内消防流量、水压等要求，室内消防给水系统可分为三类：无加压泵和水箱的室内消火栓给水系统、设有水箱的室内消火栓给水系统、设置消防泵和水箱的室内消火栓给水系统。

1. 无加压泵和水箱的室内消火栓给水系统

此种给水系统如图 2-1-6 所示，常在建筑物高度不大、室外给水管网压力和流量完全能满足室内最不利消火栓设置点所需的水压和流量时采用。

消防时，旋翼式水表的允许水头损失宜小于 5m，螺翼式水表的允许水头损失宜小于 3m。

· 92 ·

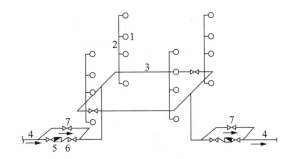

1—室内消火栓；2—室内消防竖管；3—干管；4—进户管；5—水表；6—止回阀；7—旁通管及阀门

图 2-1-6　无加压泵和水箱的室内消火栓给水系统

2. 设有水箱的室内消火栓给水系统

此种给水系统如图 2-1-7 所示，常用在水压变化较大的城市或居民区。当生活、生产用水量达到最大时，室外管网不能保证室内最不利点消火栓的压力和流量；而生活、生产用水量较小时，室内管网的压力又较大。因此，常设水箱调节生活、生产用水量，同时储存 10 分钟的消防用水量。10 分钟后，由消防车通过加压水泵接合器进行灭火。生活、生产、消防合用的水箱，应有保证消防用水不作他用的措施。水箱的安装高度应满足室内管网最不利点消火栓水压和水量的要求。

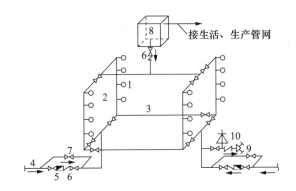

1—室内消火栓；2—室内消防竖管；3—干管；4—进户管；5—水表；
6—止回阀；7—旁通管及阀门；8—水箱；9—水泵接合器；10—安全阀

图 2-1-7　设有水箱的室内消火栓给水系统

3. 设有消防泵和水箱的室内消火栓给水系统

此种系统如图 2-1-8 所示。室内管网压力经常不能满足室内消火栓给水系统的水量和水压要求时，宜设置水泵和水箱。消防用水与其他用水合并的室内消防栓给水系统，其消防泵应保证供应生活、生产、消防用水的最大秒流量，并应满足室内管网最不利点消火栓的水压。消防水箱应储存 10 分钟的消防用水量，其设置高度应保证室内最不利点消火栓的水压，并在消火栓处设置远距离启动消防泵的按钮。消防用水宜与其他用水合用一个水箱，以防水质变坏，但必须有消防用水不被他用的技术措施，以保证消防储水量。

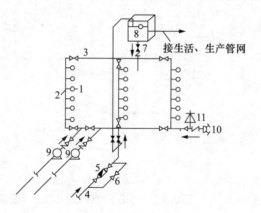

1—室内消火栓；2—室内消防竖管；3—干管；4—进户管；5—水表；
6—止回阀；7—旁通管及阀门；8—水箱；9—水泵；10—水泵接合器；11—安全阀

图2-1-8　设有消防泵和水箱的室内消火栓给水系统

（二）室内消防管道配件安装

1. 室内消防管网布置

室内消防给水管道应呈环状。高层建筑物内的消防给水管道在平面上应呈环状，在竖向也必须呈环状。在环状管道上需要引出枝状管道时（如设置屋顶消火栓），枝状管道上的消火栓数量不应超过一个（双口消火栓按一个消火栓计算）。

室内环状管道的进水管不应少于两条，并宜从建筑物的不同方向引入。若在不同方向引入有困难时，宜接至竖管的两侧。若在两根竖管之间引入两条进水管时，应在两条进水管之间设置分隔阀门（此阀门应为开阀门，只供发生事故或检修时使用）。当其中的进水管发生故障或报修时，其余的进水管应仍能保证全部消防用水量和规定的消防水压。

设有两台或两台以上的消防泵的泵站，应有两条或两条以上的消防泵出水管直接与室内的消防管网连接。不允许消防泵共用一条总的出水管，再在总出水管上设支管与室内管网连接，如图2-1-9所示。

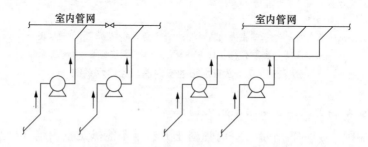

图2-1-9　消防泵出水管与室内管网连接方法

布置消防立管应考虑以下几点：

（1）当相邻消防竖管中一条在检修时，另一条竖管仍应保证有扑灭初期火灾的用水量。因此，消防竖管的布置，应保证同层相邻竖管上的水枪的充实水柱同时到达室内任何部位。

（2）在建筑物走廊端头宜采用相邻竖管，走廊中间的竖管数应按设单口消火栓在同层相邻竖管上的水枪充实水柱同时到达室内任何部位的要求，其间距由计算决定。但消防竖管的最大间距不宜大于30m。

（3）消防竖管的直径按室内消防用水量计算决定，计算出来的消防竖管直径小于100mm时，应考虑消防车通过水泵接合器往室内管网送水的可能性，仍应用100mm。

（4）一般塔式住宅设置两根消防竖管。当建筑物高度小于50m、每层面积小于500m^{2}且可燃物很少、耐火等级较高的建筑物，设置两根竖管有困难时，也可设一根消防竖管，但必须采用双口消火栓。

（5）当建筑物内同时设有消火栓给水系统和自动喷水消防系统时，可共用一个消防水泵房，但应将自动喷水设备管网与消火栓给水管网分开设置。因为起火1小时后，自动喷水灭火设备由于某种原因未能扑灭火灾，而自动喷水设备已损坏时，则可继续用室内消火栓灭火。

消防水泵应采用自灌式吸水，在水泵的出水管上应装设试验用和检查用的放水阀门。

消防水泵应设工作能力不小于主要消防泵的备用泵。消防水泵房与消防控制之间，应设直接的通信联络。

2. 箱式消火栓安装

（1）消火栓通常安装在消防箱内，有时也装在消防箱外边。

（2）在一般建筑物内，消火栓及消防给水管道均采用明装。

（3）消火栓应安装在建筑物内明显处以及取用方便处。

（4）消火栓一般安装在砖墙上，分明装、暗装及半明装三种形式。

（5）水龙带与消火栓及水枪接头连接时，采用16号铜线缠2~3道，每道不少于2~3圈。绑扎好后，将水龙带及水枪挂在箱内支架上。

（6）安装室内消火栓时，必须取出箱内的水龙带、水枪等全部配件。箱体安装好后再复原。进水管的公称直径不小于50mm，消火栓应安装平整牢固，各零件应齐全可靠。

3. 喷头安装

（1）喷头管道安装时应有一定的坡度，充水系统应小于0.002；充气系统和分支管应不小于0.004。管道变径时，应尽量避免用内外接头（补芯），而采用异径管（大小头）。

安装自动喷水管装置，为防止管道工作时产生晃动，不妨碍喷头喷水效果，应以支吊架进行固定。如设计无要求时，可按下列要求敷设：一是吊架与喷头的距离应不小于300mm，距末端喷头的距离不大于750mm。二是吊架应设在相邻喷头间的管段上，相邻喷头间距不大于3.6m，可装设一个；小于1.8m，允许隔段设置。

（2）为发挥自动喷水管网的灭火效果，应限制管道最大负荷对喷水头的数量。分在支管上最多允许6个喷水头。

（3）水幕喷头可以向上或向下安装。

（4）自动喷洒和水幕消防系统的管道连接，湿式系统应采用螺纹连接；干式或干湿式混合系统者应采用焊接。

（5）各种喷淋头安装，应在管道系统完成试压、冲洗后进行。

【任务训练】

▶▶ 训练任务　室内给水管道安装

训练目标

通过本次训练，掌握室内给水管道的安装工艺和主要质量控制点；掌握其安装质量标准和检验方法。

训练内容

室内给水管道安装。

训练准备

（一）材料准备

镀锌碳素钢管、PP - R、PB、PE、PVC、铝塑复合管、给水铸铁管及管件等。

（二）机具准备

套丝机、砂轮锯、台钻、电锤、角磨机、热熔机、气焊工具、电动或手动试压泵、手电钻、电焊机、套丝板、管钳、压力钳、手锯、手锤、活络扳手、链钳、煨弯器、手压泵、捻口凿、大锤、断管器、割胀管器、管剪刀、规整圆器、水平尺、线坠、钢卷尺、小线、压力表、卡尺等。

（三）条件准备

（1）地下管道铺设必须在房心土回填夯实或挖到管底标高，沿管线铺设位置清理干净，管道穿墙处已留管洞或安装套管，其洞口尺寸和套管规格符合要求，坐标、标高正确。

（2）采用塑料给水管材铺设安装时，管沟基底处理同上做法，并且应保证沟底平整，不得有突出的坚硬物体，土壤的颗粒径不得大于12mm，必要时可铺100mm的砂垫层。

（3）暗装管道应在地沟未盖沟盖或吊顶未封闭前进行安装，其型钢支架均应安装完毕并符合要求。

（4）明装托、吊干管必须在安装层的结构顶板完成后进行，沿管线安装位置的模板及杂物清理干净，托吊卡件均已安装牢固，位置正确。

（5）立管安装应在主体结构完成后进行。高层建筑在主体结构达到安装条件后，适当插入进行。每层均应有明确的标高线，暗装竖井管道，应把竖井内的模板及杂物清除干净，并有防坠落措施。

（6）支管安装应在墙体砌筑完毕，墙面未装修前进行。

（7）塑料给水管、暗装管道可在土建结构施工完成后进行。明装管道应在土建装修完毕后进行安装，管道安装前应先设置管卡，其位置应准确，埋设应平整、牢固，卡件与管材接触严密，但不得损伤管材表面。采用金属卡子时，卡件与管道间应用塑料带或橡胶物隔垫，不得使用硬物隔垫。

训练步骤及注意事项

（一）安装工艺流程

施工准备➡管道预制加工➡干管安装➡立管安装➡支管安装➡管试水压试验➡管道的防腐➡保温管道➡消毒冲洗➡系统通水试验

（二）安装准备

认真熟悉图纸，参看土建结构图、装修建筑图、有关设备专业图，核对各种管道的坐标标高是否有交叉，管道排列所占空间是否合理。根据施工方案确定的施工方法做好准备工作。

（三）预制加工

按设计图纸画出管道分路、管径、预留管口、阀门位置等施工草图，在实际安装的结构位置做上标记，按标记分段量出实际安装的标准尺寸，记录在施工草图上，然后按草图测得的尺寸预制加工（断管、套丝、上零件、调直、校对、按管段分组编号）。

镀锌给水管道安装尽量预制。在地面预制，调直后在接口处做好标记，编号码放。立管预制时不编号，经调直只套一头丝扣，其长度比实际尺寸长 20~30mm，顺序安装时可保证立管甩口位置标高的准确性。

（四）干管安装及注意事项

1. 给水铸铁管道安装

（1）在干管安装前应清扫管腔，将承口内侧和插口外侧端头的沥青除掉，承口朝来水方向顺序排列，连接的对口间隙应不小于 3mm。找平找直后，将管道固定。管道拐弯和始端处应支撑顶牢，防止捻口时轴向移动，所有管口随时封堵好。

（2）捻麻时先清除承口内的污物，将油麻绳拧成麻花状，用麻绳捻入承口内，一般捻两圈以上，约为承口深度的 1/3，使承口周围间隙保持均匀，将油麻捻实后进行捻灰，水泥用 325# 以上加水拌匀（水灰比为 1:9）用捻凿将灰填入承口，随填随捣，填满后用手锤打实，直至将承口打满、灰口表面有光泽。承口捻完后应进行养护，用湿土覆盖或用麻绳等物缠住接口，定时浇水养护，一般养护 2~5 天。冬季应采取防冻措施。

（3）青铅接口一般用在管道抢修或室外管线的临时接口，优点是不用养护，当时接完管道就可以通水。其做法是在承口油麻打实后，用定型卡箍或包有胶泥的麻绳紧贴承口，缝隙用胶泥抹严，用化铅锅加热铅锭至 500℃左右（液面呈紫红颜色），将熔铅缓慢灌入承口内，使空气排出。对于大管径管道灌铅速度可适当加快，防止熔铅中途凝固。每个铅口一次灌满，凝固后立即拆除卡箍或泥模，用捻口凿将铅口打实（铅接口也可采用捻铅条的方式）。注意：管子接口一定无积水，以防止灌铅时发生铅爆炸；操作人员应戴墨镜、手套，铅锅的把应长一点。水平管一般用三角带临时制作卡箍。室外工程经常采用胶圈接口，承插接口的环行间隙 10mm（管径 75~200mm），允许偏差 2~3mm，沿曲线铺设，每个接口允许 2° 转角。

2. 给水镀锌管道安装

（1）安装时一般从总进入口开始操作，设计要求沥青防腐或加强防腐时，应在预制后、安装前做防腐。入户管应有 2‰坡度，坡向水表井。把预制完的管道运到安装部位按编号依次排开。安装前清扫管腔，丝扣连接管道抹上铅油缠好麻，用管钳按编号依次上紧，丝扣外露 2~3 扣，安装后找直找正，复核甩口的位置、方向及变径无误。清出麻头，所有管口要加好临时丝堵。

（2）热水管道的穿墙处均按设计要求加套管及固定支架，安装伸缩器按规定做预拉伸，待管道固定卡件安装完毕后，除去预拉伸的支撑物，调整好坡度，翻身处高点要有放风，底点有泄水装置。

（3）给水大管径管道使用镀锌碳素钢管时，应采用焊接法兰连接，管材和法兰根据设计压力选用焊接钢管或无缝钢管，管道安装完先做水压试验，无渗漏后，先编号再拆开法兰进行镀锌加工。加工镀锌的管道不得刷漆及污染，管道镀锌后按编号进行二次安装，然后进行第二次水压试验。

（4）埋地干管在回填土前进行预检、单项强度试压、评定，并做隐蔽验收，填写隐检记录。埋地干管不得有活接头，埋地管道回填土时，采取保护措施。

（五）立管的安装及注意事项

1. 立管明装

每层从上至下统一吊线安装卡件，将预制好的立管按编号分层排开，顺序安装，对好调直时的印记，丝扣外露 2~3 扣，清除麻头，校核预留甩口的高度、方向是否正确。外露丝扣和镀锌层破损处刷好防锈漆，支管甩口均加好临时丝堵，立管截门安装朝向应便于操作和修理。安装完后用线坠吊直找正，配合土建堵好楼板洞。

2. 立管暗装

竖井内立管安装的卡件宜在管井口设置型钢，上下统一吊线安装卡件。安装在墙内的立管应在结构施工中预留管槽，立管安装后吊直找正，用卡件固定。支管的甩口应露明并加好临时丝堵。

3. 热水立管

按设计要求加好套管。立管与导管连接要采用 2 个弯头。立管直线长度大于 15m 时，要采用 3 个弯头。立管如有伸缩器安装同干管，其他做法同立管明装要求。

给水立管变径不得使用补心，应使用变径管箍，其安装位置距三通分流处 200mm。给水管与横干管连接处应设置支墩或吊架防止立管下沉和安装尺寸不准。首层给水立管设套管，高层住宅给水立管穿楼板亦设套管。

因为一层阀门维修方便，多层住宅在首层设套管应加设立管卡架。其他层不设穿楼板套管，给水立管不大于 DN25 使用单管卡固定，立管大于 DN25 可不设立管卡架，设落地卡架应及时办理隐检。

高层住宅给水立管从顶层楼板穿下时应设套管，其他层不设套管但设落地卡架，抹水泥墩台。

（六）支管的安装及注意事项

1. 支管明装

（1）将预制好的支管从立管甩口依次逐段进行安装，根据管道长度适当加好临时固定卡，核定不同卫生器具的冷热水预留口高度、位置是否正确，找平找正后栽支管卡件，去掉临时固定卡，上临时丝堵。支管如装有水表应先装上连接管，试压后在交工前拆下连接管，安装水表。

（2）支管距墙净距 20~25mm，有防结露要求的管道要适当加大距墙净距。冷热水支管水平安装时热水在上，间距为 100~150mm。厨房、卫生间的给水支管安装所在的墙面如有贴砖，应先由土建划出排砖位置。安装临时卡架，临时固定，待土建贴砖到相应位置时预留几块砖，画十字线保证卡架在瓷砖缝上。支管水平安装时采用角钢托架 L25×3，镀锌 U 形卡固定。

2. 支管暗装

确定支管高度后画线定位，剔除管槽，将预制好的支管敷在槽内，找平找正定位后用勾钉固定。卫生器具的冷热水预留口要做在明处，加丝堵（最好是 100mm 长短管一头砸瘪封死，一头套扣）。暗装管道变径不得使用补心变径，应使用大小头变径，暗装管道不得有油任、法兰等活接头。

3. 热水支管

热水支管穿墙处按规范要求做好套管。热水支管应做在冷水支管上方，支管预留口位置应为左热右冷。其余安装方法同冷水支管。

4. 水表安装

室内水表外壳距墙 1~3cm，水表前后直线管段如超过 30cm，应煨弯，沿墙敷设。

5. 消火栓及支管安装

箱体应符合设计要求，支管要以栓阀的坐标、标高定位甩口，栓口朝外，离地 1.1m。核定后再稳固消火栓箱，箱体找正稳固后再安装栓阀，栓阀侧装在箱体内时应在箱门开启的一侧，箱门开启应灵活。箱体稳固在轻质隔墙上，应有加固措施。

6. 自动喷洒消防系统的控制信号阀前，应设阀门，其后不应安装其他用水设备

常见的质量通病有：水表距墙内表面过近或过大；水表前后直线管段长度不符合要求。消火栓箱洞上部未设置过梁造成箱体变形箱门开启不灵；消火栓位置与门开启方向错误，栓口方向错误，栓口不能朝外导致消防水龙带打折影响出水量；安装好的箱体漆皮破坏严重。水表和消火栓安装后应及时保护。

（七）管道试压

铺设、暗装、保温的给水管道在隐蔽前进行单项水压试验。管道系统安装完成进行综合水压试验。水压试验时放净空气，充满水对试压管道进行外观检查，检查管壁及接口有无渗漏，若有，返修；若无，则开始加压，当压力升到试验压力时停止加压（试验压力为工作压力的 1.5 倍且不小于 0.6MPa 不大于 1.0MPa，若图纸上未标注工作压力则需向设计问明）。单项试压：从压力表上读出 10 分钟压力降，若大于 0.02MPa 则返修，若不大于 0.02MPa，则降至工作压力后进行外观检查，无渗漏为合格。综合试压：从压力表上读出 1h 压力降，若不大于 0.05MPa 且不渗不漏，则试压合格。试压前通知有关人员，合格后验收签字，办理工序交接手续。然后把水泄净，被破损的镀锌层和外露丝扣处做防腐处理，再进行下道隐蔽工序工作。试压未做或试验不合格，管道连接处渗漏不会及时发现。

（八）管道防腐和保温

1. 管道防腐

给水管道铺设与安装的防腐均应按设计要求及国家验收规范施工，所有型钢支架及管道镀锌层破坏处和外露丝扣要补刷防锈漆。

2. 管道保温

给水管道明装、暗装的保温有三种形式：管道防冻保温、管道防热损失保温、管道防结露保温。其保温材质及厚度均按设计要求，质量达到国家验收规范标准。过门厅支

管防结露保温一般采用 PEF 板 10mm 厚缠绕，两端及中间用镀锌铅丝绑扎，外壁包裹塑料带。

防结露措施不当（选用保温材质及厚度不符合要求），会造成给水管道结露。在给水立管防结露保温分界处采取措施防止结露水顺着管子流淌。

（九）管道冲洗

管道在试压完成后即可做冲洗。冲洗以图纸上提供的系统最大设计流量进行（如果图纸没有则以流速不小于 1.5m/s 进行，可以用秒表和水桶配合测量流速，计量 4 次取平均值），用自来水连续进行冲洗，直至各出水口水色透明度与进水目测一致为合格。冲洗合格后办理验收手续。进户管、横干管安装完成后可进行冲洗，每根立管安装完成后可单独冲洗。管道未进行冲洗或冲洗不合格就投入使用，可能会引起管道堵塞。

（十）质量标准与检验

1. 保证项目

（1）室内给水管道的水压试验必须符合设计要求，当设计未注明时，各种材质的给水管道系统试验压力均为工作压力的 1.5 倍，但不得小于 0.6MPa。

检验方法：金属及铝塑复合管给水管道系统在试验压力下，观测 10min，压力降不应大于 0.02MPa，然后降至工作压力进行检查应不渗不漏；塑料给水系统应在试验压力下稳压 1h，压力降不得超过 0.05MPa，然后在工作压力的 1.15 倍状态下稳压 2h，压力降不得超过 0.03MPa，同时检查各连接点不得渗漏。

（2）室内给水管道交付使用前，必须进行通水试验，并做好记录。

检验方法：观察和开启阀门、水嘴等放水。

（3）室内给水管道在交付使用前必须冲洗和消毒，并经有关部门取样检验，符合国家《生活饮用水》标准，方可使用。

检验方法：检查有关部门提供的检测报告。

（4）室内直埋金属给水管道应做防腐处理，防腐层材质和结构符合设计要求。

检验方法：观察局部或解剖检查。

2. 一般项目

（1）给水引入管与排水排出管的水平净距不得小于 1m。室内给水与排水管道平行敷设时，两管间的最小水平净距不得小于 0.5m。交叉铺设时，垂直净距不得小于 0.15m。给水管应铺设在排水管上面，如给水管在排水管下面时，给水管应加套管，其长度不得小于排水管管径的 3 倍。

检验方法：尺量检查。

（2）管道与管件焊接，焊缝表面质量应符合下列要求：

1）焊缝外形尺寸应符合图纸和工艺文件的规定，焊缝高度不得低于用材表面，焊缝与用材应圆滑过渡。

2）焊缝及热影响区表面应无裂纹、未融合、未焊透、夹渣、弧坑和气孔等缺陷。

检验方法：观察检查。

（3）给水水平管道应有 2‰～5‰ 的坡度坡向泄水装置。

检验方法：水平尺和尺量检查。

（4）给水管道和阀门安装的允许偏差应符合表 2-1-3 的规定。

表 2 - 1 - 3　管道和阀门安装的允许偏差和检验方法

项次	项　目			允许偏差（mm）	检验方法
1	水平管道纵横方向弯曲	钢管	每米	1	用水平尺、直尺、拉线和尺量检查
			全长 25m 以上	≥25	
		塑料管复合管	每米	1.5	
			全长 25m 以上	≥25	
		铸铁管	每米	2	
			全长 25m 以上	≥25	
2	立管垂直度	钢管	每米	3	吊线和尺量检查
			5m 以上	≥8	
		塑料管复合管	每米	2	
			5m 以上	≥8	
		铸铁管	每米	3	
			5m 以上	≥10	
3	成排管段和成排阀门	在同一平面间距上		3	尺量检查

（5）管道的支、吊架安装应平整牢固，其间距应符合表 2 - 1 - 4、表 2 - 1 - 5、表 2 - 1 - 6的规定。

表 2 - 1 - 4　钢管管道支架的最大间距

公称直径（mm）		15	20	25	32	40	50	70	80	100	125	150	200
支架的最大间距（m）	保温管	2	2.5	2.5	2.5	3	3	4	4	4.5	6	7	7
	不保温管	2.6	3	3.5	4	4.5	5	6	6	6.5	7	8	9.5

表 2 - 1 - 5　塑料管及复合管道支架的最大间距

管径（mm）			12	14	16	18	20	25	32	40	50	63	75	90	110
最大间距（m）	立管		0.5	0.6	0.7	0.8	0.9	1.0	1.1	1.3	1.6	1.8	2.0	2.2	2.4
	水平管	冷水管	0.4	0.4	0.5	0.5	0.6	0.7	0.8	0.9	1.0	1.1	1.2	1.35	1.55
		热水管	0.2	0.2	0.25	0.3	0.3	0.35	0.4	0.5	0.6	0.7	0.8		

表 2 - 1 - 6　铜管管道支吊架的最大间距

公称直径（mm）		15	20	25	32	40	50	65	80	100	125	150	200
支架的最大间距（m）	垂直	1.8	2.4	2.4	3.0	3.0	3.5	3.5	3.5	3.5	3.5	4.0	4.0
	水平	1.2	1.8	1.8	2.4	2.4	2.4	3.0	3.0	3.0	3.0	3.5	3.5

（6）水表应安装在便于检修，不受暴晒、污染或冻结的地方。安装螺翼式水表，表前阀门应有不小于 8 倍水表接口直径的直线管。表外壳距离墙表面净距为 10～30mm；水表进水口中心标高按设计要求，允许偏差 ±10mm。

检验方法：观察和尺量检查。

3. 工程验收表

给水系统安装工程验收单如表 2-1-7 所示。

表 2-1-7　任务项目验收单

	验收标准	是否合格	
		是	否
验收项目	(1) 给水管道、阀门安装	□	□
	(2) 管道的支、吊架安装应平整牢固	□	□
	(3) 检查管道与管件焊接，焊缝表面质量	□	□
	(4) 室内给水管道水压试验	□	□
	(5) 管道冲洗、消毒	□	□

训后思考

在室内给水系统施工过程中，常见的质量问题有哪些？针对出现的质量问题应如何避免与解决？

【任务考核】

将以上训练任务考核及评分结果填入表 2-1-8 中。

表 2-1-8　给水系统安装工程任务考核表

序号	考核内容	考核要点	配分（分）	得分（分）
1	训练表现	按时守纪，独立完成	10	
2	材料准备	能识别各种常用材料，并说出其名称、功能及使用注意事项；工具、设备选择得当，使用符合技术要求	30	
3	室内给水管道的安装	按时按要求完成任务书，能够按照施工图进行施工；能按施工工艺流程和顺序进行施工；操作规范，能达到质量标准	40	
4	思考题	独立完成、回答正确	10	
5	合作能力	小组成员合作能力	10	
6	合　计		100	

【任务小结】

通过学习，根据自己的实际情况完成下表。

姓　名		班　级	
时　间		指导教师	

续表

姓　名		班　级	
学到了什么			
需要改进及注意的地方			

任务二　室内排水系统安装

【任务描述】

室内排水系统就是把日常生活中的污水、降落在屋面的雨水或雪水合理排到室外的排水管道，同时阻止有害气体或臭气倒灌入室内的体系。

【知识目标】

➢ 了解室内排水系统的组成及结构；

➢ 熟悉室内排水系统安装方法与原则、注意事项。

【技能目标】

➢ 掌握室内排水系统安装方法、原则、注意事项。

【知识链接】

一、室内排水管道安装的基本技术要求

（1）埋地的排水管道在隐蔽前必须作灌水试验，其灌水高度应不低于底层卫生器具上边缘或底层地面高度。

（2）生活污水铸铁管道的坡度必须符合设计要求，设计无要求的，应符合表2-2-1的规定。

（3）生活污水塑料管道的坡度必须符合设计要求，设计无要求的，应符合表2-2-2的规定。排水管的管径与最小坡度要求如表2-2-3所示。

（4）排水塑料管必须按设计要求及位置装设伸缩节。如设计无要求时，伸缩节间距不得大于4mm。

实用水电安装技术

（5）高层建筑中明设排水塑料管道，应按设计要求设置阻火圈或防火套管。

（6）排水主立管及水平干管管道应作通球试验，通球球径不小于排水管管径的2/3，通球率必须达到100%。

表2-2-1 生活污水铸铁管道的坡度

项次	管径（mm）	标准坡度（‰）	最小坡度（‰）
1	50	35	25
2	75	25	15
3	110	20	12
4	125	15	10
5	160	10	7

表2-2-2 生活污水塑料管道的坡度

项次	管径（mm）	标准坡度（‰）	最小坡度（‰）
1	50	25	12
2	75	15	8
3	110	12	6
4	125	10	5
5	160	7	4

表2-2-3 排水管的管径与最小坡度要求

卫生器具名称		排水管管径（mm）	管道的最小坡度（‰）
污水盆/池		50	25
单、双格洗涤盆/池		50	25
洗手盆、洗脸盆		32~50	20
浴盆		50	20
淋浴器		50	20
大便器	高、低水箱	100	12
	自闭式冲洗阀	100	12
	拉管式冲洗阀	100	12
小便器	手动、自闭式冲洗阀	40~50	20
	自动冲洗阀	40~50	20
化验盆（无塞）		40~50	25
净身器		40~50	20
饮水器		20~50	10~20
家用洗衣机		50（软管为30）	—

（7）在生活污水管道上设置的检查口或清扫口，当设计无要求时应符合下列

规定：

1）在立管上应每隔一层设置一个检查口，但在最底层和有卫生器具的最高层必须设置。如为两层建筑时，可仅在底层设置立管检查口；如有乙字弯管时，则在该层乙字弯管的上部设置检查口。检查口中心高度距操作地面一般为1m，允许偏差为±20mm，检查口的朝向应便于检修。暗装立管时，在检查口处应安装检修门。

2）连接2个及2个以上大便器或3个及3个以上卫生器具的污水横管上应设置清扫口。当污水管在楼板下悬吊敷设时，可将清扫口设在上一层的楼地面上，污水管起点的清扫口与管道相垂直的墙面距离不得小于200mm；若污水管起点设置堵头代替清扫口时，与墙面距离不得小于400mm。

3）在转角小于135°的污水横管上，应设置检查口或清扫口。

4）污水横管的直线管段，应按设计要求的距离设置检查口或清扫口。

（8）埋在地下或地板下的排水管道的检查口，应设在检查井内。井底表面标高与检查口的法兰相平，井底表面应有5%的坡度放向检查口。

（9）金属排水管道上的吊钩或卡箍应固定在承重结构上。固定件间距：横管不大于2m，立管不大于3m。楼层高度小于或等于4m时，立管可安装1个固定件。立管底部的弯管处应设支墩或采取固定措施。

（10）排水塑料管道支吊架间距应符合规范规定。

（11）排水通气管不得与风道或烟道连接，且应符合下列规定：

1）通气管应高出屋面300mm，但必须大于最大积雪厚度。

2）在通气管出口4m以内有门、窗时，通气管应高出门、窗顶6mm或引向无门、窗的一侧。

3）在经常有人停留的平屋顶上，通气管应高出屋面2m，并应根据防雷要求设置防雷装置。

（12）安装未经消毒处理的医院含菌污水管道，不得与其他排水管道直接连接。

（13）通向室外的排水管，穿过墙壁或基础必须下返时，应采用45°三通和45°弯头连接，并应在垂直管段顶部设置清扫口。

（14）由室内通向室外排水检查井的排水管。井内引入管应高于排出管或两管顶相平，并有不小于90°的水流转角，如跌落差大于300mm可不受角度限制。

（15）用于室内排水的水平管道与水平管道、水平管道与立管的连接，应采用45°三通或45°四通和90°斜三通或90°斜四通。立管与排出管端的连接，应采用两个45°弯头或曲率半径不小于4倍管径的90°弯头。

二、室内排水管道配件及安装

室内排水管道安装包括排出管安装、立管安装、排水横管安装、支管安装、楼层器具排水支管安装等。

（一）室内排水管道施工工艺流程

室内排水管道安装前应先检查管材、管件的质量是否符合要求，对部分管材与管件可先按测绘的草图捻好灰口，并进行编号、养护。复核预留孔洞的位置和尺寸是否正确。具体工艺流程如下：

施工准备➡排出管安装➡立管安装➡排水横管安装➡支管安装➡楼层器具排水➡支管

安装➡卫生器具安装➡灌水试验通水➡通球试验

（二）室内排水管道安装

1. 安装排出管

排出管是指由室内排水立管到室外第一检查井之间连接的管段，此管段一般为直管，图 2-2-1 为排出管安装示意图。排出管的室外部分应安装在冻土层以下，且低于明沟的基础，接入管井时不能低于窖井的流水槽。排出管的最小埋深为：混凝土、沥青混凝土地面下埋深不小于 0.4m，其他地面下的埋深不小于 0.7m。排出管穿基础或地下室墙壁时应预留孔洞，并做好防水处理。

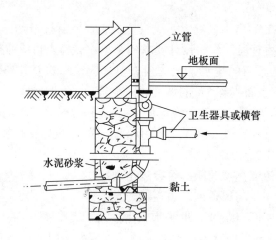

图 2-2-1　排出管安装示意图

排出管宜采用两个 45°弯头或弯曲半径不小于 4 倍管径的 90°弯头，也可采用带清扫口的弯头接出。与高层排水立管直接连接的排出管弯管底部应用混凝土支墩承托。排出管安装并经位置校正和固定后，应采用不透水材料（如沥青油麻或沥青玛蹄脂）妥善封填预留孔，并在内外两侧用 1:2 水泥砂浆封口。

2. 安装排水立管及通气管

立管用以承接横支管排泄的污水，立管的安装位置要考虑到横支管离墙的距离和不影响卫生器具的使用。定出安装距离后安在墙上做出记号，用粉囊在墙上弹出该点的垂直线，即为该立管的位置。立管应垂直安装，允许偏差不超过 2mm/m。

按设计要求设置固定支架和支承件后方可进行立管的吊装。管道安装一般自下向上分层进行安装时一定要注意将三通口的方向对准横管的方向。每层立管安装后，均应立即以管卡固定。立管底部的弯管处应设置支墩。按照设计要求，立管上应安装检查口。检查口中心距地面高度为 1m，允许偏差为 ±20mm，并高于该层卫生器具上边缘 150mm。检查口的朝向应便于检修和疏通操作。立管顶部应安装通气管，使排水管网中的有害气体排入大气。首先安装好通气管，然后将管道和屋面的接触处进行防水处理。为防止雨雪或脏物落入排水立管，管口应装铅丝球或通气伞帽。

立管安装的注意事项：

（1）在立管上应按图纸要求设置检查口，如设计无要求时则应每两层设置一个检查口，但在最底层和卫生器具的最高层必须设置。

（2）安装立管时，一定要注意将三通口的方向对准横托管方向，以免在安装横托管时由于三通口的偏斜而影响安装质量。

（3）透气管是为了使下水管网中有害气体排至大气中，并保证管网中不产生负压破坏卫生设备的水封而设置的。透气管的安装不得与风道或烟道连接，高出层面不小于300mm，且必须大于积雪厚度。如在透气管出口4m以内有门窗，则透气管应高出门窗顶600mm或引向无门窗一侧。

3. 安装横支管

横支管用来承接各卫生设备的污水。底层排水横支管一般埋入地下，各楼层的排水横支管安装在楼板下。

安装横支管时：首先在墙上弹画出横管中心线，在楼板内安装吊卡并按横管的长度和规范要求的坡度调整好吊卡的高度。吊装时，用绳子从楼板眼处将管段按排列顺序从两侧水平吊起，放在吊架卡圈上临时卡稳，调整横管上三通口的方向或弯头的方向及管道的坡度，调好后方可收紧吊卡。其次进行接口连接，并随时将管口堵好，以免落入异物堵塞管道。安装好后，应封闭管道与楼板或墙壁的间隙，并且保证所有预留管口被封闭堵严。

当污水横管的直线管段较长时，应按规定的距离设置检查口或清扫口。横管在楼板下悬吊敷设时，清扫口应设在上一层楼地面上。或者在污水管起点设置堵头代替清扫口，与墙面的距离不得小于400mm或以清通方便为准。如图2-2-2所示。

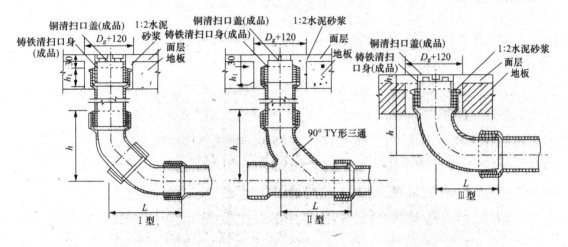

图 2-2-2　清扫口

4. 卫生器具排水支立管的安装

从排水横管上接出，与卫生器具排水口相连接的一段垂直短管叫排水支立管。安装前，根据图纸和规范要求核对各种卫生器具、排水设备、管件规格等内容，检查预留孔洞的位置和尺寸，如有偏差，应修整至符合要求。安装时，将管托起，插入横管的甩口内，在管子承口处绑上铁丝，并在楼板上临时吊住，调整好坡度和垂直度后，打麻捻口并将其固定在横管上，将管口堵住，再将楼板洞或墙孔洞用砖塞平，填入水泥砂浆固定。补洞的水泥砂浆表面应低于建筑表面10mm左右，以利于土建抹平地面。

支立管安装的注意事项：

（1）要保证支立管坡度和垂直度，不得有反坡或"扭头"现象。

（2）支立管露出地坪的长度一定要根据卫生器具和排水设备附件的种类决定，严禁地漏高出地坪和小便池落水高出池底。

（3）排水管道装妥并充分牢固后，应拆除一切临时支架（如吊管用的铁丝或打在墙上做临时固定件用的凿子等），并仔细检查以防止凿子等开洞工具遗留在横托管上落下伤人。

（4）应将所有管口堵好，特别是准备做水磨石地坪的卫生间要严防土建人员将水泥浆流入管内。暂不装卫生器具的管口，可用适当大小的砖头堵在管口，然后用石灰砂浆堵塞；但在装卫生器具时一定要清理干净。

（5）排水管道的刷油着色，应根据设计说明或建设单位要求进行。刷油前，应认真清除残留在管子表面的污物，要求漆面光泽，且不可污染建筑物的饰面和其他器具等。

5. 塑料排水管的安装

目前普遍使用的是 UPVC 塑料排水管，其安装方法基本同铸铁管，不同的是塑料管采用粘接的接口方式。因塑料管线膨胀系数较大，为防止管道因温差产生的应力使管道产生变形或接头开裂漏水，在塑料排水管道上必须按设计要求的位置和数量安装伸缩节，如图 2-2-3 所示。

由于 UPVC 塑料排水管内壁光滑，管道不易堵塞，因此，在塑料管排水系统中可以适当减少检查口和清扫口的设置，但应符合规范规定。最底层的横支管应单独排出建筑物外，如不能单独排出时，应将立管底部和排出管的管径放大一级。所使用的吊卡要与管子的管径相配套，塑料管吊卡的间距：立管外径为 50mm 的管子不应大于 1.5m；外径为 75mm 及以上的管子应不大于 2m。

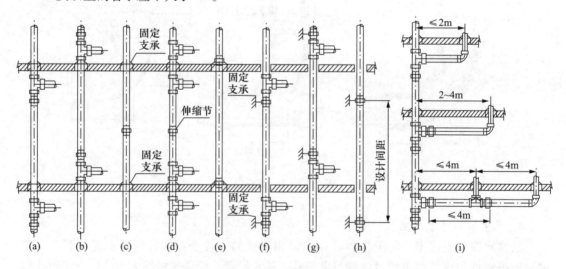

图 2-2-3　伸缩节安装示意图

塑料排水管放样加工时，应根据要求并结合实际情况，按预留的位置测量尺寸，绘制加工草图，根据草图良好管道尺寸，再进行断口。其管道的配管、坡口及粘接工艺施工要点如下：

（1）锯管及坡口施工要点：

1）锯管长度应根据实测并结合连接件的尺寸逐层决定。

2）锯管工具宜选用细齿锯、割刀和割管机等机具，断口平整并垂直于轴线，断面处不得有任何变形。

3）插口处可用中号锉刀锉成15°~30°坡口，坡口厚度宜为管壁厚度的1/3~1/2，长度一般不小于3mm。坡口完成后应将残屑清除干净。

（2）黏合面的清理。管材或管件在黏合前应用棉纱或干布将承口内侧和插口处侧擦拭干净，使被黏结面保持清洁，无尘砂与水迹。

（3）管端插入承口深度应根据管件实测，在管端表面划出插入深度标记。

（4）胶黏剂涂刷。用油刷蘸胶剂涂刷被黏接插口外侧及黏接承口内侧时，应轴向涂刷，动作迅速，涂抹均匀，且涂刷的胶黏剂应适量，不得漏涂或涂抹过厚。冬季施工时尤其注意，应先涂承口，后涂插口。

（5）承插口连接。承插口清洁后涂胶黏剂，立即找正方向将管子插入承口，使其准直，再加以挤压。

（6）承插接口的养护。承插接口插接完毕后，应将挤出的胶黏剂用棉纱或干布蘸清洁剂擦拭干净。

6. 通水试验

室内排水管道系统安装好并对外观质量和安装尺寸检查合格后，在与卫生设备连接之前，应作通水试验，防止排水管道堵塞和渗漏。通水试验应自下而上分层进行。

试验前应把下层所有管口及连接卫生器具的管口用橡皮塞堵塞。操作时先将胶管、胶囊等按要求进行连接。将胶囊由上层检查口慢慢送入至所测长度，然后向胶囊充气并观察压力表示值上升到0.07MPa为止，最高不超过0.12MPa（也可以采用微型汽车的内胎或自行车、摩托车的内胎放入管道内充气至一定压力堵死管道）。由检查口向管道中注水，直至各卫生设备的水位符合规定要求的水位为止。对排水管及卫生设备各部分进行外观检查，发现有渗漏处应做出记号。通水试验15min后，再灌满持续5min，以液面不下降为合格。检验合格后即可放水，胶囊泄气后水会很快排出，若发现水位下降缓慢时，说明该管内有垃圾、杂物，应及时清理干净。

三、污水排水管道安装

（一）污水排水管安装一般要求

（1）排水管一般应地下埋设和地上明设，如建筑或工艺有特殊要求，可在管槽、管井、管沟或吊顶内暗设，但必须考虑安装和检修方便。

（2）排水管不得布置在遇水引起燃烧、爆炸或损坏原料、产品和设备的地方。架空管道不得敷设在有特殊卫生要求的生产厂房内，以及食品及贵重商品仓库、通风小室和变配电间内。

（3）排水埋地管应避免布置在可能受重物压坏处，管道不得穿越设备基础，在特殊情况下，应与有关专业部门协商处理。

（4）排水管不得穿过沉降缝、烟道和风道，并应避免穿过伸缩缝。

（5）生活排水立管宜避免靠近与卧室相邻的内墙。

（6）10层及10层以上的建筑物内底层生活污水管道应单独排出。

（7）排水管的横管与横管、横管与立管的连接，应采用90°的斜三通或90°的斜四通管件，立管与排出管的连接宜采用两个45°弯头或曲率半径大于或等于4倍管径的90°弯头管件。

（8）生产、生活排水管埋设时应防止管道受机械损坏，其最小埋设深度按表2-2-4确定。

表2-2-4　排水管最小埋设深度

管材	地面至管顶距离（m）	
	素土夯实、碎石、砾石、大卵石、缸砖、木砖地面	水泥、混凝土、沥青混凝土地面
铸铁管	0.7	0.4
混凝土管	0.7	0.5
硬聚氯乙烯管	1.00	0.6

（9）排水管外表面如可能结露，应根据建筑物性质和使用要求采取防结露保温措施。

（10）饮食业工艺设备引出的排水管及饮用水水箱的溢流管，不得与污水管道直接连接，并应留出不小于100mm的隔断空隙。

（11）安装污水中含油较多的排水管道时，如设计无要求，应在排水管上设置隔油井（见图2-2-4）进行除油。

（12）安装未经消毒处理的医院含菌污水管时，不得与其他排水管直接连接。

（二）污水排水管及配件安装

1. 排出管安装

（1）排出管与室外排水管一般采用管顶平接法，水流转角不得小于90°，如跌落差大于0.3m，可不受角度限制。

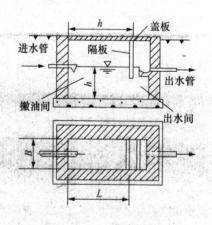

图2-2-4　简易隔油井

（2）排出管穿过承重墙或基础处，应预留洞口，且管顶上部净空不得小于建筑物的沉降量，一般不宜小于0.15m。

（3）排出管穿过地下室外墙和地下构筑物的墙壁处，应设置防水套管，防止地下水渗入室内。

（4）排出管与到外排水管道连接处，应设检查井。检查井中心至建筑物外墙面的距离，不宜小于3.0m。排水管管径在300mm以下，埋在1.5m以内时，检查井内径一般为0.7m。

（5）排出管从污水立管或清扫口至室外检查井中心的最大长度，应按如下确定：管径为50mm、70mm、100mm、100mm以上，排水管的最大长度分别为10m、12m、15m、20m。

2. 检查口或清扫口设置

（1）在立管上应每隔两层设置检查口，但在最底层和有卫生器具的最高层必须设置。如2层建筑物，可仅在底层设置立管检查口；如有乙字管，则在该层乙字管的上部设检查口。检查口的设置高度，从地面至检查口中心一般为1.0m（允许误差±20mm），并应高于该层卫生器具上边缘0.15m。检查口的朝向应便于检修。暗装立管，在检查口处应装检修门。

（2）连接2个及2个以上大便器或3个及3个以上卫生器具的污水横管上，应设置清扫口。

（3）在转弯角度小于135°的污水横管上，应设检查口或清扫口。

（4）污水横管的直线管段应按表2-2-5的规定距离设置检查口、清扫口。

表2-2-5 污水横管的直线管段上检查口或清扫口间的最大距离

管径（mm）	生产废水	含大量悬浮物和沉淀物的生产污水	生活污水	清扫装置种类
	距离（m）			
50~75	15	10	12	检查口
50~75	10	6	8	清扫口
100~150	20	12	15	检查口
100~150	15	8	10	清扫口
200	25	15	20	检查口

（5）如在污水横管上设清扫口，应将清扫口设置在楼板上或地坪上（与地面相平）。污水管起点的清扫口与管道相垂直的墙面的距离不得大于0.2m。污水管起点设置堵头代替清扫口时，与墙面应有不小于0.4m的距离。

（6）埋设在地下或地板下的排水管道检查口，应设在检查井内。井底表面标高应与检查口的法兰相平，井底表面应有坡向检查口法兰的0.05坡度。

3. 通气管

（1）器具通气应设在存水弯出口端。环形通气管应自最始端两个卫生器具间的横支管上接出，并应在排水支管中心线以上与排水支管呈垂直或45°接出。器具通气管、环形通气管应在卫生器具上边缘以上不少于0.15m处，按不小于0.01m的上升坡度与通气立管相连。

（2）通气立管的上端可在最高层卫生器具上边缘或检查口以上与污水立管通气部分以斜三通连接，下端应在最低污水横支管以下与污水立管以斜三通连接。

（3）专用通气立管应每隔两层、主气立管应每隔8~10层与污水立管的结合通气管连接。

（4）通气立管高出屋面不得小于0.3m，但必须大于最大积雪厚度。在通气管出口4m以内有门窗时，通气管应高出门窗顶0.6m，或把通气管引向无门、窗一侧。在经常有人停留的平屋顶上，通气管应离出屋面2.0m（屋顶有隔热层应从隔热层板面算起），并应根据防雷要求考虑装防雷装置。通气管出口不宜设在建筑物挑出部分（如屋檐檐口、阳台和雨篷等）的下面。

4. 排水管材料、接口及验收

（1）生活污水管应采用排水铸铁管及排水塑料管，管径小于50mm时可采用钢管。

（2）承插管道的接口应采用油麻丝填充，用水泥或石棉水泥捻口。高层建筑物应考虑建筑物位移的影响，全部用承插口石棉水泥接口，可能对气密性不利，可增加部分铅接口以增加弹性。

（3）金属排水管上的固定支架应固定在承重结构上。固定支架间距，横管不得大于2m，立管不得大于3m；层高小于或等于4m，立管可安装1个固定支架，立管底部的转弯处应设支墩或采取固定措施。

（4）排水塑料管必须按塑料管安装验收规定施工，按设计要求的位置和数量装设伸缩器。塑料管的固定件间距应比钢管的短，对于横管，管径为50mm、75mm、110mm管子的固定支架间距分别为0.5m、0.75m、1.1m。

（5）暗装或埋地的排水管道，在隐蔽前必须做灌水试验，灌水高度应不低于底层卫生器具的上边缘或底层地面高度。灌水15min后，再灌满延续5min，液面不下降为合格。

【任务训练】

▶▶ 训练任务　室内排水管道安装

训练目标

　　通过本次训练，掌握室内排水管道的安装工艺和主要质量控制点；掌握其安装质量标准和检验方法。

训练内容

室内排水管道安装。

训练准备

（一）材料准备
镀锌碳素钢管、PP–R、PB、PE、PVC、铝塑复合管、排水铸铁管及管件等。

（二）机具准备
套丝机、砂轮锯、台钻、电锤、手电钻、电焊机、套丝板、管钳、压力钳、手锯、手锤、活络扳手、链钳、煨弯器、手压泵、捻口凿、大锤、断管器、割胀管器、管剪刀、规整圆器、水平尺、线坠、钢卷尺、小线、压力表、卡尺等。

（三）条件准备

（1）所有预埋预留的排水管孔洞已经清理出来，孔洞尺寸和规格符合要求，坐标、标高正确。

（2）二次装修中确需在原有结构墙体、地面重新开孔的，不得破坏建筑主体和承重结构，其开孔大小应符合有关规定，并征得设计、业主和监理部门的同意。

（3）施工现场用水用电应符合有关规定。

（4）材料、设备确认合格，准备齐全，送至现场。

（5）安装操作面的杂物、脚手架、模板已清理拆除，安装高度超过 3.5m 应搭好架子。

（6）所有沿地、墙安装或在吊顶内安装的管道，应在饰面层来做或未吊顶未封装前先行安装。

训练步骤及注意事项

（一）安装工艺流程

施工准备➡排出管安装➡立管安装➡排水横管安装➡支管安装➡楼层器具排水支管安装➡通气管安装

（二）安装准备

认真熟悉图纸，参看土建结构图、装修建筑图、有关设备专业图，核对各种管道的坐标标高是否有交叉，管道排列所占空间是否合理。根据施工方案确定的施工方法做好准备工作。

（三）预制加工

根据图纸要求并结合实际情况，按预留口位置测量尺寸，绘制加工草图，根据草图量好管道尺寸，进行断管。断口要平齐，用圆锉磨掉断口内外飞刺，并将预制好的管段进行编号，码放整齐。

（四）干管安装及注意事项

（1）将预制的干管管段按编号、施工图纸的坐标、标高找好位置和坡度，以及各预留管口的方向和中心线，进行安装，铸铁管段与配件用卡箍柔性连接。

（2）将管道调直、找正，甩口位置正确后，用螺丝刀将卡箍螺丝拧紧。

（3）按照施工图对安装好的干管上各个管道甩管口的方向和中心线尺寸进行自检，准确无误后，进行下面管道的安装。

托、吊管道安装：安装在地下室内的铸铁排水干管可根据设计要求做托、吊架。安装托、吊干管如需要，要先搭设架子，将托架按设计坡度栽好或栽好吊卡，量准吊杆尺寸，将预制好的管道托、吊架牢固安装。干管安装完后应做闭水试验，出口用充气橡胶堵封闭，达到不渗漏，水位不下降为合格。

（五）立管安装及注意事项

（1）首先按设计坐标要求，将洞口预留或后剔，洞口尺寸不得过大，更不可损伤受力钢筋。

（2）安装前清理场地，根据需要支搭操作平台，将已预制好的立管运到安装部位。

（3）复查上层洞口是否合适，管上端伸入上一层洞口内，将铸铁管段与配件用卡箍柔性连接，合适后即用自制 U 形钢制抱卡卡住管子，然后找正调直，并测量顶板距三通口中心是否符合要求，用螺丝刀将卡箍螺丝将拧紧、拧死，无误后，进行下道管端的安装。

（4）对未安装完的立管要及时封堵各预留管口，安装完的立管应配合土建填孔堵洞。

（六）支管安装及注意事项

（1）首先剔出吊卡孔洞或复查预埋件是否合适。

（2）清理场地，按需要支搭操作平台。将预制好的支管按编号运至场地。

（3）将支管水平初步吊起，用棉布将承插口须黏接部位的水分、灰尘擦拭干净，如有油污须用丙酮除去，然后用毛刷涂抹黏接剂。

（4）黏接前应对承插口进行插入实验，不得全部插入，一般为承口的3/4深度。

（5）试插合格后，方可涂抹黏接剂，先涂抹承口后涂抹插口，随后用力垂直插入，插入黏接时将插口稍作转动，以利黏接剂分布均匀，约30秒至1分钟可黏接牢固，黏牢后立即将溢出的黏接剂擦拭干净，多口黏连时应注意预留口方向。根据管段长度调整好坡度，合适后固定卡架，封闭各预留管口和堵洞。

（七）器具连接管安装及注意事项

（1）核查建筑物地面和墙面做法、厚度。

（2）找出预留口坐标、标高，然后按准确尺寸修整预留洞口。

（3）分部位实测尺寸做记录，并预制加工、编号。

（4）安装黏接时，必须将预留管口清理干净后再进行黏接。黏牢后找正、找直，封闭管口和堵洞。打开下一层立管扫除口，用充气橡胶堵封闭上部，进行闭水试验。合格后，撤去橡胶堵，封好扫除口。

（八）闭水试验

凡属隐蔽暗装管道必须按分项工序进行。卫生洁具及设备安装后，必须进行通水试验，且通水试验应在油漆粉刷最后一道工序前进行。

（九）质量标准与检验

1. 保证项目

（1）隐蔽或埋地的排水管道在隐蔽前必须做灌水试验，其灌水高度应不低于底层卫生器具的上边缘或底层地面高度。

检验方法：满水15min水面下降后，再灌满观察5min，液面不下降，管道及接口无渗透为合格。

（2）生活污水铸铁管道的坡度必须符合设计要求，设计无要求的，应符合表2-2-1的规定。

检验方法：水平尺、拉线尺量检查。

（3）生活污水塑料管道的坡度必须符合设计要求，设计无要求的，应符合表2-2-2的规定。

检验方法：水平尺、拉线尺量检查。

（4）排水塑料管必须按设计要求及位置装设伸缩节。如设计无要求时，伸缩节间距不得大于4mm。高层建筑中明设排水塑料管道，应按设计要求设置阻火圈或防火套管。

检验方法：观察检查。

（5）排水主立管及水平干管管道应作通球试验，通球球径不小于排水管管径的2/3，通球率必须达到100%。

检验方法：通球检查。

2. 一般项目

（1）在生活污水管道上设置的检查口或清扫口，当设计无要求时应符合下列规定：

1）在立管上应每隔一层设置一个检查口，但在最底层和有卫生器具的最高层必须设置。如为两层建筑时，可仅在底层设置立管检查口；如有乙字弯管时，则在该层乙字弯管的上部设置检查口。检查口中心高度距操作地面一般为1m，允许偏差为±20mm，检查口的朝向应便于检修。暗装立管时,在检查口处应安装检修门。

2)在连接 2 个及 2 个以上大便器或 3 个及 3 个以上卫生器具的污水横管上应设置清扫口。当污水管在楼板下悬吊敷设时,可将清扫口设在上一层楼的地面上,污水管起点的清扫口与管道相垂直的墙面距离不得小于 200mm;若污水管起点设置堵头代替清扫口时,与墙面距离不得小于 400mm。

3)在转角小于 135°的污水横管上,应设置检查口或清扫口。

4)污水横管的直线管段,应按设计要求的距离设置检查口或清扫口。

(2)埋在地下或地板下的排水管道的检查口,应设在检查井内。井底表面标高与检查口的法兰相平,井底表面应有 5% 的坡度坡向检查口。

金属排水管道上的吊钩或卡箍应固定在承重结构上。固定件间距为:横管不大于 2m,立管不大于 3m。楼层高度小于或等于 4m 时,立管可安装 1 个固定件。立管底部的弯管处应设支墩或采取固定措施。

(3)排水塑料管道支吊架间距应符合规范规定如表 2-2-6 所示。

表 2-2-6　排水塑料管道支吊架间距

单位:mm

方式 管径	50	75	110	125	0.75
立管	1.2	1.5	2.0	2.0	2.0
横管	0.5	0.75	1.10	1.3	1.6

(4)排水管、通气管不得与风道或烟道连接,且应符合下列规定:

1)通气管应高出屋面 300mm,且必须大于最大积雪厚度。

2)屋顶有隔热层时应从隔热层板面算起。

3)在经常有人停留的平屋顶上,通气管应高出屋面 2m,并应设置防雷装置。

检验方法:观察和尺量检查。

(5)未经消毒处理的医院含菌污水管道,不得与其他排水管道直接连接。

检验方法:观察检查。

(6)通向室外的排水管,穿过墙壁或基础必须下返时,应采用 45°三通和 45°弯头连接,并应在垂直管段顶部设置清扫口。

检验方法:观察检查和尺量检查。

(7)由室内通向室外排水检查井的排水管,井内引入管应高于排出管或两管顶相平,并有不小于 90°的水流转角,如跌落差大于 300mm 可不受角度限制。

检验方法:观察和尺量检查。

(8)用于室内排水的水平管道与水平管道、水平管道与立管的连接,应采用 45°三通或 45°四通和 90°斜三通或 90°斜四通。立管与排出管端的连接,应采用两个 45°弯头或曲率半径不小于 4 倍管径的 90°弯头。

检验方法:观察和尺量检查。

(9)室内排水系统管道安装的允许偏差应符合表 2-2-7 的要求。

表 2 - 2 - 7　室内排水管道安装允许偏差

项次	项　目			允许偏差（mm）	检验方法
1	坐标			15	
2	标高			±15	
3	横管横向弯曲	钢管	每米　管径≤100mm	≯1	水平尺和拉线尺量检查
			每米　管径>100mm	1.5	
			全长25m以上　管径≤100mm	≯25	
			全长25m以上　管径>100mm	≯308	
		塑料管	每米	1.5	
			全长25m以上	≯38	
		铸铁管	每米	≯1	
			全长25m以上	≯25	
4	立管垂直度	钢管	每米	3	吊线和尺量检查
			5m以上	≯10	
		塑料管	每米	3	
			5m以上	≯15	
		铸铁管	每米	3	
			5m以上	≯15	

3. 工程验收表

室内排水管道安装工程验收项目如表 2 - 2 - 8 所示。

表 2 - 2 - 8　室内排水管道安装工程验收项目

验收标准	是否合格	
	是	否
（1）排水管道灌水试验	□	□
（2）生活污水铸铁管、塑料管坡度	□	□
（3）排水塑料管安装伸缩节	□	□
（4）室内排水管道水压试验	□	□
（5）排水立管及水平干管通球试验	□	□

训后思考

在室内排水系统施工过程中，常见的质量问题有哪些？应如何避免与解决出现的质量问题？

【任务考核】

将以上训练任务考核及评分结果填入表 2 - 2 - 9 中。

表 2 - 2 - 9　室内排水系统任务考核表

序号	考核内容	考核要点	配分（分）	得分（分）
1	训练表现	按时守纪，独立完成	10	
2	材料准备	能识别各种常用材料，并能说出其名称、功能及使用注意事项；工具、设备选择得当，使用符合技术要求	30	
3	室内排水管道的安装	按时、按要求完成任务书，能够按照施工图进行施工；能按照施工工艺流程和顺序进行施工；操作规范，能达到质量标准	40	
4	思考题	独立完成、回答正确	10	
5	合作能力	小组成员合作能力	10	
6	合　计		100	

【任务小结】

通过学习，根据自己的实际情况完成下表。

姓　名		班　级	
时　间		指导教师	
学到了什么			
需要改进及注意的地方			

任务三　室内热水系统安装

【任务描述】

室内热水系统是将冷水在加热设备（锅炉、电能、太阳能加热器）内集中加热，利用管道输送到室内各用水点，以保证生产和生活的需要。

【知识目标】

➤ 了解室内热水系统的组成及结构；
➤ 熟悉室内热水系统的安装方法、原则和注意事项。

【技能目标】

➤ 掌握室内热水系统的安装方法、原则和注意事项。

【知识链接】

一、室内热水系统安装的基本技术要求

室内热水供应系统安装使用的主要材料、成品、半成品、配件、器具和设备必须具有合格证明文件，规格、型号及性能检验报告应符合国家技术标准或设计要求。

（1）室内热水供应系统安装应用于工作压力不大小 1.0MPa、热水温度不超过 75℃ 的室内热水供应管道安装工程。

（2）用镀锌钢管时，若管径小于 100mm，应采用螺纹连接，套丝扣时破坏的镀锌层表面及外露螺纹部分应进行防腐处理；管径大于 100mm 的镀锌钢管应采用法兰或焊接连接，镀锌钢管的焊接处应做二次镀锌。

（3）同时安装冷、热水管道应符合下列规定：

1）上、下平行安装时热水管应在冷水管上方（上热下冷）。

2）垂直平行安装时热水管应在冷水管左侧（左热右冷），其平行间距不小于 200mm。

（4）嵌入墙体、地面的管道应进行防腐处理并用水泥砂浆保护，其厚度应符合下列规定：墙面冷水管不小于 10mm，热水管不小于 15mm，嵌入地面的管道不小于 10mm。嵌入墙体、地面或暗敷的管道应作隐蔽工程验收。

（5）热水管道应合理设置热补偿装置与支承，有条件时应选择自然弯曲来吸收管道的热变形量，当利用自然弯曲不能补偿时，应加设补偿器补偿。

二、室内热水系统及配件及安装

（一）安装工艺及流程

施工准备管道预制➡加工干管安装➡立管安装➡支管安装➡管道试水压试验➡管道的防腐保温➡管道消毒冲洗➡系统通水试验

（二）管道及配件安装

1. 室内地下热水管道安装

（1）定位。依据土建给定的轴线及标高线，结合立管坐标，确定地下热水管道的位置。根据已确定的管道坐标与标高，从引入管开始沿管道走向，用米尺量出引入管至干管及各立管间的管段尺寸，并在草图上做好标注。

（2）管道安装。

1）对选用的管材、管件做相应的质量检查，合格后清除管内污物。管道上的阀门，当管径小于或等于 50mm 时，宜采用截止阀；大于 50mm 时，宜采用闸阀。

2）根据各管段长度及排列顺序，预制地下热水管道。预制时注意量准尺寸，调准各管件方向。

3）引入管直接和埋地管连接时，应保证必要的埋深。塑料管的埋深不能小于 300mm。

4）引入管穿越基础孔洞时，应按规定预留好基础沉降量（≥100mm），并用黏土将

孔洞空隙填实，外抹 M5 水泥砂浆封严。塑料管在穿基础时应设置金属套管。套管与基础预留孔上方净空高度不小于 100mm。

5）地下热水管道应有 0.002 ~ 0.005 的坡度，坡向引入管入口处。引入管应装有泄水阀门，一般泄水阀门设置在阀门井或水表井内。

6）管段预制后，待复核支、托架间距，标高，坡度，塞浆强度均满足要求时，用绳索或机具将其放入沟内或地沟内的支架上，核对管径、管件及其朝向、坐标、标高、坡度无误后，由引入管开始至各分岔立管阀门止，连接各接口。

7）在地沟内敷设时，依据草图标注，装好支、托架。

8）立管甩头时，应注意立管外皮距墙装饰面的间距。

（3）各管材埋地敷设要求。

1）铝塑复合管埋地敷设应符合下列规定：

①埋地进户管应先安装室内部分的管道，待土建室外施工时再进行室外部分的管道安装与连接。

②进户管穿越外墙处，应预留孔洞，孔洞高度应根据建筑物沉降量决定。一般管顶以上的净高不宜小于 10mm。公称外径不小于 40mm 的管道，应采用水平折弯后进户。

③管道在室内穿出地坪处，应在管外套长度不小于 100mm 的金属套管，套管的根部应插嵌入地坪层内 30 ~ 50mm。

④埋地管道的管沟底部的地基承载力不应小于 80kN/m^2 且不得有尖硬突出物。管沟回填时，管周 100mm 内的填土不得含有粒径大于 10mm 的尖硬石块。

⑤室外埋地管道的管顶覆土深度，非行车地面不宜小于 300mm，行车地面不宜小于 600mm。

⑥埋地敷设的管件应做外防腐处理。

2）超薄壁不锈钢塑料复合管。

①室内埋地管道施工时，应在夯实土后开挖管沟进行敷设。管道敷设后，应通过隐蔽工程验收合格后方可回填。在管周围的回填中应无大颗粒坚硬石块，当回填到距管顶 100mm 以上后进行常规回填和施工。

②由室外引入室内的埋地管道宜分两段敷设。在室内管道安装完毕并伸出外墙 200 ~ 250mm 后进行临时封堵，在主体建筑物完工后进行室外工程施工时，再连接户外管段。

③管道埋地敷设时，不得穿越设备基础及有集中荷载的部位。室外埋地管应敷设在冰冻线以下，且管顶的覆土厚度不应小于 150mm。管道基础土层应夯实，管道敷设验收合格后方可覆土。覆土时管道周围应回填不含石块或其他坚硬物块的土。当人工覆土厚度达 300mm 以上时，方可采用机械回填和夯实。

2. 热水立管的安装

（1）修整、凿打楼板穿管孔洞。根据地下铺设的给水管道各立管甩头位置，在顶层楼地板上找出立管中心线位置，先打出一个直径 20mm 左右的小孔，用线坠向下层楼板吊线，找出中心位置打小孔。依次放长线坠向下层吊线至地下给水管道立管甩头处，核对修整各层楼板孔洞位置。开扩修整楼板孔洞，使各层楼板孔洞的中心位置在一条垂线上，且孔洞直径应大于要穿越的立管外径 20 ~ 30mm，如遇上层墙减薄，使立管距墙过远时，可先调整往上板孔中心位置，再扩孔修整使立管中心距墙一致。

（2）量尺、下料。确定各层立管上所带的各横支管位置。根据图纸和有关规定，按土建给定的各层标高线来确定各横支管位置与中心线，并将中心线标高画在靠近立管的墙面上。用木尺杆或钢卷尺由上至下，逐一量准各层立管所带各横支管中心线标高尺寸，然后记录在木尺杆或草图上直至一层甩头阀门处。按量记的各层立管尺寸下料。

（3）预制、安装。预制时尽量将每层立管所带的管件、配件在操作台上安装。在预制管段时要严格找准方向。在立管调直后可进行主管安装。安装前应先清除立管甩头处阀门的临时封堵物，并清净阀门丝扣内和预制管腔内的污物泥沙等。按立管编号，从一层阀门处往上逐层安装给水立管，并从90°的两个方向用线坠吊直给水立管，用铁钎子临时固定在墙上。

（4）装立管卡具、封堵楼板眼。按管道支架制作安装工艺装好立管卡具。对穿越热水立管周围的楼板孔隙可用水冲洗湿润孔洞四周，吊模板，再用不小于楼板混凝土强度等级的细石混凝土灌严、捣实，待卡具及堵眼混凝土达到强度后拆模。在下层楼板封堵完后可按上述方法进行上一层立管安装。如遇墙体变薄或上下层墙体错位，造成立管距墙太远时，可采用冷弯或弯头调整立管位置，再逐层安装至最高层给水横支管位置处。

（5）各管材安装要求如下：

1）铝塑复合管。敷设在吊顶、管井内的管道，管道表面（有保温层时按保温层表面计）与周围墙、板面的净距不宜小于50mm。

2）超薄壁不锈钢塑料复合管。

①室内管道敷设时，应按设计规定合理选用管件和连接方法：嵌墙和埋设管道采用承插式连接，明装管道采用卡套式或承插式连接。

②嵌墙和埋设管道应在墙面粉刷和地坪找平层施工前进行。嵌墙管道粉刷层的保护厚度不宜小于15mm，地面找平层内埋设管的覆盖层厚度不宜小于15mm。

③室内DN≤32的明装管道应在建筑装饰结束后，按下列程序安装：确定管道和配水点的管卡位置，当饰面为瓷砖时宜将管卡固定在砖缝位置。沿墙明装的DN≤32支管与墙体间的净距：DN20为15mm、DN25为12mm、DN32为10mm。管材正确断料并配置管件，先加工分段组合件，再按设计要求安装到位。管道在管卡位置紧固前，应进行横向和竖向的安装质量检查，合格后紧固管卡并清理管道表面污物。

3. 热水支管的安装

（1）修整、凿打楼板穿管孔洞。

1）根据图纸设计的横支管位置与标高，结合各类用水设备进水口的不同情况，按土建给定的地面水平线及抹灰层厚度，排尺找准横支管穿墙孔洞的中心位置，用十字线标记在墙面上。

2）按穿墙孔洞位置标记开扩修整预留孔洞，使孔洞中心线与穿墙管道中心线吻合，且孔洞直径应大于管外径20~30mm。

（2）量尺、下料。

1）由每个立管各甩头处管件起，至各横支管所带卫生器具和各类用水设备进水口位置上，量出横支管管段间的尺寸，记录在草图上。

2）按设计要求选择适宜管材及管件，并清除管腔内的污杂物。

3）根据实际测量的尺寸下料。

（3）预制安装。

1）根据横支管设计排列情况及规范规定，确定管道支（吊、托）架的位置与数量。

2）按设计要求或规范规定的坡度、坡向及管中心与墙面距离，由立管甩头处管件口底皮挂横支管的管底皮位置线。再依据位置线标高和支（吊、托）架的结构型号，凿打出支（吊、托）架的墙眼。一般墙眼深度不小于120mm。应用水平尺或线坠等，按管道底皮位置线将已预制好的支（吊、托）架涂刷防锈漆后，将支架栽牢，找平、找正。

3）按横支管的排列顺序，预制出各横支管的各管段，同时找准横支管上各甩头管件的位置与朝向。

4）待预制管段预制完及所栽支（吊、托）架的塞浆达到强度后，可将预制管段依次放在支（吊、托）架上，连接、调直好接口，并找正各甩头管件口的朝向，紧固卡具，固定管道，将敞口处做好临时封堵。

5）用水泥砂浆封堵穿墙管道周围的孔洞，注意不要突出抹灰面。

（4）连接各类用水设备的短支管的安装。

1）安装各类用水设备的短支管时，应从热水横支管甩头管件口中心吊一线坠，再根据用水设备进水口需要的标高量取短管尺寸，并记录在草图上。

2）根据量尺记录选管下料，接至各类用水设备进水口处。

3）栽好必须的管道卡具，封堵临时敞口处。

4. 配件的安装

（1）阀门安装。

1）热水管道的阀门种类、规格、型号必须符合规范及设计要求。

2）进行阀门强度和严密性试验，按批次抽查10%且不少于1个，合格才可安装。对于安装在主干管上起切断功能的阀门，应逐个做强度及严密性试验。

3）阀门的强度试验。试验压力应为公称压力的1.5倍，阀体和填料处无渗漏为合格。严密性试验。试验压力为公称压力的1.1倍，阀芯密封面不漏为合格。

4）阀门试验持续时间不少于表2-3-1的规定。

（2）安全阀的安装。

1）弹簧式安全阀要有提升手把和防止随便拧动调整螺丝的装置。

2）检查其垂直度，当发现倾斜时，应进行校正。

表 2-3-1　阀门试验持续时间

公称直径 DN（mm）	最短试验持续时间（s）		
	严密性试验		强度试验
	金属密封	非金属密封	
≤50	15	15	15
65～200	30	15	60
250～450	60	30	180

3）调校条件不同的安全阀，在热水管道投入试运行时，应及时进行调校。

4）安全阀的最终调整宜在系统上进行，开启压力和回座压力应符合设计文件的规定。

5）安全阀调整后，在工作压力下不得有泄漏。

6）安全阀最终调整合格后，做标志，重做铅封，并填写《安全阀调整试验记录》。

5. 管道试压

热水管道试压一般为分段试压和系统试压两次进行。

（1）管网注水点应设在管段的最低处，由低向高将各个用水的管末端封堵，关闭入口总阀门和所有泄水阀门及低处泄水阀门，打开各分路及主管阀门，水压试验时不连接配水器具。注水时打开系统排气阀，排净空气后将其关闭。

（2）充满水后进行加压，升压采用电动打压泵，升压时间不应小于 10min 也不应大于 15min。当设计未注明时，热水供应系统水压试验压力应为系统顶点的工作压力加 0.1MPa，同时在系统顶点的试验压力不小于 0.3MPa。

（3）当压力升到设计规定试验值时停止加压，进行检查，持续观测 10min，观察其压力下降不大于 0.02MPa，然后将压力降至工作压力检查，压力应不降，且不渗不漏即为合格。检查全部系统，如有漏水则在该处做好标记，进行修理，修好后再充满水进行试压，试压合格后由有关人员验收签认，办理相关手续。

6. 管道冲洗

热水管道在系统运行前必须进行冲洗。热水管道试压完成后即可进行冲洗，冲洗应用自来水连续进行，要求以系统最大设计流量或不小于 1.5m/s 的流速进行冲洗，直到出水口的水色和透明度与进水目测一致为合格。

7. 管道防腐和保温

（1）管道防腐。

1）金属管道表面去污除锈方法、适用范围、施工要点如表 2-3-2 所示。除锈方法有人工除锈、机械除锈、喷砂除锈。

表 2-3-2　金属表面去污方法

去污方法		适用范围	施工要点
溶剂清洗	煤焦油溶剂（甲苯、二甲苯等）、石油矿物溶剂（溶剂汽油、煤油）、氯化烃（过氯乙烯、三氯乙烯等）	除油、油脂、可溶污物和可溶涂层	有的油垢要反复溶解和稀释，最后要用干净溶剂清洗，避免留下薄膜
碱液	氢氧化钠 30g/L 磷酸三钠 15g/L 水玻璃 5g/L 水适量	除掉可皂化的油、油脂和其他污物	清洗后要做充分冲净，并做钝化处理，用含有 0.1% 左右的重铬酸、重铬酸钠或重铬酸钾溶液清洗表面
乳剂除污	煤油 67%、松节油 22.5%、叶酸 5.4%、三乙醇胺 3.6%、丁基溶纤剂 1.5%	除油、油脂、可溶污物和其他污物	清洗后用蒸汽或热水将残留物从金属表面上冲洗干净

2）调配涂料。一是，工程中用漆种类繁多，底、面漆不相配会造成防腐失败。二是，根据设计要求按不同管道、不同介质、不同用途及不同材质选择油漆涂料。三是，管道涂色分类：管道应根据输送介质选择漆色，如设计无规定，可参考表 2-3-3 选择涂料颜色。

表 2 - 3 - 3　管道涂色分类

管道名称	颜　色	
	底色	色环
热水送水管	绿	黄
热水回水管	绿	褐

（2）管道保温。请查阅"任务一　室内给水系统安装"相关内容。

三、住宅用热水器的安装

住宅中热水器的选定，应从供给、价格、节能、环保、施工安装和安全性等因素综合考虑，并结合市场供应的热水器品种进行选定。下面主要介绍贮水式电热水器和太阳能热水器的基本安装。

（一）贮水式电热水器

贮水式电热水器，是指在一个容器内用电力将水加热的固定式器具，它可长期或临时贮存热水，并装有控制或限制水温的装置。

1. 电热水器的性能特征

（1）电热水器不受气源和给排气条件限制，安装较为简单。住宅中可设置部位较多，无明火，不产生废气，安全卫生。贮水式电热水器容积大，可用稳定的水温向多处同时供应热水；占用空间大；加热效率较高，但发热量比燃气低，升温时间较长。

（2）封闭式热水器额定压力为 0.6MPa，可向多处供热水；设安全阀，排水管应保持与大气相通。

（3）出口敞开式热水器额定压力为 0MPa，出口起通大气的作用，只能连接生产企业规定的混合阀和淋浴喷头。

（4）供热水能力以热水器贮水箱所能贮存水的容量，即额定容量 L（升）来表示，允许偏差 ±10%。

2. 电热水器的安装条件

（1）电热水器的安装形式有内藏式、壁挂式（壁挂、竖挂）和落地式三种。本体体积较和重量大，配管需占用较大空间，应正确选择安装位置。容量小的可放置在洗涤池柜或洗面台柜内。

（2）卧挂式、竖挂式热水器通过支架悬挂在墙上，墙体的材料和构造必须保证足够的连接强度。支架应安装在承重墙上；对轻质隔墙及墙厚小于 120mm 的砌体应采用穿透螺栓固定支架；对加气混凝土等非承重砌块应加托架支撑。

（3）电热水器设置处地面应便于排水，作防水处理，并设置地漏。

（4）适用于室外安装的电热水器，接线盒等部位应设防雨罩。

3. 电热水器的供水条件

（1）给水管道上应设置止回阀；当给水压力超过热水器铭牌上规定的最大压力值时，应在止回阀前设减压阀。

（2）敞开式电热水器的出水口处禁止加装其他阀门。

（3）封闭式电热水器必须设置安全阀，其排水管通大气。

（4）水管材质应符合卫生要求和水压、水温要求。

4. 电热水器的供电条件

（1）电热水器安装在卫生间或厨房，其电源插座宜设置独立回路。

（2）额定功率随热水器产品而定，常用的功率为 1.0、1.2、1.5、2.0、3.0kW；相应的电流为 4.5、5.6、6.8、9.0、13.6A（AC220V/50Hz）。

（3）电气线路应符合安全和防火要求敷设配线。

（4）应采用防溅水型、带开关的接地插座。在浴室安装时，插座应与淋浴喷头分设在电热水器本体两侧。

5. 电热水器的安装

（1）电热水器平面设置。图 2 - 3 - 1、图 2 - 3 - 2 为厨房、卫生间平面电热水器设置示意图。在一个平面中有 1 ~ 2 个可安装部位，某个部位适宜安装一种或多种电热水器，而每一种电热水器可安装在不同的部位。

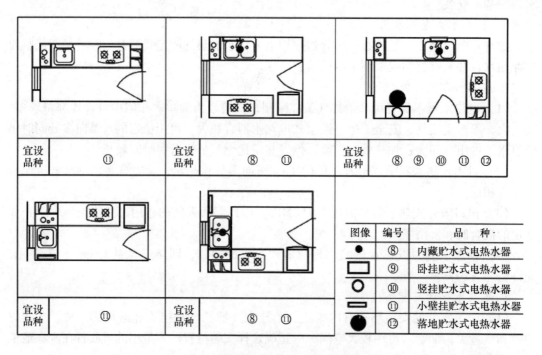

图 2 - 3 - 1　厨房设置电热水器平面示意图

（2）电热水器系统原理。图 2 - 3 - 3 为壁挂贮水式电热水器系统原理图，图 2 - 3 - 4 为落地式电热水器系统原理图。

（3）电热水器安装。热水器安装位置应尽量靠近热水使用点，并留有足够空间进行操作维修或更换零件。近处应设地漏，地面做防水处理。出口敞开式热水器的出口起通大气的作用，禁止加装非制造厂指定的具有开关功能的喷头与阀门。

不同容量热水器的湿重范围为 50 ~ 160kg，按不同的墙体承载能力确定安装方法：

方法一：钢筋混凝土及承重混凝土砌块（注芯）等墙体，用膨胀螺钉固定挂钩（挂钩板、挂架）。

方法二：轻质隔墙及墙厚小于 120mm 的砌体，用穿墙螺栓固定挂钩（挂钩板、挂架）。

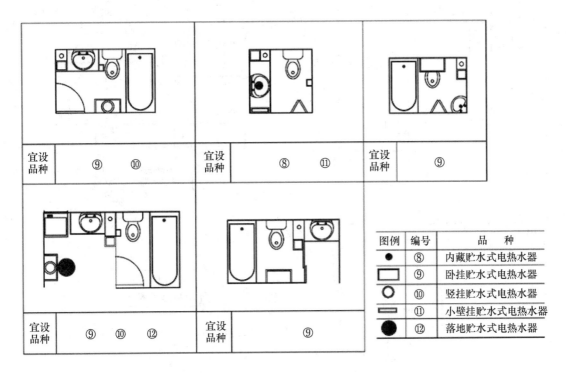

图例	编号	品　种
●	⑧	内藏贮水式电热水器
▭	⑨	卧挂贮水式电热水器
○	⑩	竖挂贮水式电热水器
▭	⑪	小壁挂贮水式电热水器
●	⑫	落地贮水式电热水器

图 2-3-2　卫生间设置电热水器平面示意图

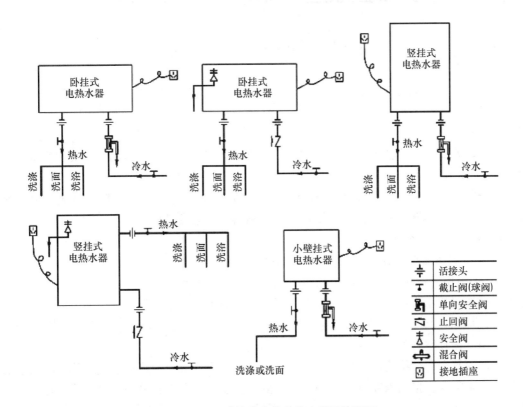

图 2-3-3　壁挂贮水式电热水器系统原理

注：安全阀（单向安全阀）、混合阀由生产企业提供。

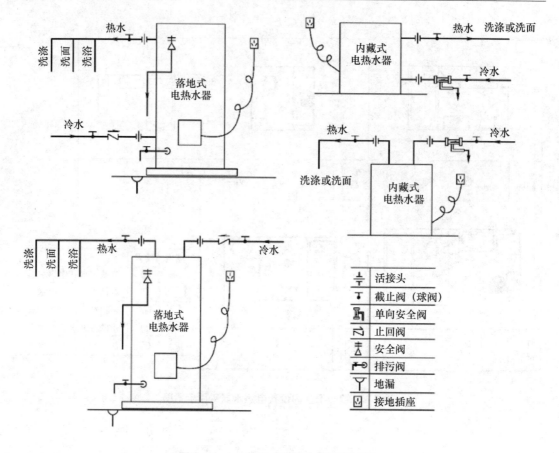

图 2 - 3 - 4　落地式电热水器系统原理

　　方法三：加气混凝土等非承重砌块，用膨胀螺钉固定挂钩（挂钩板、挂架），并加托架支撑热水器。其安装方式如图 2 - 3 - 5、图 2 - 3 - 6、图 2 - 3 - 7 所示，安装尺寸可参阅相关资料。

　　竖挂贮水式电热水器安装，落地贮水式电热水器安装可参阅标准图集相关内容部分。

　　（二）太阳能热水器

　　太阳能热水器是将太阳光能转换为热能，以加热水所需的部件及附件组成的完整装置。通常包括集热器、贮水器、连接管道、控制器、支架及其他部件。

　　1. 太阳能热水器的分类

　　（1）按集热器型式分为：平板型、真空管型。

　　1）平板型：在住宅用小型热水器中，目前多采用自然循环方式，且为单循环，即集热器内被加热的水直接进入贮水箱提供使用。结构简单、成本较低、抗冻能力弱。

　　2）真空管型：热损系数小，热效率高，在冬季也有较好的热性能，适合在寒冷地区全年使用。按真空管类型分为全玻璃真空管和热真空管。

　　全玻璃真空管结构简单，价格适中，水在玻璃管内直接被加热，其组成的家用热水器一般是将真空管直接插入非承压水箱，采用落水法取热水，也有采用金属热管组合的承压式及采用 U 形管组合的分离式，在不同地区都能全年使用。具有抗冻、耐压和耐冷热冲击能力。

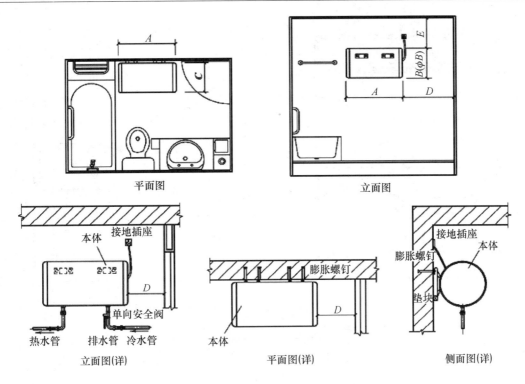

图 2 - 3 - 5 卧挂贮水式电热水器安装图

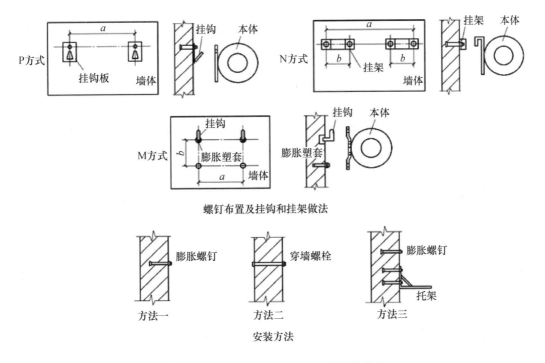

图 2 - 3 - 6 卧挂贮水式电热水器安装详图

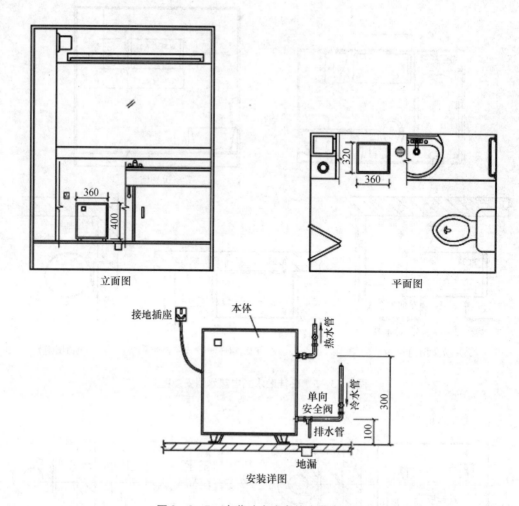

立面图　　　　　　　　　　平面图

安装详图

图 2 - 3 - 7　内藏贮水式电热水器安装图

热管型真空管，其管内无水，具有很强的抗冻、耐压和耐冷热冲击能力，可连接承压水箱，采用双循环系统，更适用于各种规模的热水系统。价格较高。

（2）按贮水箱与集热器连接方式分为：紧凑式、分离式。

1）紧凑式（自然循环）：贮水箱与集热器连接在一起。适合安装在平台上。

2）分离式（强制循环）：贮水箱与集热器分离，放置在有一定距离的地方。适合安装在平台上，斜屋面和阳台等位置。

太阳辐照量与地域、季节和气候有关。当产水量或热水的温度达不到使用要求时，应适当加大采光面积。如仍达不到温升要求，则应选用带电辅助加热的太阳能热水器或增加电辅助加热装置。

2. 太阳能热水器系统原理图

太阳能热水器安装的允许偏差应符合表 2 - 3 - 4 的规定。图 2 - 3 - 8 为太阳能热水器系统原理图。

表 2 - 3 - 4 太阳能热水器安装的允许偏差和检验方法

项　　目		-	允许偏差	检验方法
板式直管太阳能热水器	标高	中心线距地面/mm	±20	尺量
	固定安装朝向	最大偏移角	不大于15度	分度仪检查

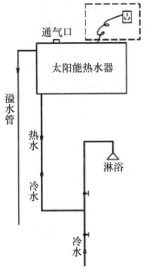

紧凑式落水法原理

紧凑式顶水法原理

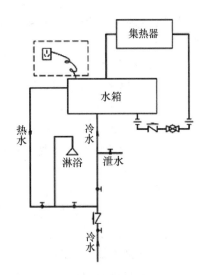

分离式顶水法原理

图例：⊣⊢ 活接头　　⋈ 管道泵
　　　　⊤ 截止阀（球阀）　ⴺ 止回阀

图 2 - 3 - 8 太阳能热水器系统原理

注：虚线内表示当温度过低时采用电辅助加热。

【任务训练】

▶▶ 训练任务　室内热水系统的安装

训练目标

　　通过本次训练，掌握室内热水管道的安装工艺和主要质量控制点；掌握其安装质量标准和检验方法。

训练内容

室内热水系统的安装。

训练准备

（一）材料准备

塑料管、复合管、镀锌钢管和铜管等。

（二）机具准备

台钻、手电钻、电锤、电焊机、磨光机、砂轮机、热熔机、钢锯、切管器、套丝机、铰刀、套丝板、管钳、手锤、活络扳手、试压泵、管剪、弯管弹簧、扩圆器、成套焊割工具、水平尺、直角尺、线坠、钢卷尺等。

（三）条件准备

（1）热水管道预留管洞或套管，其洞口尺寸和套管规格符合要求，已预检合格。

（2）施工现场用水、用电符合有关规定。

（3）材料、设备确认合格，准备齐全，已到工地。

（4）暗装管道应在地沟未盖沟盖或吊顶未封闭前进行安装。

（5）明装托、吊干管安装，应在沿线安装位置的模板及杂物清理干净，托、吊、卡件均已安装牢固，位置正确。

（6）管道穿过房间内，位置线及地面水平线已检测完毕，室内装饰的种类、厚度已确定。各种热水附属设备、卫生器具样品和其他用水器具已进场，进场的施工材料和机具设备能保证连续施工的要求。

（7）热水支管暗敷应在墙面未精装修前，且室内地面水平线已放好，室内装饰种类、厚度已确定；立管上连接横支管用的管件位置、标高、规格、数量、朝向经复核符合设计要求及质量标准。

（8）室内明敷管道，宜在内墙面粉刷后（或贴面层）完成后进行安装。

（9）设置在屋面上的太阳能热水器，应在屋面做完保护层后安装。

（10）位于阳台上的太阳能热水器，应在阳台栏板安装完后安装并有安全防护措施。

（11）施工人员应遵守有关施工安全、劳动保护、防火、防毒的法律、法规。

训练步骤及注意事项

（一）安装工艺流程

施工准备➡管道预制加工➡干管安装➡立管安装➡支管安装➡管试水压试验➡管道的防腐➡保温管道➡消毒冲洗➡系统通水试验

（二）安装准备

在熟悉施工图纸的基础上，做好各种材料的进场报验手续、核对管道的标高、坐标是否正确，有无相互交叉的地方。安装用机具齐备、完好，临时水、电是否到位，安全防护措施是否完备。安装工作面有无杂物，与装修、土建及其他专业有无发生冲突的地方。对有问题或图纸交代不清的地方应及时与有关人员协商研究解决并做好变更记录。

（三）预制加工

按设计图纸画出管道分路、管径、变径、预留管口、阀门位置等施工草图。在实际安装的结构位置做上标记。按标记分段量出实际安装的准确尺寸，记录在施工草图上，然后按草图测得的尺寸预制加工，并按管段及分组编号。

（四）热水管道及附件安装

具体安装步骤参考"任务一"内容。

（五）热水管道及附件安装注意事项

1. 材料质量要求

（1）室内热水供应系统的管道应采用塑料管、复合管、镀锌钢管和铜管。

（2）选用管材和管件应具备质量检验部门的质量产品合格证。

（3）管材和管件的规格种类应符合设计要求，内外壁应光滑平整，无气泡、裂口、裂纹、脱皮和明显的痕纹；螺纹丝口应符合标准，无毛刺、缺牙。

（4）阀门的规格型号应符合设计要求，阀体表面光洁无裂纹，开关灵活，填料密封完好无渗漏。

（5）主要器具和设备必须有完整的安装使用说明书。在运输保管和施工过程中，应采取有效措施防止损坏或腐蚀。

（6）材料、设备进场应对其品种、规格、数量、质量及外观进行验收、登记并按进料品种、规格、数量分批次报监理部门核查验收后方可进行安装。

2. 施工中应注意的问题

（1）热水供应系统配水干管水平敷设时，应有不小于 0.003 的坡度，坡向有利于排水、泄水。

（2）热水管不宜采用卡套式连接的铝塑管、铜塑管。因为铝塑管、铜塑管热胀冷缩量大，采用卡套连接，接口处易渗漏水。

（3）管道垂直穿越墙、板、梁、柱时应加套管；穿越地下室外墙时应加防水套管；穿楼板和屋面时应采取防水措施。

（4）管道不宜穿越伸缩缝、沉降缝，如需穿越时，应采取管道伸缩和剪切变形的措施。

（5）机房内的管道，大多与设备连接，这些设备运转过程中，都存在着振动，故塑料热水管、复合管等不得直接与设备相连，应用长度不小于 400mm 的金属管段过渡，或直接用内外热镀锌钢管、铜管等钢性较好的管材安装。

（6）用复合管、塑料管输送热水，其支吊架间距要小于冷水管道，应严格按表 2-1-5 规定进行安装。

（六）质量标准与检验

1. 保证项目

（1）热水供应系统安装完毕，管道保温之前应进行水压试验。试验压力应符合设计要求。当设计未注明时，热水供应系统水压试验压力应为系统顶点的工作压力加 0.1MPa，同时在系统顶点的试验压力不小于 0.3MPa。

检验方法：钢管或复合管道系统试验压力下 10min 内压力降不大于 0.02MPa，然后降至工作压力检查，压力应不降，且不渗不漏；塑料管道系统在试验压力下稳压 1h，压力降不得超过 0.05MPa，然后在工作压力 1.15 倍状态下稳压 2h，压力降不得超过 0.03MPa，连接处不得渗漏。

（2）热水供应管道应尽量利用自然弯补偿热伸缩，直线段过长则应设置补偿器。补偿器型式、规格、位置应符合设计要求，并按有关规定进行预拉伸。

检验方法：对照设计图纸检查。

（3）热水供应系统竣工后必须进行冲洗。

检验方法：现场观察检查。

2. 一般项目

（1）管道安装坡度应符合设计规定。

检验方法：水平尺、拉线尺量检查。

（2）温度控制器及阀门应安装在便于观察和维护的位置。

检验方法：观察检查。

（3）热水供应管道和阀门安装的允许偏差应符合规范（GB50242—2002）中表4-2-8的规定。

（4）热水供应系统管道应保温（浴室内明装管道除外），保温材料、厚度、保护壳等应符合设计规定。保温层厚度和平整度的允许偏差应符合规范（GB50242—2002）中表4-4-8的规定。

3. 工程验收表

室内排水管道安装工程验收单如表2-3-5所示。

表2-3-5　室内排水管道安装工程验收单

验收标准	是否合格	
	是	否
（1）热水管道、阀门安装	□	□
（2）管道的支、吊架安装应平整牢固	□	□
（3）检查管道与管件焊接，焊缝表面质量	□	□
（4）室内热水管道水压试验	□	□
（5）管道冲洗、消毒	□	□

训后思考

安装室内热水系统的注意事项有哪些？

【任务考核】

将以上训练任务考核及评分结果填入表2-3-6中。

表2-3-6　室内热水系统任务考核表

序号	考核内容	考核要点	配分（分）	得分（分）
1	训练表现	按时守纪，独立完成	10	
2	材料准备	能识别各种常用材料，并说出其名称、功能及使用注意事项；工具、设备选择得当，使用符合技术要求	30	
3	室内热水管道的安装	按时按要求完成任务书，能够按照施工图进行施工；能按照施工工艺流程和顺序进行施工；操作规范，能达到质量标准	40	
4	思考题	独立完成、回答正确	10	
5	合作能力	小组成员合作能力	10	
6		合　计	100	

【任务小结】

通过学习，根据自己的实际情况完成下表。

姓　名		班　级	
时　间		指导教师	
学到了什么			
需要改进及注意的地方			

任务四　室内空调制冷系统安装

【任务描述】

随着生活水平的提高，空调在生活中随处可见。本任务重点讲述室内空调的组成、结构和室内空调的安装方法。

【知识目标】

➢ 了解室内空调制冷系统的组成及结构；
➢ 熟悉室内空调制冷系统安装方法、原则、注意事项。

【技能目标】

➢ 掌握室内空调制冷系统安装方法、原则、注意事项。

【知识链接】

一、概述

本任务主要讲述空调制冷系统及制冷设备安装，属普通制冷（ > −120CC）。空调制冷主要采用活塞式、离心式、螺杆式、吸收式等几种方式，制冷系统的安装不同于一般水系统的安装，有它的特殊性。

（1）严密性。制冷系统是与大气互相隔绝的密闭式系统，它的内部充满着制冷剂，其压力比大气压力高几倍到十几倍，有时又低于大气压力呈真空状态。因此，保证制冷系统内部的严密性，防止制冷剂从系统内泄漏及防止空气渗入系统内，是保证制冷系统正常运转的关键之一。

（2）清洁性。制冷装置运转时，制冷剂在系统内不停地循环着，此时如果系统内部不清洁，将会造成系统的堵塞，会影响制冷装置的正常运转。系统内不清洁，还影响制冷压缩机的使用寿命。

（3）干燥性。系统内存在着水分（对氟利昂系统而言），会产生冰堵现象，影响制冷装置的正常运转。因此，安装制冷系统时必须注意施工的各个环节，严格按照有关规范及产品说明书中的技术要求施工，确保工程质量。必须充分重视这些特殊性，才能保证制冷机组正常运转。

二、制冷设备安装

（一）安装工艺流程

基础检验➡设备开箱检查➡设备运输➡吊装就位➡找平、找正➡灌浆、基础抹平

（二）制冷机组的安装

1. 活塞式制冷机组安装

（1）基础要求。制冷机安装在混凝土基础上，为了防止振动和噪声通过基础或建筑结构传入室内，影响周围环境，应设置减振基础或在机器的底脚下垫以隔振垫，如图2-4-1所示。

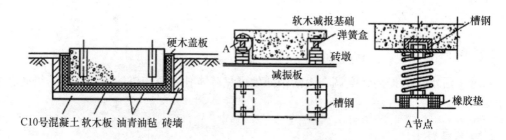

图2-4-1 减振基础

（2）就位找平、找正包括以下两点：

1）根据施工图纸按照建筑物的定位轴线弹出设备基础的纵横向中心线，如图2-4-2所示。利用铲车、人字拔杆将设备吊至设备基础上进行就位。应注意设备管口方向应符合设计要求，将设备的水平度调整到接近要求的程度。

2）利用平垫铁或斜垫铁对设备进行初平，垫铁的放置位置和数量应符合设备的安装要求。

（3）精平和基础抹面包括以下三个方面：

1）设备初平合格后，应对地脚螺栓孔进行二次灌浆，所用的细石混凝土或水泥砂浆的强度等级，应比基础强度等级高1级，灌浆前应清理孔内的污物、泥土等杂物。每个孔洞灌浆必须一次完成，分层捣实，并保持螺栓处于垂直状态。待其强度达到70%以上时，方能拧紧地脚螺栓。

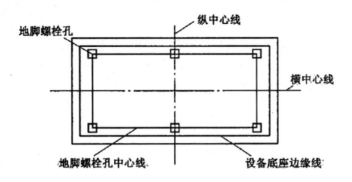

图 2 - 4 - 2 基础放线

2）设备精平后应及时点焊垫铁，设备底座与基础表面间的空隙应用混凝土填满，并将垫铁埋在混凝土内，灌浆层上表面应略有坡度，以防油、水流入设备底座，抹面砂浆应密实，表面应光滑美观。

3）利用水平仪法或铅垂线法在气缸加工面、底座或与底座平行的加工面上测量，对设备进行精平，使机身纵、横向水平度的允许偏差为 1/1000，并应符合设备技术文件的规定。

2. 螺杆式制冷机组安装

螺杆式冷水机组一般由压缩机、电动机、联轴器、油分离器、油冷却器、油泵、油过滤器、吸气过滤器、控制台等组成，安装在同一底座上。机组基础形式如图 2 - 4 - 3 所示。

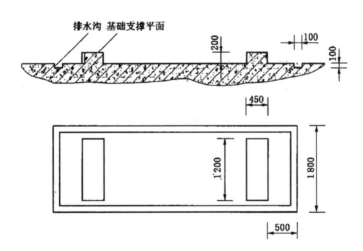

图 2 - 4 - 3 机组基础形式

在安装前，首先核对基础尺寸是否正确，地脚螺栓孔的位置、尺寸、深度是否正确，并清理螺栓孔。

设备到货后，开箱者首先要核对设备名称、型号、检查。开箱时不得损坏箱内设备或零部件。开箱后，对各设备进行清点检查，主要清点机组的零件、部件、附件、附属材料以及设备的出厂合格证和技术文件是否齐全。如发现缺陷、损坏、锈蚀、变形、缺件等情况，应填入记录单中，并进行研究和处理。

螺杆式制冷机组的基础检查、就位找正初平的方法同活塞式制冷机组，机组安装的纵向和横向水平偏差均不应大于1/1000，并应在底座或底座平行的加工面上测量。

脱开电动机与压缩机间的联轴器，启动电动机，检查电动机的转向是否符合压缩机要求。

设备地脚螺栓孔的灌浆强度达到要求后，对设备进行精平，利用百分表在联轴器的端面和圆周上进行测量、找正，其允许偏差应符合设备技术文件的规定。

3. 离心式制冷机组安装

离心式制冷机组的安装方法与活塞式制冷机组基本相同，机组安装的纵向和横向水平偏差均不应大于1/1000，并应在底座或底座平行的加工面上测量。

机组吊装时，钢丝绳要设在蒸发器和冷凝器的筒体外侧，不要使钢丝绳在仪表盘、管路上受力，钢丝绳与设备的接触点应垫木板。机组在连接压缩机进气管前，应从吸气口观察导向叶片和执行机构、叶片开度与指示位置，按设备技术文件的要求调整一致并定位，最后连接电动执行机构。安装时设备基础底板应平整，底座安装应设置隔振器；隔振器的压缩量应一致。

4. 溴化锂吸收式制冷机组安装

溴化锂吸收式制冷机组主要用于大型中央空调，机组的特点是体积小、重量轻、占地面积小。安装前，设备的内压应符合设备技术文件规定的出厂压力。机组在房间内布置时，应在机组周围留出可进行保养作业的空间。多台机组布置时，两机组间的距离应保持在1.5～2m。溴化锂吸收式制冷机组就位后的初平及精平方法与活塞式制冷机组基本相同。

水系统施工的注意事项包括以下几个方面：

（1）机组冷温水、冷却水入口处必须设橡胶软接头或金属软管。

（2）管路及阀门安装位置应预留出揭开水盖清洗换热管时所必需的空间；不宜从机组的上部穿过，以免管路施工及维修时损伤机组。

（3）管径应等于或大于机组接口管径（以流速不超过3m/s为限），弯管的曲率半径应大些，不宜拐直角弯，以减少管内流动阻力。

（4）管路最低处应设排水阀，最高处应设自动排气阀（排气阀不能设于水泵入口段）。

（5）应在机组外接管口附近设置压力表和温度计，其方位应便于观察（压力表面盘应在机组电控柜前能观看得到）。应在冷却水主管上设置流量计，以便于掌握机组负荷状况。

（6）所有机外管路阀门应设承重支架或吊架，不允许其重量加到机组上。

5. 模块式冷水机组安装

设备基础平面的水平度、外形尺寸应满足设备安装技术文件的要求。设备安装时，在基础上垫以橡胶减振块，并对设备进行找平找正，使模块式冷水机组的纵横向水平度偏差不超过1/1000。

多台模块式冷水机组并联组合时，应在基础上增加型钢底座，并将机组牢固地固定在底座上。连接后的模块机组外壳应保持完好无损、表面平整，并连接成统一整体。模块式冷水机组的进、出水管连接位置应正确，严密不漏。风冷模块式冷水机组的周围，应按设备技术文件要求留有一定的通风空间。

6. 大、中型热泵机组安装

空气热源热泵机组周围应按设备不同留有一定的通风空间。机组应设置隔振垫，并有定位措施，防止设备运行发生位移，损害设备接口及连接的管道。机组供、回水管侧应留有 1~1.5m 的检修距离。

（三）附属设备安装要点

制冷系统的附属设备如冷凝器、贮液器、油分离器、中间冷却器、集油器、空气分离器、蒸发器和制冷剂泵等就位前，应检查管口的方向与位置、地脚螺栓孔与基础的位置，并应符合设计要求。

附属设备的安装除应符合设计和设备技术文件规定外，还应符合下列要求：

（1）附属设备的安装，应进行气密性试验及单体吹扫；气密性试验压力应符合设计和设备技术文件的规定。

（2）卧式设备的安装水平偏差和立式设备的铅垂度偏差均不宜大于1/1000。

（3）当安装带有集油器的设备时，集油器的一端应稍低。

（4）洗涤式油分离器的进液口的标高宜比冷凝器的出液口标高低。

（5）当安装低温设备时，设备的支撑和与其他设备接触处应增设垫木，垫木应预先进行防腐处理，垫木的厚度不应小于绝热层的厚度。

（6）与设备连接的管道，其进、出口方向及位置应符合工艺流程和设计的要求。

制冷剂泵的安装应符合下列要求：

（1）泵的轴线标高应低于循环贮液桶的最低液面标高，其间距应符合设备技术文件的规定。

（2）泵的进、出口连接管管径不得小于泵的进、出口直径；两台及两台以上泵的进液管应单独敷设，不得并联安装。

（3）泵不得空运转或在有气蚀的情况下运转。

三、制冷管路系统安装

（一）一般系统安装工艺流程

施工准备➡管道安装➡系统吹污➡系统气密性试验➡系统抽真空➡管道防腐➡系统冲制冷剂➡检验

（二）管道及配件安装

1. 管道安装

预制加工支吊管架、需保温的管道、支架与管子接触处应用经防腐处理的木垫隔垫。木垫厚度应与保温层厚度相同。支吊架形式间距如表2-4-1所示。

表2-4-1 制冷管道支吊架间距

管径（mm）	<∅38×2.5	∅45×2.5	∅57×3.5	∅76×3.5 ∅89×3.5	∅108×4 ∅133×4	∅159×4.5	∅129×6	>∅77×7
管道支吊架最大间距（m）	1.0	1.5	2.0	2.5	3	4	5	6.5

制冷系统管道的坡度及坡向，如设计无明确规定应满足表2-4-2的要求。

表 2 - 4 - 2　制冷系统管道的坡度及坡向

管道名称	坡度方向	坡度
分油器至冷凝器相适接的排气管水平管段	坡向冷凝器	3 ~ 5/1000
冷凝器至贮液器的出液管的水平管段	坡向贮液器	3 ~ 5/1000
液体分配站至蒸发器（排管）的供液管水平管段	坡向蒸发器	1 ~ 3/1000
蒸发器（排管）至气体分配站的回气管水平管段	坡向蒸发器	1 ~ 3/1000
氟利昂压缩机吸气水平管排气管	坡向压缩机	4 ~ 5/1000
	坡向油分离器	1 ~ 2/1000
氨压缩机吸气水平管排气管	极向低压桶	≥3/1000
	坡向氨油分离器	
凝结水管的水平管	坡向排水器	≥8/1000

制冷系统的液体管安装不应有局部向上凸起的弯曲现象，以免形成气囊。气体管不应有局部向下凹的弯曲现象，以免形成液囊。

从液体干管引出支管，应从干管底部或侧面接出，从气体干管引出支管，应从干管上部或侧面接出。

管道成三通连接时，应将支管按制冷剂流向弯成弧形再行焊接［见图 2 - 4 - 4（a）］，当支管与干管直径相同且管道内径小于 50mm 时，则需在干管的连接部位换上大一号管径的管段，再按以上规定进行焊接［见图 2 - 4 - 4（b）］。不同管径的管子直线焊接时，应采用同心异径管［见图 2 - 4 - 4（c）］。

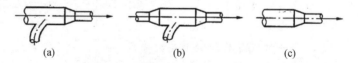

(a)　　　　　(b)　　　　　(c)

图 2 - 4 - 4　三通连接

紫铜管连接宜采用承插口焊接或套管式焊接，承口的扩口深度不应小于管径，扩口方向应迎介质流向（见图 2 - 4 - 5）。紫铜管切口表面应平齐，不得有毛刺、凹凸等缺陷。切口平面允许倾斜偏差为管子直径的 1%，紫铜管煨弯可用热弯或冷弯，椭圆率不应大于 8%。

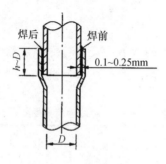

图 2 - 4 - 5　铜管焊接

2. 阀门安装

阀门安装位置、方向、高度应符合设计要求不得反装。安装带手柄的手动截止阀，手柄不得向下。电磁阀、调节阀、热力膨胀阀、升降式止回阀等，阀头均应向上竖直安装。热力膨胀阀的感温包，应装于蒸发器末端的回气管上，且接触良好、绑扎紧密，并用隔热材料密封包扎，其厚度与保温层相同。安全阀安装前，应检查铅封情况和出厂合格证书，不得随意拆启。安全阀与设备间若设关断阀门，在运转中必须处于全开位置，并预支铅封。

3. 仪表安装

所有测量仪表按设计要求均采用专用产品，压力测量仪表需用标准压力表进行校正，温度测量仪表需用标准温度计校正并做好记录。所有仪表应安装在光线良好，便于观察，不妨碍操作检修的地方。压力继电器和温度继电器应装在不受振动的地方。

（三）系统吹污、气密性试验及抽真空

1. 系统吹污

整个制冷系统是一个密封而又清洁的系统，不得有任何杂物存在，必须采用洁净干燥的空气对整个系统进行吹污，将残存在系统内部的铁屑、焊渣、泥沙等杂物吹净。

吹污前应选择在系统的最低点设排污日，用压力 0.5 ~ 0.6MPa 的干燥空气进行吹扫；如系统较长，可采用几个排污口进行分段排污。

吹污介质可用干燥的压缩空气、二氧化碳气或氮气。吹污前，先将气源与系统相接，在排污口上装设启闭迅速的旋塞阀或用木塞将排污口塞紧。将与大气相通的全部阀门关闭，接口堵死，然后向系统充气。在充气过程中，可用木锤在系统弯头、阀门处轻轻敲击。当充气压力升到 0.6MPa 后，迅速打开排污口旋塞阀或迅速敲掉木塞，污物便随气流一同吹出。反复数次，吹尽为止。为判断吹污的清洁程度，可用干净的白布浸水后贴于木板上，将木板置于距排污口 300 ~ 500mm 处检查，白布上看不见污物为合格。

吹污时，排污口正前方严禁站人，以防污物吹出时伤人。吹污合格后，应将系统中有可能积存污物的阀芯拆下清洗干净，以免影响阀门的严密性，拆洗过的阀门应更换垫片。氟利昂系统吹污合格后，还应向系统内充入氮气，以保持系统内的清洁和干燥。

2. 系统气密性试验

吹净系统内污物后，应对整个系统（包括设备、阀件）进行气密性试验。制冷剂为氨的系统，采用压缩空气进行试压；制冷剂为氟利昂系统，采用瓶装压缩氮气进行试压。对于较大的制冷系统也可采用压缩空气，但需经干燥处理后再充入系统。

检漏方法：用肥皂水对系统所有焊口、阀门、法兰等连接部件进行仔细涂抹检漏。在试验压力下，经稳压 24h 后观察压力值，不出现压力降为合格（温度影响除外）。试压过程中如发现泄漏，检修时必须在泄压后进行，不得带压修补。系统气密性试验压力如表 2 - 4 - 3 所示。

表 2 - 4 - 3　系统气密性试验压力

系统压力	制冷系统			
	活塞式制冷机			离心式制冷机
	R717	R22	R12	R11
低压系统	1.176（12）		0.98（10）	0.196（2）
高压系统	1.174（18）		1.56（16）	0.196（2）

注：低压系统是指节流阀经蒸发器到压缩机吸入口的试验压力；高压系统是指自压缩机排出口起经冷凝器到节流阀止的试验压力。

3. 系统抽真空试验

抽真空试验的目的是为了清除全系统的残余气体、水分，并试验系统在真空状态下的气密性。真空试验也可以帮助检查压缩机本身的气密性。系统抽真空应用真空泵进行，对真空度的要求视制冷剂而定。对于氨系统，其剩余压力不应高于8000Pa；对于氟利昂系统，其剩余压力不应高于5333Pa。当整个系统抽到规定的真空度后，视系统的大小，使真空泵继续运行一至数小时，以彻底消除系统中的残存水分，然后静置24h，除去因环境温度引起的压力变化之外，氨系统压力以不发生变化为合格，氟利昂系统压力以回升值不大于533Pa为合格。如达不到要求，应重新作正压试验，找出泄漏处修补后，再作真空试验，合格为止。

4. 系统充制冷剂

真空试验合格后系统可充工质，首先应知道系统充工质的充注量。充注量的多少可根据制冷设备和液体管道实际容积，与对应的充注量占容积的比值（见表2-4-4），两者乘积的总和即为充注量（m³）。为便于度量，一般换算成重量表示，其关系式为：

$$G = \rho Vb$$

其中，G为制冷剂充注量（kg）；ρ为制冷剂在设计工况下的密度（kg/m³）；V为系统充注段容积（m³）；b为充注量占容积的百分比。

表2-4-4 系统管路和设备充注量

设备名称		充注量占容积的百分比值b	设备名称		充注量占容积的百分比值b
冷却水或盐水用的蒸发器	①卧式	80	冷凝器	③淋水式	15
	②立式	80		④蒸发式	15
	③盘管式	50	过冷器		100
			洗涤式油分器		15
直接蒸发管组		50	储液器		50~70
冷凝器	①卧式	15	氨液分离器		30
	②立式	15	液体管路		100

系统充制冷剂分为两个方面：

（1）系统充氨。称出氨瓶的重量并做好记录，系统连接如图2-4-6所示。充氨时，操作人员应戴上口罩和防护眼镜，站在氨瓶出口的侧面，然后慢慢打开氨瓶阀向系统充氨。在正常情况下，管路表面将凝结一层薄霜，管内并发出制冷剂流动的响声。当系统中氨气压力达到0.2MPa时应停止充氨，用试纸对系统的焊口、法兰盘、丝扣等处进行检查，如试纸发红即表示有氨涌出。如果发现泄漏处，必须将泄漏处做好标记，然后将有关管道局部抽空，用空气吹扫干净，经检查无氨后才允许更换附件或补焊。待这项工作完成后，再进行第二次充氨。

当系统内的压力升到0.3~0.4MPa时，应关闭贮液器上的出液阀，使高低压系统分开，然后打开冷凝器及压缩机冷水套的冷却水和蒸发器的冷冻水，开启压缩机，在压缩机的抽气作用下，蒸发器内压力必然降低，利用氨瓶中的压力与蒸发器内的压力差，便可使氨瓶中的氨进入系统。充氨系统的氨量由氨瓶充注前后的重量差得出。当充氨量达到计算充氨量的90%时，为避免充氨过量而造成不必要的麻烦，可暂时停止充氨工作进行系统的试运转，以检查系统氨量是否已满足要求。如试运转一切正常，效果良好，说明充氨量已满足要求，便应停止向系统内充氨，如试运转中压缩机的吸气压力和排气压力都比正常运转时低，降温缓慢，开大膨胀阀后吸气压力仍上不去，且膨胀阀处产生"嘶嘶"的声音，低压段结霜很少甚至不结霜等现象，则说明充氨量不足，应继续充氨。如试运转中吸气压力和排气压力都比正常运转时高，电机负荷大，启动困难，压缩机吸气缸出现凝结水且发出湿压缩声音，则说明充氨过量。充氨过量时必须将多余的氨量取出。

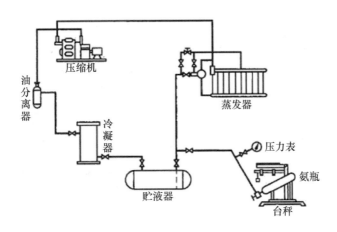

图 2-4-6　系统充氨

充氨时的安全注意事项包括以下三个方面：

1）氨场地应有足够的通道，严禁吸烟和从事电焊等作业。

2）在充氨过程中，不允许用在氨瓶上烧热水或喷灯加热的方法来提高瓶内的压力。只有在气温较低、氨瓶下侧结霜、低压表压力值较低不易充注时，可用浸过温水的棉纱之类的东西覆盖在氨瓶上，但水温必须低于50℃。

3）当系统采用卧式壳管式蒸发器时，由于充注过程中蒸发器内的压力很低，其相应的温度也很低，所以不可为了加快充氨速度而向蒸发器内送水，以免管内结冰使管子破裂。

（2）系统充氟利昂。在大型氟利昂制冷系统中，在贮液器与膨胀阀之间的液体管道上设有专供向系统充氟用的充剂阀，其操作方法与氨系统的充注相同。对于中小型的氟利昂制冷系统，一般从压缩机排气截止阀和吸气截止阀上的多用孔道充入系统。从排气截止阀多用孔道充制冷剂称高压段充注，从吸气截止阀多用孔道充制冷剂称低压段充注。

1）高压段充注。从高压段充入系统的制冷剂为液体，故也称液体充注法。它的优点是充注速度快，适用于第一次充注。但这种充注法如果排气阀片关闭不严密，液体制冷剂在排气阀片上节之间较高层差作用下进入气缸后，将造成严重的冲缸事故。为减少充注过程中排气阀片上下之间的压力差，应将液体管上的电磁阀暂时通电，让其开启，以防止充注过程中低压部分始终处于真空状态，形成排气阀升上下之间的较高压力差。另外，在充注过程中，切不可开启压缩机，因此时排气腔内已被液体制冷剂所充满，一旦启动压缩机，液体进入气缸后同样会发生冲缸事故。

如图 2-4-7 所示，连接系统，稍开一下氟瓶阀并随即关闭，此时充氟管内已充满氟利昂气体。再将多用孔道端的管接头松一下，利用氟利昂气体的压力将充氟管内的空气赶出去。当听到有气流声时，立即将接头旋紧。从台秤上读出重量，并做好记录。打开钢瓶阀，顺时针方向旋转排气截止阀阀杆，使多用孔道打开，制冷剂便在压差作用下进入系统，当系统压力达到 0.2~0.3MPa 时停止充注，用卤素喷灯或卤素检漏仪、肥皂水等对系统进行全面检漏，如卤素喷灯的火焰呈绿色或绿紫色，卤素检漏仪的指针发生摆动；涂肥皂水处出现气泡，则说明有泄漏，发现泄漏处先做好标记，待系统检漏完毕后将系统泄漏处制冷剂抽空后再进行补焊堵漏，堵漏后便可继续充注，充足为止。

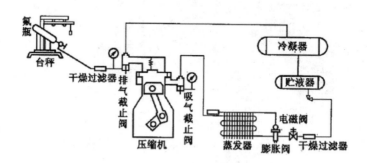

图 2-4-7　高压充氟

关闭钢瓶阀，加热充氟管使管内液体汽化进入系统，然后反时针旋转排气截止阀阀杆，使多用孔道关闭，卸下氟瓶，充氟工作完毕。

2）低压段充注。低压段充注制冷剂只允许是气体。为保证从低压段充入系统的为制冷剂气体，充注时瓶阀不能开启过大，且钢瓶应竖放。由于这种方法充注制冷剂是以气态充入系统的，所以充注速度较慢，多用于系统增添制冷剂的情况。

如图 2-4-8 所示，连接系统，将吸气截止阀阀杆顺时针方向旋转 1~2 圈，使多用孔道打开与系统相通，再检查排气截止阀是否打开，然后打开钢瓶阀，制冷剂便在压差作用下进入系统。当系统压力升到 0.2~0.3MPa 时，停止充注，用检漏仪或肥皂水检漏，无漏则继续充注。当钢瓶内压力与系统内压力达到平衡，而充注量还没有达到要求时，关闭贮液器出液阀，打开冷却水或风冷式冷凝器风机，反时针方向旋转吸气截止阀阀杆，使

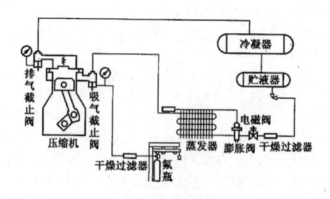

图 2-4-8　低压充氟

多用孔道关小，开启压缩机将钢瓶的制冷剂抽入系统。关小多用孔道的目的是防止压缩机产生液击。压缩机启动后可根据情况缓慢地开大一点多用孔道，但需注意不要发生液击，如有液击，应立即停机。

充注量达到要求后，关闭钢瓶阀，开足吸气截止阀，使多用孔道关闭，拆下充氟管，堵上多用孔道，打开贮液器或冷凝器出液阀，则充液工作完毕。

四、空调机组安装

（一）安装流程

设备基础验收➡设备开箱检查➡搬运➡分段式组对就位➡找平、找正➡检查➡整体式安装就位➡验收

（二）空调机组分段组对安装

组合式空调机组是指不带冷、热源，以水、蒸汽为媒体，以功能段为组合单元的定型产品。

安装时首先检查金属空调箱各段体与设计图纸是否相符，各段体内所安装的设备、部件是否完备无损，配件必须齐全。准备好安装所用的螺栓、衬垫等材料和必需的工具。安装现场必须平整，加工好的空调箱槽钢底座就位（或浇筑的混凝土墩）并找正、找平。

阀门启闭应灵活，阀叶须平直。表面式换热器应有合格证，在规定期间内外表面无损伤者，安装前可不作水压试验，否则应作水压实验，试验压力等于系统最高工作压力的1.5倍，且不低于0.4MPa，试验时间为2~3min；压力不得下降。挡水板安装时前后不得装反。

当现场有几台空调箱安装时，注意不要将段位拉错，分清左式、右式（视线顺气流方向观察或按厂家说明书）。段体的排列顺序必须与图纸相符。安装前对各段体进行编号。

从空调设备上的一端开始，逐一将段体抬上底座校正位置后连接，段与段之间一般采用专用法兰连接，接缝用δ=7mm的乳胶海绵板作为垫料，每连接一个段体前，先将内部清除干净。与加热段相连接的段体，应采用耐热片作为衬垫，表面式换热器之间的缝隙应用耐热材料堵严。用于冷却空气用的表面式换热器，在下部应设排水装置。

（三）空调机组安装

空调机组安装主要指带冷源空气调节机组（分体式和风冷整体机组）安装。空调机组安装的地方必须平整，一般应离出地面100~150mm。空调机组如需安装减振器，应严格按设计要求的减振器型号、数量和位置进行安装、找平找正。

冷热媒流动方向，卧式机组采用下进上出，立式机组采用上进下出。冷凝水用排水管应接U形存水弯后通下水道排泄。

机组安装的场所应有良好的通风条件、无易爆、易燃物品，相对湿度不应大于85%，周边空间能满足冷却风循环及环保规定的要求。

与空调机连接的进出水管必须装有阀门，用以调节流量和检修时切断冷（热）水源，进出水管必须做好保温。

与机组连接的风道和水道应设支架，其重量不得由机组承受。卧式机组也可以用吊环螺钉采用吊装形式，吊环螺钉规格均为M16。起吊空调器时，要按对角线方向扎钩，而且

必须使环面与对角线方向重合。吊索两根绳索之间的夹角不应大于90°。

空调设备安装时应注意的质量问题如表2-4-5所示。

表2-4-5 空调设备安装时应注意的质量问题

序号	常产生的质量问题	防治措施
1	坐标、标高不准、不平不正	加强责任心，严格按设计和操作工艺要求进行
2	段体之间连接处，垫料规格不符合要求，有漏垫现象	认真按工艺要求操作，加强自检、互检工作
3	表冷器段体存水排不出	空调机基础　冷凝水接头　存水弯　地漏
4	高效过滤器框架或高效风口有泄漏现象	严格按设计和操作工艺执行

【任务训练】

▶▶训练任务　室内空调制冷系统安装

> **训练目标**
>
> 通过本次训练，掌握室内空调制冷系统的安装工艺和主要质量控制点；掌握其安装质量标准和检验方法。

训练内容

室内空调制冷系统安装。

训练准备

（一）材料准备

（1）采用的管子和焊接材料应符合设计规定，并具有合格证明或质量鉴定文件。

（2）制冷系统的各类阀件必须采用国标产品，并有出厂合格证。

（二）机具准备

卷扬机、空气压缩机、真空泵、砂轮切割机、磨光机、倒链、台钻、电锤、坡口机、铜管扳边器、手锯、套丝板、管钳、套筒扳手、活扳手、平尺、铁锤、电焊机设备、钢直尺、钢卷尺、角尺、水平仪、塞尺、线坠、水准仪等。

（三）条件准备

建筑结构工程施工完毕，室内装修基本完成，与管道连接的设备已安装找正完毕，管道穿过结构的孔洞已配合预留，尺寸正确，预埋件设置恰当，符合制冷管道施工要求。

训练步骤及注意事项

（一）安装工艺流程

安装工艺流程请查阅本任务【知识链接】。

（二）系统管道安装注意事项

1. 制冷系统管道安装

（1）管道预制。

1）制冷系统的阀门，安装前应根据设计要求对型号、规格进行核对检查，并按照规范要求做好清洗和强度、严密性试验。

2）制冷剂和润滑油系统的管子、管件应将内外壁铁锈及污物清除干净，除完锈的管子应将管口封闭，并保持内外壁干燥。

3）从液体干管引出支管，应从干管底部或侧面接出，从气体干管引出支管，应从干管上部或侧部接出。

4）管道成三通连接时，应将支管按制冷剂流向弯成弧形再进行焊接，当支管与干管直径相同且管道内径小于50mm时，须在干管的连接部位换上大一号管径的管段，再按以上规定进行焊接。

5）不同管径管子对接焊接时，应采用同心异径管。

6）紫铜管连接宜采用承插焊接或套管式焊接，承口的扩口深度不应小于直径，扩口方向应迎介质流向。

7）紫铜管切口表面应平齐，不得有毛刺、凹凸等缺陷。

8）乙二醇系统管道连接时严禁焊接，应采用丝接或卡箍连接。

（2）阀门安装。

1）制冷剂阀门安装前应进行强度和严密性试验。强度试验压力为阀门公称压力的1.5倍，时间不得少于5min，严密性试验压力为阀门公称压力的1.1倍，持续时间30s不漏为合格。应保持阀体内干燥。如阀门进、出封闭破损或阀体锈蚀的不应进行解体清洗。

2）位置、方向和高度应符合设计要求。

3）水平管道上的阀门的手柄不应朝下；垂直管道上的阀门手柄应朝向便于操作的地方。

4）自控阀门安装的位置应符合设计要求。电磁阀、调节阀、热膨胀阀、升降式止回阀等的阀头均应向上。热力膨胀阀的安装位置应高于感温包，感温包应转载蒸发器末端的回气管上，与管道接触良好，绑扎紧密。

5）安全阀应垂直安装在便于检修的位置，其排气管的出口应朝向安全地带，排液管应装在泄水管上。

（3）仪表安装。

1）所有测量仪表按设计要求均采用专用产品，并应有合格证书和有效的检测报告。

2）所有仪表应安装在光线良好、便于观察、不妨碍操作和检修的地方。

3）压力继电器和温度继电器应装在不受振动的地方。

（4）系统吹扫、气密性试验及抽真空。

1）系统吹扫。整个制冷系统是一个密封而又清洁的系统，不得有任何杂物存在，必须采用洁净干燥的空气对整个系统进行吹扫。

应在系统的最低点设排污口。用压力为 0.5~0.6MPa 的干燥空气进行吹扫；如系统较长，可在几个排污口分段进行。此项工作按次序连续反复进行多次，用白布检查吹出的气体无污垢后为合格。

2）系统气密性试验。系统内污物吹净后，应对整个系统进行气密性试验。制冷剂为氨的系统，采用压缩空气进行试验；制冷剂为氟里昂的系统，采用瓶装压缩氮气进行试验。对于较大的制冷系统也可采用压缩空气，但须干燥处理后再充入系统。

检漏方法：用肥皂水对系统所有焊接、阀门、法兰等连接部位进行仔细涂抹检漏。

在实验压力下，经稳压 24h 后观察压力值，不出现压力降为合格。试验过程中如发现泄漏要做好标记，必须在泄压后进行检修，不得带压修补。系统气密性试验压力请查阅表 2-4-3。

3）系统抽真空试验。在气密性试验后，采用真空泵将系统抽至生于压力小于 5.3kPa（40mm 汞柱），保持 24h，氨系统压力已不发生变化为合格，氟里昂系统压力会生不应大于 0.35kPa（4mm 汞柱）。

（5）管道防腐。

1）管道防锈：制冷管道、型钢、支吊架等金属制品必须做好除锈防腐处理，安装前可在现场集中进行，如采用手工除锈时，有钢丝刷或砂布反复清刷，直至露出金属光泽，再用棉纱擦净锈尘。刷漆时，必须保持金属面干燥、洁净、漆膜附着良好，油漆厚度均匀，无遗漏。制冷管道刷漆的种类、颜色，应按设计或验收规范规定执行。

2）乙二醇系统管道内壁需作环氧树脂防腐处理。

3）管道保温应符合制冷管到保温要求。

（6）系统充制冷剂。

1）制冷系统充罐制冷剂时，应将装有质量合格的制冷剂的钢瓶在磅秤上做好记录，用连接管与机组注液阀接通，利用系统内真空度将制冷剂注入系统。

2）当系统的压力至 0.196~0.294MPa 时，应对系统再次进行检验。查明泄漏后应予以修复，再充罐制冷剂。

3）当系统压力与钢瓶压力相同时，即可启动压缩机，加快充入速度，直至符合有关设备技术国家规定的制冷剂重量。

（三）质量标准与检验

1. 保证项目

（1）制冷设备与制冷附属设备的安装应符合下列规定：

1）制冷设备、制冷附属设备的型号、规格和技术参数必须符合设计要求，并具有产品合格证书、产品性能检验报告。

2）设备的混凝土基础必须进行质量交接验收，合格后方可安装。

3）设备安装的位置、标高和管口方向必须符合设计要求。用地角螺栓固定的制冷设备和制冷附属设备，其垫铁的放置位置应正确、接触紧密；螺栓必须拧紧，并有防松动措施。

（2）直接膨胀表面式冷却器的外表应保持清洁、完整，空气与制冷剂应呈逆向流动；表面式制冷器与外壳四周的缝隙应堵严，冷凝水排放应畅通。

（3）制冷系统管道、管件和阀门的安装应符合下列规定：

1）制冷系统的管道、管件和阀门的型号、材质及工作压力等必须符合设计要求，应具有出厂合格证、质量证明书。

2）法兰、螺纹等处的密封材料应与管内的介质性能相适应。

3）制冷剂液体管不得向上装成 Ω 形。气体管道不得向下装成 U 形（特殊回油管除外）；液体支管引出时，必须从干部顶部或侧面接出；有两根以上的支管从干管引出时，连接部位应错开，间距不应小于 2 倍支管直径，且不小于 200mm。

4）制冷剂与附属设备之间制冷剂管道的连接，其坡度与坡向应符合设计及设备技术文件要求。当设计无规定时，应符合表 2-4-2 的规定。

2. 一般项目

（1）制冷机组与制冷附属设备的安装应符合下列规定：

1）制冷设备及制冷附属设备安装位置、标高的允许偏差，应符合表 2-4-6 的规定。

表 2-4-6　制冷设备及制冷附属设备安装允许偏差和检验方法

项　次	项　目	允许偏差	检验方法
1	平面位移	10	经纬仪或拉线和尺量检验
2	标　高	±10	水平仪或经纬仪、拉线和尺量检验

2）整体安装的制冷机组，其机身纵、横向水平度的允许偏差为 1/1000，并应符合设备技术文件的规定。

3）制冷附属设备安装的水平度或垂直度允许偏差为 1/1000，并应符合设备技术文件的规定。

4）采用隔振措施的制冷设备或制冷附属设备，其隔振器安装位置应正确；各个隔振器的压缩量，应均匀一致，偏差不应大于 2mm。

5）置弹簧隔振的制冷机组，应设有防止机组运行时水平位移的定位装置。

（2）制冷系统管道、管件的安装应符合下列规定：

1）管道、管件的内外壁应清洁、干燥；铜管管道支吊架的形势、位置、间距及管道安装标高应符合设计要求，连接制冷机的吸、排气管道应设单独支架；管径小于或等于 20mm 的铜管道，在阀门处应设置支架；管道上下平行敷设时，吸气管应在下方。

2）制冷剂管道弯管的弯曲半径不应小于 0.08D，且不应使用焊接完管及皱褶弯管。

3）制冷剂管道分支管应按介质流向弯成 90°弧度于主管连接，不宜使用弯曲半径小于 1.5D 的压制弯管。

4）铜管切口应平整，不得有毛刺、凹凸等缺陷，切口允许倾斜偏差为管径的 1%，管口翻边后应保持同心，不得有开裂或皱褶，并应有良好的密封面。

5）采用承插钎焊焊接连接的铜管，其插接深度应符合表 2-4-7 的规定，承插的扩口方向应迎介质流向。当采用套接钎焊焊接时，其插接深度不小于承插连接的规定。采用对接焊缝组对管道的内壁应齐平，错边量不大于 0.1 倍壁厚，且不大于 1mm。

表 2-4-7　承插式焊接的铜管承口扩口深度表

单位：mm

铜管规格	≤DN15	DN20	DN25	DN32	DN40	DN50	DN65
承插口的扩口深度	9~12	12~15	15~18	17~20	21~24	24~26	26~30

6）管道穿越墙体或楼板时，管道的支吊架和钢管的焊接应按本标准的有关规定执行。

（3）制冷系统阀门的安装应符合下列规定：

1）阀门安装的位置、方向、高度应符合设计要求，不得反装。

2）安装到手柄的手动截止阀，手柄不得向下。电磁阀、调节阀、热力膨胀阀、升降式止回阀等，阀头均应向上竖直安装。

3）热力膨胀阀的感温包，应装于蒸发器末端的回气管上，应接触良好，绑扎紧密，并用隔热材料密封包扎，其厚度与管道保温层同。

4）安全阀安装前，应检查铅封情况、出厂合格证书和定压测试报告，不得随意拆启。

3. 工程验收表

项目验收单如表 2 - 4 - 8 所示。

表 2 - 4 - 8 室内空调制冷系统安装工程验收表

任务项目验收单			
		是否合格	
	验收标准	是	否
验收项目	（1）管道、阀门等配件安装	☐	☐
	（2）系统吹污	☐	☐
	（3）系统气密性试验	☐	☐
	（4）系统抽真空试验	☐	☐
	（5）系统充制冷剂	☐	☐

训后思考

在室内空调制冷系统施工过程中，空调设备安装常见的质量问题有哪些？应如何避免与解决这些质量问题？

【任务考核】

将以上训练任务考核及评分结果填入表 2 - 4 - 9 中。

表 2 - 4 - 9 室内空调制冷系统任务考核表

序号	考核内容	考核要点	配分（分）	得分（分）
1	训练表现	按时守纪，独立完成	10	
2	材料准备	能识别各种常用材料，并说出其名称、功能及使用注意事项；工具、设备选择得当，使用符合技术要求	30	
3	室内空调制冷系统的安装	按时按要求完成任务书，能够按照施工图进行施工；能按照施工工艺流程和顺序进行施工；操作规范，能达到质量标准	40	
4	思考题	独立完成、回答正确	10	
5	合作能力	小组成员合作能力	10	
6	合　计		100	

【任务小结】

通过学习，根据自己的实际情况完成下表。

姓　名		班　级	
时　间		指导教师	
学到了什么			
需要改进及注意的地方			

任务五　卫生器具安装

【任务描述】

卫生间是人们日常起居离不开的地方，在整个家居装修过程中，卫生器具的选择与安装，是最烦琐复杂的工作。常见的卫生洁具有蹲便器、坐便器、淋浴、浴缸、洗脸盆、盥洗槽等。下面我们就来学习如何安装卫生器具。

【知识目标】

➤ 了解卫生器具的分类及设置场所；
➤ 掌握卫生器具的安装方法及操作规程。

【技能目标】

➤ 掌握卫生器具的安装方法及操作规程。

【知识链接】

一、卫生器具的种类及结构

（一）卫生器具的种类

卫生器具是给、排水系统的重要组成部分，是供人们洗涤、清除日常生活和工作中所产生的污（废）水的装置，其分类如表 2 - 5 - 1 所示。

表 2 - 5 - 1　常用卫生器具（设置）的分类

类　别	对器具的要求	所用材料	举　例
便溺用卫生器具	表面光滑、不透水，耐腐蚀，耐冷热，便于保持器具清洁卫生，经久耐用	陶瓷、钢板搪瓷、铸铁搪瓷、不锈钢、塑料等不透水、无气孔的材料	大便器、小便器
盥洗、沐浴用卫生器具			洗脸盆、浴盆、盥洗槽等
洗涤用卫生器具			洗涤盆、污水盆等
其他专用卫生器具			医疗用的倒便器、婴儿浴池
其他专用卫生辅助设置		不锈钢、塑料凳不透水、无气孔的材料	浴室用扶手、不锈钢卫生纸架、不锈钢烟灰缸、双杆毛巾架、马桶盖、小便斗、红外线自动感应器等

（二）对卫生器具的要求

国家有关卫生标准对卫生器具的要求如下：

（1）卫生器具外观应表面光滑、无凹凸不平、色调一致、边缘无棱角毛刺、端正无扭歪、无碰撞裂纹。

（2）卫生器具材质不含对人体有害物质，冲洗效果好、噪声低，便于安装维修。

（3）卫生器具的零配件的规格应符合标准，螺纹完整，锁母松紧适度，管件无裂纹。同时，对卫生器具在卫生间内的设置数量和最小距离也做一定的规定。

卫生器具在卫生间内布置的最小间距应满足以下要求：

（1）坐便器到对面墙面的最小距离不小于 460mm。

（2）坐便器与脸盆并列，从坐便器的中心线到洗脸盆的边缘至少应相距 350mm，坐便器中心线离边墙至少为 380mm。

（3）洗脸盆放在浴缸或大便器对面，两者净距至少 760mm，脸盆边缘至对面最小应有 460mm，对于身体魁梧者可达 560mm。

（4）洗脸盆上沿距镜子底部的距离为 200mm。

两种卫生间的布置形式如图 2 - 5 - 1 所示。

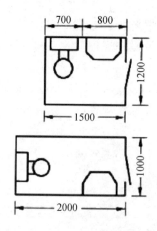

图 2 - 5 - 1　两种卫生间的布置形式

二、卫生器具的安装

（一）卫生器具的安装技术要求

（1）卫生器具的安装应采用预埋螺栓或膨胀螺栓安装固定。如木螺栓固定，预埋的木砖须防腐处理。并要求凹进墙面10mm。

（2）卫生器具支托、架的安装须平整、牢固与器具接触要求紧密。

（3）卫生器安装应正确，单独器具允许偏差为10mm；成排器具允许偏差为5mm。

（4）安装卫生器具应平直，垂直度允许偏差不得超过3mm；安装高度如无设计要求时，应符合表2-5-2的规定。

（5）卫生器具给水配件的安装高度，如无设计要求时，应符合表2-5-3的规定。

表2-5-2　卫生器具的安装高度

序号	卫生器具名称		卫生器具安装高度（mm）		备注
			居住和公共建筑	幼儿园	
1	污水盆（池）	架空式	800	800	
		落地式	500	500	
2	洗涤盆（池）		800	800	
3	洗脸盆、洗手盆（有塞、无塞）		800	800	自地面至器具上边缘
4	盥洗槽		800	500	
5	浴盆		≥520		
6	蹲式大便器	高水箱	1800	1800	自台阶面至高水箱底
		低水箱	900	900	自台阶面至低水箱底
7	坐式大便器	高水箱	1800	1800	自台阶面至高水箱底
		低水箱 外露排水管式	510		
		低水箱 虹吸喷射式	470	370	自台阶面至低水箱底
8	小便器	挂式	600	450	自地面至下边缘
9	小便槽		200	150	自地面至台阶面
10	大便冲洗水箱		≮2000		自台阶面至水箱底
11	妇女卫生盆		360		自地面至器具上边缘
12	化验盆		800		自地面至器具上边缘

表2-5-3　卫生器具给水配件的安装高度

序号	给水配件名称		配件中心距地面高度（mm）	冷热水龙头距离（mm）
1	架空式污水盆（池）水龙头		1000	—
2	落地式污水盆（池）水龙头		800	—
3	洗涤盆（池）水龙头		1000	150
4	住宿集中给水龙头		1000	—
5	洗手盆水龙头		1000	—
6	洗脸盆	水龙头（上配水）	1000	150
		水龙头（下配水）	800	150

续表

序号	给水配件名称		配件中心距地面高度（mm）	冷热水龙头距离（mm）
		角阀（下配水）	450	—
7	盥洗槽	水龙头		
		冷热水管上下并行其中热水龙头	1100	150
8	浴盆	水龙头（上配水）	670	150
9	淋浴器	截止阀	1150	95
		混合阀	1150	
		沐浴喷头下沿	2100	—
10	蹲式大便器台阶面算起	高水箱角阀及截止阀	2040	—
		低水箱角阀	250	—
		手动式自闭冲洗阀	600	—
		脚跳式自闭冲洗阀	150	—
		拉管式冲洗阀（从地面算起）	1600	—
		带防污助冲器阀门（从地面算起）	900	—
11	坐式大便器	高水箱角阀及截止阀	2040	—
		低水箱角阀	150	—
12	大便槽冲洗水箱截止阀（从台阶面算起）		≮2400	—
13	立式小便器角阀		1130	—
14	挂式小便器角阀及截止阀		1050	—
15	小便槽多孔冲洗管		1100	—
16	实验室化验水龙头		1000	—
17	妇女卫生盆混合阀		360	—

注：装设在幼儿园内的洗手盆、洗脸盆和盥洗槽水嘴中心离地面安装高度应为700mm，其他卫生器具给水配件的安装高度，应按卫生器具实际尺寸相应减少。

（二）卫生器具的安装工艺流程

卫生器具安装的顺序是：首先安装卫生器具的排水管，其次安装卫生器具本体，最后进行卫生器具与给水管和排水管的连接。

卫生器具安装的工艺流程：

安装准备➡卫生器具及配件检验➡卫生器具安装➡卫生器具配件预装➡卫生器具稳装➡卫生器具与墙、地缝隙处理➡卫生器具外观检查➡通水试验

（三）洗脸盆的安装

1. 安装要点

（1）洗脸（手）盆安装应在饰面装修已基本完成后进行，且进出水留口位置，标高正确。暗埋管子隐蔽验收合格。

（2）洗脸（手）盆安装，应以脸盆中心及高度划出十字线，将固定支架用带防腐的金属固定件安装牢固。

（3）安装在多孔砖墙时，应凿孔填实水泥砂浆后再进行固定件安装；安装在轻质隔墙上时，应在墙体内设后置埋件，后置埋件应与墙体连接牢固。

（4）洗脸（手）盆与排水栓连接处应用浸油石棉橡胶板密封。

（5）当设计无要求时，其安装高度应符合表 2 - 5 - 2 和表 2 - 5 - 3 的规定。

洗脸（手）盆主要有托架式安装、背挂式安装、立柱式安装及带面板的台上式和台下式安装。图 2 - 5 - 2 为单柄 4″龙头背挂式洗脸盆安装图；图 2 - 5 - 3 为单柄单孔龙头背挂式洗脸盆安装图；图 2 - 5 - 4 为单柄 4″龙头立柱式洗脸盆安装图；图 2 - 5 - 5 为单柄单孔龙头台上式洗脸盆安装图；图 2 - 5 - 6 为双柄单孔龙头台下式洗脸盆安装图。

2. 单柄 4″龙头背挂式洗脸盆安装

（1）主要材料如表 2 - 5 - 4 所示。

表 2 - 5 - 4　主要材料

编号	名称	规格	材料	单位	数量
1	背挂式洗脸盆	4″三孔	陶瓷	个	1
2	半挂腿		陶瓷	个	1
3	单柄 4″龙头	DN15	铜镀铬	个	1
4	冷水管	按设计	PVC - U	m	
5	热水管	按设计	PP - R	m	
6	角式截止阀	DN15	铜镀铬	个	2
7	提拉排水装置	DN32	金属	个	1
8	存水弯	DE32	ABS	个	1
9	异径三通	按设计	PP - R PVC - U	个	1
10	内螺纹弯头	DE20	PP - R PVC - U	个	1
11	套筒式膨胀螺栓	M8	Q235 - A	个	4
12	排水管	DE40	PVC - U	m	

（2）单柄 4″龙头背挂式洗脸盆安装图如图 2 - 5 - 2 所示。

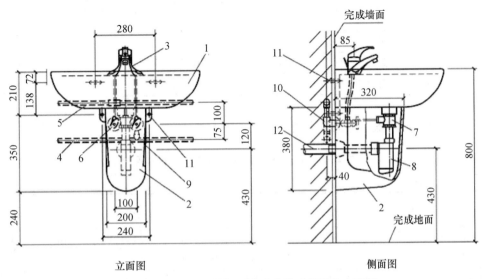

立面图　　　　　　　　　　侧面图

图 2 - 5 - 2 （a）　单柄 4″龙头背挂式洗脸盆安装图

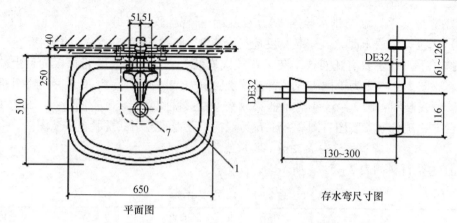

平面图

存水弯尺寸图

图 2 - 5 - 2（b）　单柄 4″龙头背挂式洗脸盆安装图

3. 单柄单孔龙头背挂式洗脸盆安装

（1）主要材料如表 2 - 5 - 5 所示。

表 2 - 5 - 5　主要材料

编号	名称	规格	材料	单位	数量
1	背挂式洗脸盆	单孔	陶瓷	个	1
2	单柄单孔龙头	DN15	配套	个	1
3	冷水管	按设计	PVC - U	m	
4	热水管	按设计	PP - R	m	
5	角式截止阀	DN15	配套	个	2
6	提拉排水装置	DN32	配套	个	1
7	存水弯	DN32	配套	个	1
8	异径三通	按设计	PP - R PVC - U	个	1
9	内螺纹弯头	DE20	PP - R PVC - U	个	1
10	排水管	DE40	PVC - U	m	
11	排水管	DE50	PVC - U	m	
12	罩盖	DN32	铜镀铬	个	1
13	套筒式膨胀螺栓	M8	Q235 - A	个	2

（2）背挂式洗脸盆（单孔）尺寸如表 2 - 5 - 6 所示。

表 2 - 5 - 6　背挂式洗脸盆（单孔）尺寸表

单位：mm

生产厂	型号	A	B	C	E	E1	E2	E3	H
AMERICAN STANDARD 美标（中国）有限公司	CP - 0480/S 乐陶背挂式洗脸盆	500	430	196	200	164	120	340	685
	CP - 0931/S 乐陶二型背挂式洗脸盆	442	380	190		192	150	300	720
KOHLER 科勒（中国）投资有限公司	KC - 8702 爱蒂雅背挂式洗脸盆	400	330	—	100	160	120	170	750

（3）单柄单孔龙头背挂式洗脸盆安装图如图2-5-3所示。

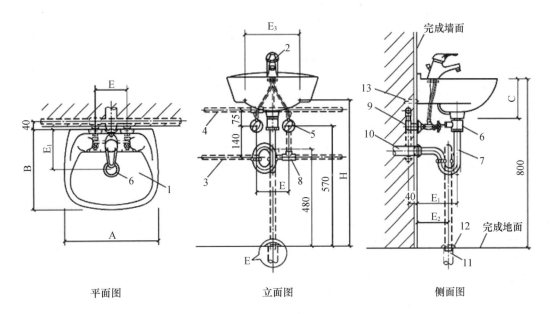

平面图　　　　　　　立面图　　　　　　　侧面图

图2-5-3（a）　单柄单孔龙头背挂式洗脸盆安装图

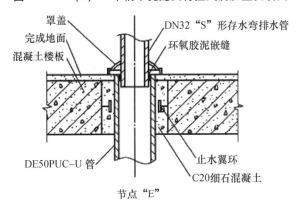

图2-5-3（b）　单柄单孔龙头背挂式洗脸盆安装图

4. 单柄4″龙头立柱式洗脸盆安装

（1）主要材料如表2-5-7所示。

表2-5-7　主要材料

编号	名称	规格	材料	单位	数量
1	立柱式洗脸盆	单孔	陶瓷	个	1
2	单柄4″龙头	DN15	配套	个	1
3	冷水管	按设计	PVC-U	m	
4	热水管	按设计	PP-R	m	
5	角式截止阀	DN15	配套	个	2
6	提拉排水装置	DN32	配套	个	1

续表

编号	名称	规格	材料	单位	数量
7	存水弯	DN32	ABS	个	1
8	异径三通	按设计	PP－R PVC－U	个	1
9	内螺纹弯头	DE20	PP－R PVC－U	个	1
10	排水管	DE40	PVC－U	m	

（2）立柱式洗脸盆（4″三孔）尺寸如表2－5－8所示。

表2－5－8 立柱式洗脸盆（4″三孔）尺寸

单位：mm

生产厂 \ 型号	尺寸 A	B	C	E	E1	H	H1	h	H2
AMERICAN STANDARD 美标（中国）有限公司	CP－0510/4″燕嘉柱盆	600	500	200	200		830	600	75	490
	CP－0580/4″乐陶柱盆	500	430	218	167		810	580		490
	CP－0540/4″埃高柱盆	500	440	208	210	203	835	605	140	515
	CP－0585/4″伊丽斯柱盆	605	535	226	190		800	570		480
	CP－0590/4″金玛柱盆	620	500	210	220		840	610		520
TOTO 北京东陶有限公司 东陶机器(北京)有限公司	LW850CFB/LW850FB	660	550	220	230	220		570		440
	LW237CFB/LW237FB	560	460	182	200	180	820		75	478
	LW239CFB/LW239FB	580	500	195	210	260		600		465
	LW220CFB/LW220FB	530	430	181	165	260				480

（3）单柄4″龙头立柱式洗脸盆安装图如图2－5－4所示。

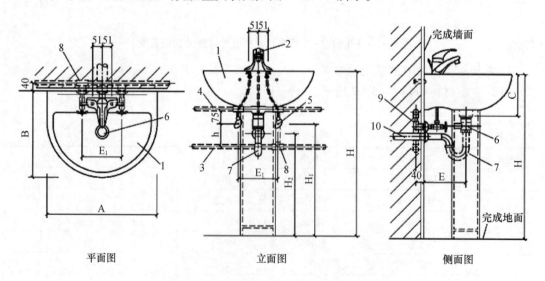

平面图　　　　　　立面图　　　　　　侧面图

图2－5－4 单柄4″龙头立柱式洗脸盆安装图

5. 单柄单孔龙头台上式洗脸盆安装

（1）主要材料如表2-5-9所示。

表2-5-9　主要材料

编号	名称	规格	材料	单位	数量
1	台上式洗脸盆	单孔	陶瓷	个	1
2	单柄单孔龙头	DN15	配套	个	1
3	冷水管	按设计	PVC-U	m	
4	热水管	按设计	PP-R	m	
5	角式截止阀	DN15	配套	个	2
6	提拉排水装置	DN32	配套	个	1
7	存水弯	DN32	配套	个	1
8	罩盖	DN32			
9	异径三通	按设计	PP-R PVC-U	个	1
10	内螺纹弯头	DE20	PP-R PVC-U	个	1
11	排水管	DE40	PVC-U	m	
12	排水管	DE50	PVC-U	m	

（2）台上式（单孔）洗脸盆尺寸如表2-5-10所示。

表2-5-10　台上式（单孔）洗脸盆尺寸

单位：mm

生产厂	型号	A	B	C	E	E1	E2	E3	H1	H2	h
AMERICAN STANDARD 美标（中国）有限公司	CP-0476/S 爱柯琳台上盆	518	440	188	226	203	51	170	570	520	100
	CP-0473/S 史丹福台上盆	480	400	185	211			160			
TOTO 北京东陶有限公司 东陶机器（北京）有限公司	LW521CB/TX01LBGC 台上盆	540	490	200	280	150	40	120	550	500	120
	LW501CB/TX01LBGC 台上盆	508	432	229	208			150		480	
	LW986CB/TX01LBGC 台上盆	662	482	225	250			90			
	LW851CB/TX01LBGC 台上盆	594	480	213	260			100		470	
KOHLER 科勒（中国）投资有限公司	KC-2096-1 班宁登台上盆	514	445	216	227	204		170	560	460	140
	KC-8708-1 蒙特诗都台上盆	482	482	203	210			150		480	120
重庆四维瓷业股份有限公司	*12205 海伦台上盆	530	430	200	235	150	35	180	570	510	100
	*12202A 海伦台上盆	515	480	190	225			170			

（3）单柄单孔龙头台上式洗脸盆安装如图2-5-5所示。

6. 双柄单孔龙头台下式洗脸盆安装

（1）主要材料如表2-5-11所示。

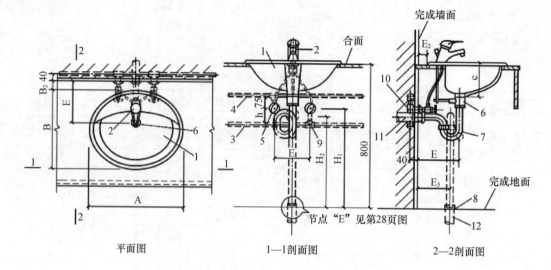

平面图　　　　　　　　1—1剖面图　　　　　　　　2—2剖面图

图2-5-5　单柄单孔龙头台上式洗脸盆安装图

表2-5-11　主要材料

编号	名称	规格	材料	单位	数量
1	台下式洗脸盆	单孔	陶瓷	个	1
2	双柄单孔龙头	DN15	配套	个	1
3	冷水管	按设计	PVC-U	m	
4	热水管	按设计	PP-R	m	
5	角式截止阀	DN15	配套	个	2
6	提拉排水装置	DN32	配套	个	1
7	存水弯	DN32	配套	个	1
8	罩盖	DN32	铜镀铬	个	1
9	异径三通	按设计	PP-R PVC-U	个	1
10	内螺纹弯头	DE20	PP-R PVC-U	个	1
11	排水管	DE40	PVC-U	m	
12	排水管	DE50	PVC-U	m	

（2）双柄单孔龙头台下式洗脸盆安装如图2-5-6所示。

（四）浴盆的安装

1. 安装要点

（1）土建完成防水层及保护层后即可安装浴盆。同时暗埋给水管道隐蔽验收应合格；进出水留好位置，标高应正确。

（2）浴盆应安装平稳，并且有一定坡度，坡向排水栓。

（3）浴盆的翻边和裙边待装饰收口嵌入瓷砖装饰面内后，将浴盆周边与墙面、地面的接缝处用硅酮胶密封。

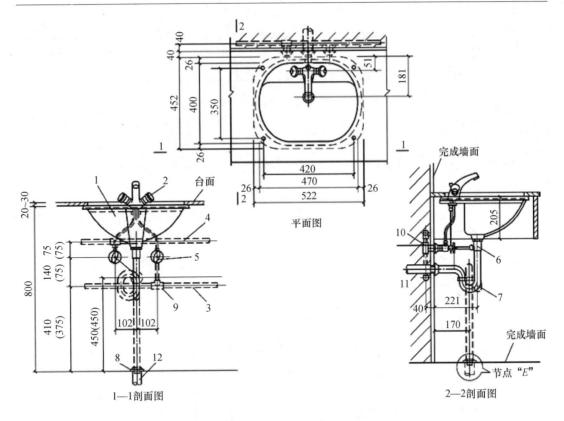

图 2 – 5 – 6　双柄单孔龙头台下式洗脸盆安装图

（4）有饰面的浴盆，应留有通向浴盆排水口的检修门。

（5）当设计无要求时，其安装高度应符合表 2 – 5 – 2、表 2 – 5 – 3 的规定。

图 2 – 5 – 7 为单柄龙头普通浴盆安装图；图 2 – 5 – 9 为入墙式双柄龙头普通浴盆（同层排水）安装图；图 2 – 5 – 9 为单柄龙头裙边浴盆安装图。

2. 单柄龙头普通浴盆安装

（1）主要材料如表 2 – 5 – 12 所示。

表 2 – 5 – 12　主要材料

编号	名称	规格	材料	单位	数量
1	普通浴盆			个	1
2	单柄浴盆龙头	DN15	配套	个	1
3	金属软管	DN15	配套	m	1.5
4	手提式花洒	DN15	配套	个	1
5	滑杆		配套	个	1
6	排水配件	DN40 DN32	配套	套	1
7	冷水管	DE20	PVC – U	m	
8	热水管	DE20	PP – R	m	

编号	名称	规格	材料	单位	数量
9	90°弯头	DE20	PVC – U	个	1
10	内螺纹弯头	DE20	PP – R	个	1
			PVC – U		1
11	存水管	DE50	PVC – U	个	1
12	排水管	DE50	PVC – U	m	

（2）单柄龙头普通浴盆安装如图2－5－7所示。

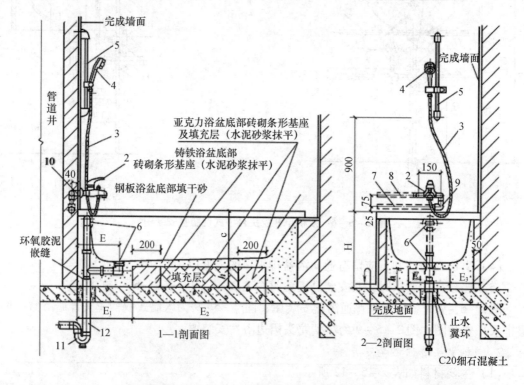

图2－5－7（a）　单柄龙头普通浴盆安装图

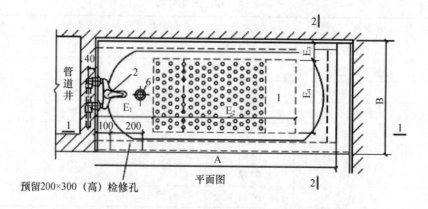

图2－5－7（b）　单柄龙头普通浴盆安装图

3. 入墙式双柄龙头普通浴盆安装

（1）主要材料如表 2-5-13 所示。

表 2-5-13　主要材料

编号	名称	规格	材料	单位	数量
1	普通浴盆			个	1
2	双柄浴盆龙头	DN15	配套	个	1
3	莲蓬头	DN15	配套	个	1
4	排水配件	DN32 DN40	配套	套	1
5	冷水管	DE20	PVC-U	m	
6	热水管	DE20	PP-R	m	
7	90°弯头	DE20	PVC-U	个	1
			PP-R		1
8	内螺纹接头	DE20	PP-R	个	2
9	外螺纹接头	DE20	PVC-U	个	1
			PP-R		1
10	内螺纹弯头	DE20	PP-R	个	2
11	多通道地漏	埋地式	ABS	个	1
12	90°弯头	DE50	PVC-U	个	2
13	排水管	DE50	PVC-U	m	

（2）入墙式双柄龙头普通浴盆安装如图 2-5-8 所示。

4. 单柄龙头裙边浴盆安装

（1）主要材料如表 2-5-14 所示。

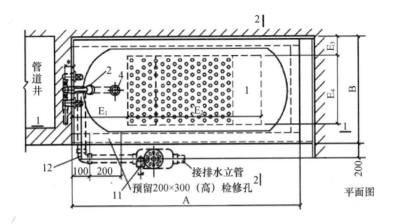

图 2-5-8（a）　入墙式双柄龙头普通浴盆安装

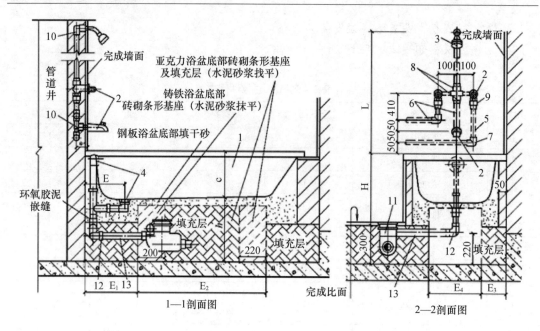

图2-5-8（b）　入墙式双柄龙头普通浴盆安装

表2-5-14　主要材料

编号	名称	规格	材料	单位	数量
1	裙边浴盆			个	1
2	单柄浴盆龙头	DN15	配套	个	1
3	金属软管	DN15	配套	m	1.5
4	手提式花洒	DN15	配套	个	1
5	滑杆		配套	个	1
6	排水配件	DN40 DN32	配套	套	1
7	冷水管	DE20	PVC-U	m	
8	热水管	DE20	PP-R	m	
9	90°弯头	DE20	PVC-U PP-R	个	2 1
10	内螺纹接头	DE20	PP-R PVC-U	个	1 1
11	存水管	DE50	PVC-U	个	1
12	排水管	DE50	PVC-U	m	

（2）单柄龙头裙边浴盆安装图如图2-5-9所示。

（五）小便器安装

1. 安装要点

（1）小便器给水管多为暗装，将延时冲洗阀或红外感应冲洗阀与小便器连接，因此其出水中心应对准小便器进出口中心。

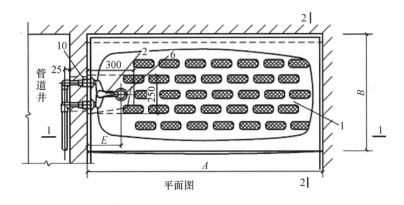

图 2-5-9（a） 单柄龙头裙边浴盆安装

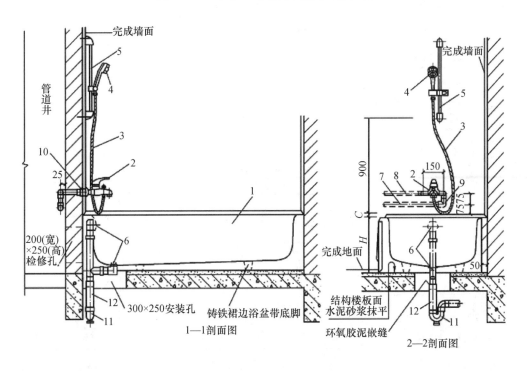

图 2-5-9（b） 单柄龙头裙边浴盆安装

（2）暗埋管子隐蔽验收应合格；预留进出水口位置，标高正确。

（3）在墙面上画出小便器安装中心线，根据设计高度确定位置，划出十字线，将固定支架用带防腐的金属固定件安装牢固。

（4）安装在多孔砖墙时，应凿孔填实水泥砂浆后再进行固定件安装；安装在轻质隔墙上时，应在墙体内设后置埋件，后置埋件应与墙体连接牢固。

（5）当无设计要求时，其安装高度应符合表 2-5-2、表 2-5-3 的规定。

图 2-5-10 为自闭式冲洗阀斗式小便器安装图；图 2-5-11 为自闭式冲洗阀壁挂式小便器安装图；图 2-5-12 为自闭式冲洗阀落地小便器安装图。

2. 自闭式冲洗阀斗式小便器安装

（1）主要材料如表 2-5-15 所示。

表2-5-15　主要材料

编号	名称	规格	材料	单位	数量
1	斗式小便器		陶瓷	个	1
2	自闭式冲洗阀	DN15	铜镀铬	个	1
3	冷水管	DE20	PVC-U	m	
4	内螺纹接头	DE20	PVC-U	个	1
5	异径三通	按设计	PP-R	个	1
6	冷水管	按设计	PVC-U	m	
7	存水弯	DN32	铜镀铬	个	1
8	罩盖	DN32	铜镀铬	个	1
9	排水管	DE50	PVC-U	m	
10	挂钩		配套	个	1

（2）自闭式冲洗阀斗式小便器安装如图2-5-10所示。

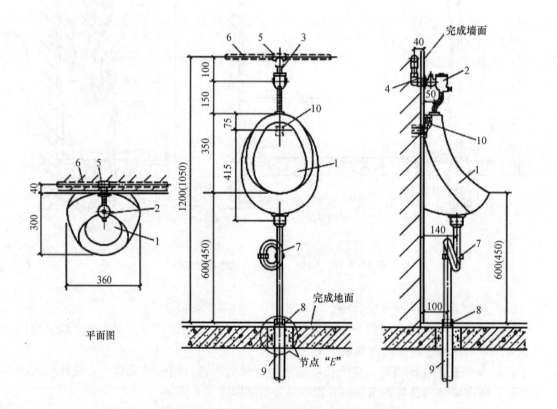

图2-5-10　自闭式冲洗阀斗式小便器安装图

3. 自闭式冲洗阀壁挂式小便器安装

（1）主要材料如表2-5-16所示。

表 2-5-16 主要材料

编号	名称	规格	材料	单位	数量
1	壁挂式小便器		陶瓷	个	1
2	自闭式冲洗阀	DN15	配套	个	1
3	橡胶止水环	DN50	配套	个	1
4	排水法兰盘	DN50	配套	个	1
5	外螺纹短管	DN50	金属管	m	
6	90°弯头	DN50	金属	个	1
7	转换接头	DE50×50	PVC-U	个	1
8	排水管	DE50	PVC-U	m	
9	内螺纹接头	DE20	PVC-U	个	1
10	冷水管	按设计	PVC-U	m	
11	异径三通	按设计	PVC-U	个	1
12	冷水管	按设计	PVC-U	m	
13	挂钩		PVC-U	个	2

（2）自闭式冲洗阀壁挂式小便器安装如图 2-5-11 所示。

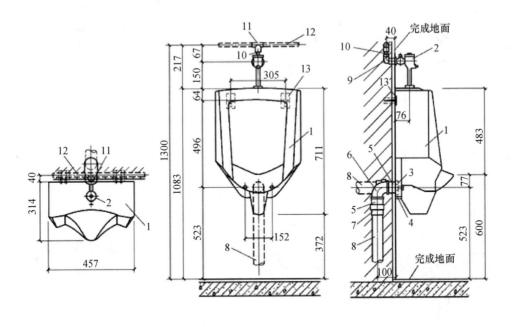

平面图　　　　　　　　　　立面图　　　　　　　　　　侧面图

图 2-5-11　自闭式冲洗阀壁挂式小便器安装图

4. 自闭式冲洗阀落地式小便器安装

（1）主要材料如表 2-5-17 所示。

表 2 - 5 - 17　主要材料

编号	名称	规格	材料	单位	数量
1	落地式小便器	不带水封	陶瓷	个	1
2	自闭式冲洗阀	DN15	铜镀铬	个	1
3	喷水鸭嘴	DN50	铜镀铬	个	1
4	花篮罩排水栓	DN50	铜镀铬	个	1
5	转换接头	DE50×50	PVC - U	个	1
6	排水管	DE50	PVC - U	m	
7	S形存水弯	DE50	PVC - U	个	1
8	内螺纹接头	DE20	PVC - U	个	1
9	冷水管	DE20	PVC - U	m	
10	异径三通	按设计	PVC - U	个	1
11	冷水管	按设计	PVC - U	m	

（2）自闭式冲洗阀落地式小便器安装如图 2 - 5 - 12 所示。

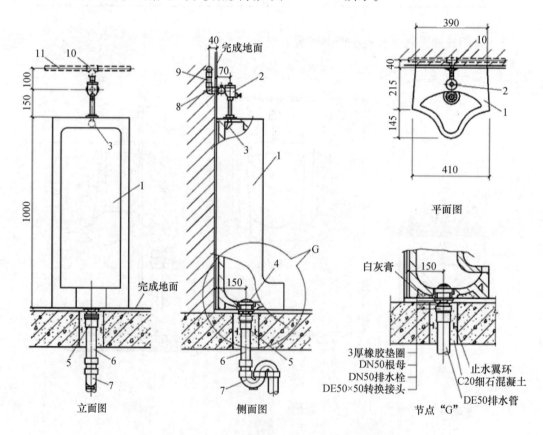

图 2 - 5 - 12　自闭式冲洗阀落地式小便器安装图

（六）大便器安装

1. 安装要点

（1）坐式大便器的下水口尺寸应按所选定的便器规格型号及卫生间设计布局正确留

口，待地面饰面工程完成后即可安装坐便器。坐便器与地面之间的接缝用硅酮胶密封。

（2）蹲式便器单独安装应根据卫生间设计布局，确定安装位置。其便器下水口中心距后墙面距离为640mm，且左右居中水平安装。

（3）带有轻质隔断的成排蹲式大便器安装，其中对中之间的距离应不小于900mm，且左右居中水平安装。

（4）蹲式大便器四周在打混凝土地面前，应抹填白灰膏，然后两侧用砖砌牢固。

（5）所有暗埋给水管道隐蔽验收合格，且留口标高、位置正确。

2. 自闭式冲洗阀蹲式大便器安装

（1）主要材料如表2－5－18所示。

表2－5－18　主要材料

编号	名称	规格	材料	单位	数量
1	蹲式大便器	带水封	陶瓷	个	1
2	自闭式冲洗阀	DN25	配套	个	1
3	防污器	DN32	配套	个	1
4	冲洗弯管	DN32	配套	根	1
5	冷水管	按设计	PVC－U	m	
6	异径三通	按设计	PVC－U	个	1
7	内螺纹弯头	DE32	PVC－U	个	1
8	排水管	DE110	PVC－U	m	
9	90°弯头	DE110	PVC－U	个	1
10	90°顺水三通	按设计	PVC－U	个	1
11	胶皮碗	按设计	PVC－U	个	1

（2）自闭式冲洗阀蹲式大便器安装如图2－5－13所示。

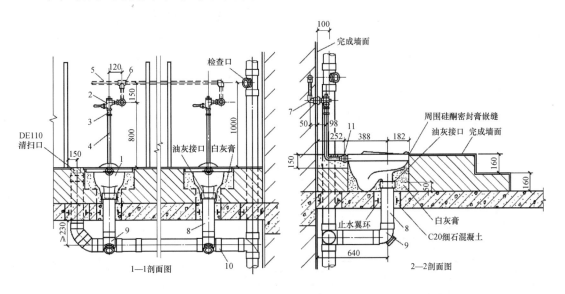

图2－5－13（a）　自闭式冲洗阀蹲式大便器安装图

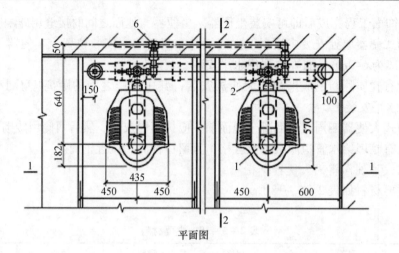

平面图

图 2 - 5 - 13 (b)　自闭式冲洗阀蹲式大便器安装图

3. 自闭式冲洗阀坐便器安装

（1）主要材料如表 2 - 5 - 19 所示。

表 2 - 5 - 19　主要材料

编号	名　　称	规　格	材　料	单　位	数　量
1	冲水阀式大便器	节水型	陶瓷	个	1
2	自闭式冲洗阀	DN25	配套	个	1
3	防污器	DN32	配套	个	1
4	冲洗管	DN32	配套	根	1
5	内螺纹弯头	DE32	PVC - U	个	1
6	异径三通	按设计	PVC - U	个	1
7	冷水管	按设计	PVC - U	m	
8	排水管	DE110	PVC - U	m	

（2）自闭式冲洗阀坐便器安装如图 2 - 5 - 14 所示。

4. 坐箱式坐便器安装

（1）主要材料如表 2 - 5 - 20 所示。

表 2 - 5 - 20　主要材料

编号	名　　称	规　格	材　料	单　位	数　量
1	坐便器	节水型	陶瓷	个	1
2	坐箱式低水箱	DN25	陶瓷	个	1
3	角式截止阀	DN15	配套	个	1
4	进水阀配件	DN15	配套	套	1
5	异径三通	按设计	PVC - U	个	1

续表

编号	名称	规格	材料	单位	数量
6	内螺纹弯头	DE32	PVC - U	个	1
7	冷水管	按设计	PVC - U	m	
8	排水管	DE110	PVC - U	m	

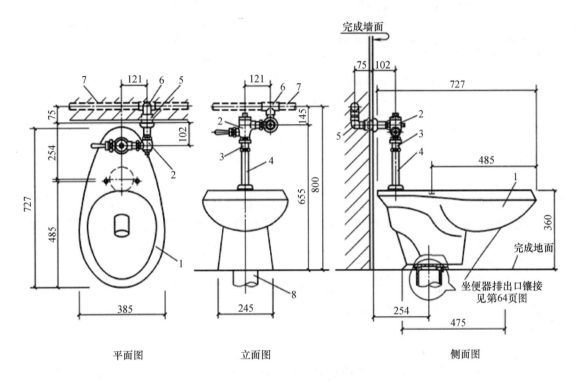

平面图　　　　　　立面图　　　　　　　　侧面图

图 2 - 5 - 14　自闭式冲洗阀坐便器安装图

（2）坐箱式坐便器安装图如图 2 - 5 - 15 所示。

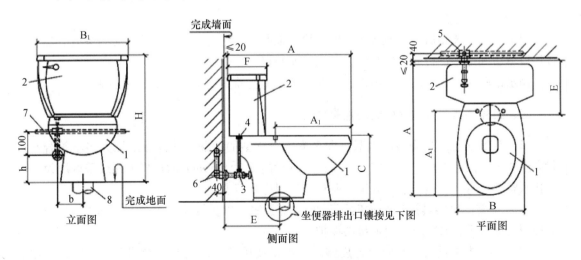

立面图　　　　　　　侧面图　　　　　　　平面图

图 2 - 5 - 15（a）　坐箱式坐便器安装图

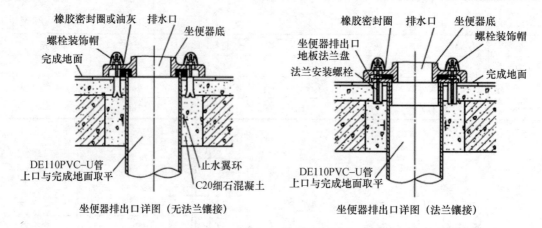

坐便器排出口详图（无法兰镶接）　　　　坐便器排出口详图（法兰镶接）

图2-5-15（b）　坐箱式坐便器安装图

（七）卫生器具给水配件安装

1. 浴盆给水配件安装

（1）混合水嘴安装。将冷、热水口清理干净，把混合水嘴转向对丝抹铅油，缠生料带，带好护口盘，用专用扳手分别拧入冷、热水预留口内。校好尺寸、找平、找正，装饰护口盘紧贴墙面，然后将混合小嘴对正转向对丝，加垫后拧紧锁母找平、找正。用扳手拧至松紧适度即可。

（2）浴盆淋浴喷头安装。浴盆淋浴喷头有手提式软管喷头和入墙式固定喷头。手提式软管喷头可放在滑杆上调整高度，而入墙式固定喷头的高度不可调整，一般距地1800mm左右，安装时应垂直于水龙头中心线。

2. 洗脸盆水嘴安装

将水嘴根母、锁母卸下，在水嘴根部套上浸油橡胶垫片，插入脸盆给水孔眼，下面再套上垫圈，带上母根后，用手找正水嘴，用扳手将锁母紧至松紧适度。

目前，市面上出售的各种给水配件品种繁多，安装时应详细阅读安装技术说明，在其说明指导下进行安装。

（八）通水试验、满水试验

卫生洁具安装完后进行通水试验前应检查地漏是否畅通，各分户阀门是否关好，然后按层段分房间逐一进行通水试验，以免漏水使装修工程受损。

满水试验应检查各连接件不渗、不漏。填写卫生器具通水、满水试验记录。

三、卫生器具安装过程中的注意事项

（1）装修工程中所安装的地漏，大多为不锈钢型的地漏，此部分地漏大多不符合水封高度要求，因此在购买时一定要注意选用水封高度大于50mm的正规地漏或采取增设地漏排水管存水弯，以达到水封效果，避免室内卫生环境恶化。

（2）安装卫生器具镀铬配件时不得使用管子钳，以免镀铬表面遭破坏而影响美观。应使用活动扳手，必要时还应加垫层保护。

（3）蹲便器冲洗管进水处绑扎皮碗时，不得使用铁丝，应使用专用喉箍紧固或使用14#铜丝分两道错开绑扎并拧紧，且冲洗管连接处周围应填干沙，以便检修。

（4）自带水封式蹲便器、小便器等卫生器具，其器具排水管不宜再安装 S 形或 P 形存水弯，以免影响排水效果。

（5）各种卫生设备与地面或墙体的连接应用金属固定件安装牢固。金属固定件应进行防腐处理。当墙体为多孔砖墙时，应凿孔填实水泥砂浆后再进行固定件安装。当墙体为轻质隔墙时，应在墙体内设后置埋件，后置埋件应与墙体连接牢固。

（6）各种卫生器具与台面、墙面、地面等接触部位均应采用硅酮胶或防水密封条密封。

（7）各种卫生器具安装的管道连接件应易于拆卸、维修。排水管道连接应采用有橡胶垫片排水栓。卫生器具与金属固定件的连接表面应安置铅质或橡胶垫片。各种卫生陶瓷类器具不得采用水泥砂浆窝嵌。

【任务训练】

▶▶ 训练任务一　蹲便器与坐便器安装

训练目标

通过本次训练，掌握蹲便器与坐便器的安装工艺和主要质量控制点；掌握其安装质量标准和检验方法。

训练内容

蹲便器与坐便器的安装。

训练准备

（一）材料准备

镀锌钢管、PVC 塑料管、高位水箱蹲便器、背水箱坐便器、各类阀门、存水弯等。

（二）机具准备

套丝机、砂轮切割机、角磨机、冲击电钻、手电钻、管子钳、活络扳手、呆扳手、钢锯、手锤、錾子、剪刀、铲刀、螺丝刀、锉刀、水平尺、角尺、钢卷尺、线坠等。

（三）条件准备

（1）所有与蹲便器和坐便器连接的管道压力、闭水试验已完毕。

（2）安装设备及其配件已进行检验、清洗。

（3）应在室内装修基本完成后再进行安装。

训练注意事项

（一）蹲便器的安装要点及注意事项

1. 蹲便器的安装要点

（1）根据所安装产品的排污口，在离墙适当的位置预留下水管道，同时确定下水管道入口距地平面的距离。

（2）在地面下预留安装蹲便器的凹坑深度大于便器的高度。

（3）将连接胶塞放入蹲便器的进水孔内卡紧。在与蹲便器进水孔接触的外边缘涂上一层玻璃胶或油灰，将进水管插入胶塞进水孔内，使其与胶塞密封良好，以防漏水。

（4）在蹲便器的出水口的边缘涂上一层玻璃胶或油灰，放入下水管道的入口旋合，用焦渣或其他填充物将便器架设水平。

（5）打开进水系统，检查各接合处有无漏水情况，若出现漏水，则要检查各接合处的情况，直至问题解决。

（6）检查各接合处无漏水情况后，用填充物将便器周围填实，同时陶瓷与水泥砂浆的接触面填上1cm以上的沥青或油毡等弹性材料。

（7）用水泥砂浆将蹲便器固定在水平面内，平稳、牢固后，再在水泥面上铺贴卫生间地砖。

（8）试冲水，若无异常即可使用。

2. 安装蹲便器注意事项

（1）蹲便器所有与混凝土接触的部分要填上沥青或油毡等弹性材料，否则因水泥膨胀会导致便器破裂。

（2）用加热溶解的沥青涂饰时，应防止便器受热导致破裂。

（3）便器安装应严格按说明书操作施工，否则造成便器破裂。

（二）坐便器的安装要点及注意事项

1. 坐便器的安装要点

（1）给水管安装角阀高度一般距地面至角阀中心为250mm，如安装连体坐便器应根据坐便器进水口离地高度而定，但不小于100mm，给水管角阀中心一般在污水管中心左侧150mm或根据坐便器实际尺寸定位。

（2）低水箱坐便器其水箱应用镀锌开脚螺栓或镀锌金属膨胀螺栓固定。如墙体是多孔砖则严禁使用膨胀螺栓，水箱与螺母间应采用软性垫片，严禁使用金属硬性垫片。

（3）带水箱及连体坐便器其水箱后背部离墙应不大于20mm。

（4）坐便器安装应用不小于6mm镀锌膨胀螺栓固定，坐便器与螺母间应用软性垫片固定，污水管应露出地面10mm。

（5）坐便器安装时应先在底部排水口周围涂满油灰，然后将坐便器排出口对准污水管口慢慢地往下压挤实填平整，再将垫片螺母拧紧，清除被挤出油灰，在底座周边用油灰填嵌密实后立即用回丝或抹布揩擦清洁。

（6）冲水箱内溢水管高度应低于扳手孔30~40mm，以防进水阀门损坏时水从扳手孔溢出。

2. 安装坐便器注意事项

（1）安装坐便器时，不要往坐便器前空腔或其他空腔部位灌入水泥砂浆，以免因水泥凝结膨胀撑裂坐便器。

（2）坐便器不能在0℃以下的环境中使用，否则水结冰膨胀会挤破陶瓷体。不要用硬物撞击陶瓷，防止破损和漏水。为保持产品表面清洁，应用尼龙刷和专用清洁剂清洗，严禁用钢丝刷和强有机溶液，以免破坏产品釉面，侵蚀管道。

（3）坐便器底部的水封高度过低可能造成卫生间返味，影响健康。过高的话，水面容易溅起来，因此要根据实际需要的高度让厂家把水封调节到合适的位置。

（三）质量标准与检验

1. 保证项目

（1）卫生洁具的型号、规格、质量必须符合设计要求；卫生洁具排水的出口与排水管承口的连接处必须严密不漏。

检查方法：检验出厂合格证，通水检查。

（2）卫生洁具的排水管径和最小坡度，必须符合设计要求和施工规范规定（见表2-5-21）。

表2-5-21 连接卫生器具的排水管径和最小坡度

卫生器具名称		排水管管径（mm）	管道的最小坡度（‰）
大便器	高、低水箱	100	12
	自闭式冲洗阀	100	12
	拉管式冲洗阀	100	12
小便器	手动、自闭式冲洗阀	40～50	20
	自动冲洗水箱	40～50	20

检查方法：观察或尺量检查。

2. 基本项目

支托架防腐良好，埋设平整牢固，洁具放置平稳、洁净。支架与洁具接触紧密。

检查方法：观察和手扳检查。

3. 卫生洁具安装的允许偏差和检验方法（见表2-5-22）

表2-5-22 卫生器具安装的允许偏差和检验方法

序号	项　目		允许偏差（mm）	检验方法
1	坐标	单排器具	10	拉线、吊线和尺量检查
		成排器具	5	
2	标高	单独器具	±15	
		成排器具	±20	
3	器具水平度		2	用水平尺和尺量检查
4	器具垂直度		3	吊线和尺量检查

训后思考

安装蹲便器和坐便器时，出现排水不畅的问题应如何解决。

▶▶ 训练任务二　淋浴与浴盆安装

训练目标

　　通过本次训练，掌握淋浴与浴盆的安装工艺和主要质量控制点；掌握其安装质量标准和检验方法。

训练内容

淋浴与浴盆的安装。

训练准备

（一）材料准备

镀锌钢管、PVC塑料管、莲蓬头、浴缸、各类阀门、水龙头等。

（二）机具准备

套丝机、砂轮切割机、砂轮锯、手电钻、冲击钻、电锤、手动试压泵、管钳、手锯、剪子、活络扳手、手锤、手铲、錾子、螺钉旋具、电烙铁、水平尺、线坠、角尺等。

（三）条件准备

（1）所有与卫生洁具连接的管道压力、闭水试验已完毕。

（2）浴缸的安装应待土建做完防水层及保护层后配合土建施工进行。

（3）应在室内装修基本完成后再进行安装。

训练注意事项

（一）淋浴的安装要点及注意事项

1. 淋浴的安装要点

（1）一般来说，淋浴器的花洒和龙头都是配套安装使用，龙头距离地面70~80cm，淋浴柱高为1.1m，龙头与淋浴柱接头长度为10~20cm，花洒距地面高度在2.1~2.2m，消费者购买时要充分考虑浴室空间大小。

（2）冷、热水供水管切勿装反。一般情况下，面对龙头左边为热水供水管，右边为冷水供水管。有特殊标志除外。安装完毕后，拆下起泡器、花洒等易堵塞配件，让水流出，将杂质完全清除，再装回。

（3）随龙头所附工具应保留，以便日后维修用。拆装进水软管时，不要缠密封胶带，不要用扳手，直接用手拧紧即可，否则会破坏软管。挂墙式龙头根据需要确定弯头露出长度，弯头露出墙面太多会影响美观。

（4）一般家庭选择手持花洒、升降杆、软管和明装挂墙式淋浴龙头的组合式淋浴器最实惠，既可以搭配淋浴房，也可以搭配浴缸。安装升降杆的高度，其最上端的高度比人身高多出10cm即可。淋浴器的软管长度选择也因人而异，如果希望使用花洒冲刷卫浴间的地面，那么可以适当选择长一些的。一般情况，125cm的就完全够用。

2. 花洒的安装注意事项

（1）安装花洒时需要打孔，需要注意的是不能打穿墙内的水管。

（2）安装花洒上圆形底盖的时候，一定要拧紧螺丝，否则会导致花洒脱落。

（3）安装手持花洒的时候不能打结也不能扭曲。

（4）安装花洒前一定要确定好安装的高度，并做好标记。

（二）浴缸的安装要点及注意事项

1. 浴缸的安装要点

（1）在安装裙板浴盆时，其裙板底部应紧贴地面，楼板在排水处应预留250~300mm的洞孔，便于安装排水，在浴盆排水端部墙体设置检修孔。

（2）其他各类浴盆可根据有关标准或用户需求确定浴盆上平面高度。砌两条砖做基础后安装浴盆，如浴盆侧边砌裙墙，应在浴盆排水处设置检修孔或在排水端部墙上开设检修孔。

（3）各种浴盆冷、热水龙头或混合龙头其高度应高出浴盆上平面 150mm。安装时应不损坏镀铬层，镀铬罩与墙面应紧贴。

（4）固定式淋浴器、软管淋浴器其高度可按有关标准或用户需求安装。

（5）浴盆安装上平面必须用水平尺校验平整，不得侧斜。浴盆上口侧边与墙面结合处应用密封膏填嵌密实。

（6）浴盆排水与排水管连接应牢固密实，且便于拆卸，连接处不得敞口。

2. 浴缸的安装注意事项

（1）在浴缸安装和房屋装修过程中，可以用柔软的材料覆盖浴缸表面，勿站立在浴缸上施工或在浴缸边缘放置重物，以防损坏浴缸。

（2）浴缸安装 24h 后，才能使用。

（三）质量标准与检验

1. 保证项目

（1）卫生洁具的型号、规格、质量必须符合设计要求；卫生洁具排水的出口与排水管承口的连接处必须严密不漏。

检查方法：检验出厂合格证，通水检查。

（2）卫生洁具的排水管径和最小坡度，必须符合设计要求和施工规范规定（见表 2 - 5 - 23）。

表 2 - 5 - 23　连接卫生器具的排水管径和最小坡度

卫生器具名称	排水管管径（mm）	管道的最小坡度（‰）
淋浴器	50	20
浴盆	50	20

检查方法：观察或尺量检查。

2. 基本项目

支托架防腐良好，埋设平整牢固，洁具放置平稳、洁净。支架与洁具接触紧密。

检查方法：观察和手扳检查。

3. 工程验收表

卫生器具安装的允许偏差和检验方法如表 2 - 5 - 24 所示。

表 2 - 5 - 24　卫生器具安装的允许偏差和检验方法

序号	项目		允许偏差/mm	检验方法
1	坐标	单排器具	10	拉线、吊线和尺量检查
		成排器具	5	
2	标高	单独器具	±15	
		成排器具	±20	
3	器具水平度		2	用水平尺和尺量检查
4	器具垂直度		3	吊线和尺量检查

坐便器安装验收单如表 2 - 5 - 25 所示。

表 2 - 5 - 25　蹲便器与坐便器安装工程验收表

任务项目验收单			
	验收标准	是否合格	
		是	否
验收项目	(1) 蹲便器安装，包括冲水阀和排水	□	□
	(2) 坐便器安装，包括固定方式，给水软管和排水。不得使用水泥固定底座	□	□
	(3) 检查冲水功能能否使用	□	□
	(4) 检查连接部位是否有渗漏水现象	□	□

淋浴与浴缸安装工程验收单如表 2 - 5 - 26 所示。

表 2 - 5 - 26　任务项目验收单

	验收标准	是否合格	
		是	否
验收项目	(1) 安装位置是否合适，安装元件是否牢固	□	□
	(2) 已完成各给水口阀门安装，将冷、热水管串通，各种阀门关闭，管道注满清水，排出管内的空气，压力在 0.7Mpa 状态下稳压 2h，压力降不得超过 0.03Mpa	□	□
		□	□
	(3) 检查连接部位（角阀、水龙头、花洒连接处）是否有渗漏水现象	□	□

训后思考

通过训练，总结淋浴与浴盆的安装流程。

【任务考核】

将以上训练任务考核及评分结果填入表 2 - 5 - 27 中。

表 2 - 5 - 27　卫生器具任务考核表

序号	考核内容	考核要点	配分（分）	得分（分）
1	训练表现	按时守纪，独立完成	10	
2	材料准备	能识别各种常用材料，并说出其名称、功能及使用注意事项；工具、设备选择得当，使用符合技术要求	30	
3	卫生器具的安装	按时按要求完成任务书，能够按照施工图进行施工；能按照施工工艺流程和顺序进行施工；操作规范，能达到质量标准	40	
4	思考题	独立完成、回答正确	10	
5	合作能力	小组成员合作能力	10	
6		合　计	100	

【任务小结】

通过学习，根据自己的实际情况完成下表。

姓　名		班　级	
时　间		指导教师	
学到了什么			
需要改进及注意的地方			

项目三　电工基本操作

任务一　电气照明装置安装

【任务描述】

一天小明放学回家，突然问妈妈："妈妈，我们家的电灯是怎么发光的？又是怎么安装上去的？荧光灯和白炽灯的安装方法一样吗？安装这些照明装置需要注意什么？"为了揭开这个谜底，我们来一起学习电气照明装置安装的相关知识吧。

【知识目标】

➢ 了解常用的电光源和灯具基本常识；
➢ 掌握灯具的分类及作用；
➢ 了解电气照明线路的基本原理。

【技能目标】

➢ 了解常用灯具的安装方法和技能；
➢ 掌握白炽灯、荧光灯的安装方法和技能。

【知识链接】

一、照明灯具安装

1. 白炽灯的安装

（1）白炽灯结构与发光原理。白炽灯具有结构简单、使用可靠、价格低廉、装修方便等优点，但发光效率低、使用寿命短，适用于照度要求较低，开关次数频繁的户内、外照明。

白炽灯主要由灯头、灯丝和玻璃壳组成，其结构如图 3-1-1 所示。

灯头可分为螺口和卡口两种。灯丝是用耐高温（可达 3000℃）的钨丝制成，玻璃壳分透明和磨砂两种。壳内一般都抽成真空，对 60W 以上的大功率灯泡，抽成真空以后，往往充以惰性气体（氧气或氮气）。

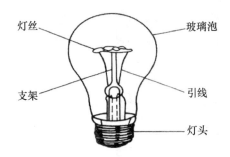

图3－1－1　白炽灯的结构

在白炽灯上施加电压时，电流通过灯丝，灯丝被加热成白炽体而发光，因此称为白炽灯，输入白炽灯上的电能，大部分成热能辐射掉，只有10%左右的电能化为光能。白炽灯的额定电压一般为220V。

（2）白炽灯控制原理。白炽灯控制方式有单联开关控制和双联开关控制两种方式，如图3－1－2所示。

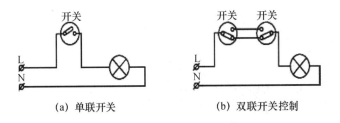

（a）单联开关　　　　　　　（b）双联开关控制

图3－1－2　白炽灯控制原理

（3）白炽灯的安装。安装电灯时，每个用户都要装设一组总保险（熔断器）作为短路保护。电灯开关应安装在相线（火线）上，使开关断开时，电灯灯头不带电，以免触电。对于螺口灯座，还应将中性线（零线）与铜螺套连接，将相线与中心簧片连接。其安装方式如图3－1－3所示。

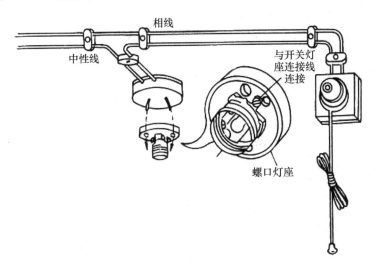

图3－1－3　螺口灯座的安装

吊灯导线应采用绝缘软线，并应在吊线盒及灯座罩盖内将导线打结，以免导线线芯直接承受吊灯的质量而被拉断，吊灯的安装方法如图3-1-4所示。

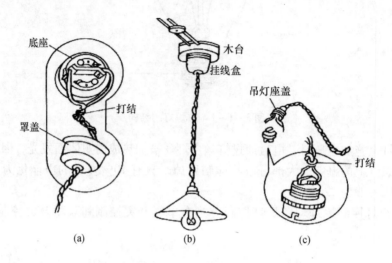

图 3-1-4　吊灯的安装

（4）白炽灯使用注意事项：

1）灯泡额定电压必须与电源电压一致，以免烧坏灯泡。

2）灯泡的形式必须与灯头一致。

3）灯泡不应靠近易燃物品，以免引起火灾。

4）防止水滴溅在灯泡上，以免灯泡炸裂。

5）装卸灯泡时，应先关闭开关。如为螺口灯泡，还应注意不要触及铜螺套，以免触电。

2. 荧光灯的安装

荧光灯又称日光灯，是应用最广泛的气体放电光源。具有发光效率高，寿命长、光色柔和等优点，但是功率较低，附件较多。荧光灯广泛应用于照度要求较高的室内照明。

（1）电气原理图。日光灯由灯管、启辉器、镇流器、灯座和灯架等部件组成。在灯管中充有水银蒸气和氩气，灯管内壁涂有荧光粉，灯管两端装有灯丝，通电后灯丝能发射电子轰击水银蒸气，使其电离，产生紫外线，激发荧光粉而发光。日光灯电气原理如图3-1-5所示。

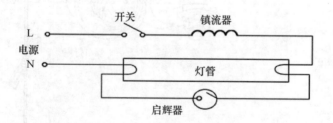

图 3-1-5　日光灯电气原理

日光灯发光效率高、使用寿命长、光色较好、经济省电，也被广泛使用。日光灯按功率分，常用的有6W、8W、15W、20W、30W、40W等多种；按外形分，常用的有直管形、U形、环形、盘形等多种；按发光颜色分，有日光色、冷光色、暖光色和白光色等多种。

1）电感镇流器又称限流器，是一个带有铁心的电感线圈（见图3－1－6）。其作用是：

①在灯管启辉瞬间产生一个比电源电压高得多的自感电压帮助灯管启辉。

②灯管工作时限制通过灯管的电流不致过大而烧毁灯丝。

图3－1－6 电感镇流器

2）启辉器由一个启辉管（氖泡）和一个小容量电容组成。氖泡内充有氖气，并装有两个电极，一个是固定的静触片，另一个是用膨胀系数不同的双金属片制成的倒U形可动的动触片（见图3－1－7）。启辉器在电路中起自动开关作用，电容用来防止灯管启辉时对无线电接收机的干扰。

图3－1－7 启辉器

3）启辉器座如图3－1－8所示。

图3－1－8 启辉器座

4）日光灯管由玻璃管、灯丝和灯丝引出脚组成，其外形结构如图 3 - 1 - 9 所示。

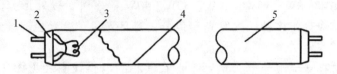

1—灯脚；2—灯头；3—灯丝；4—荧光粉；5—玻璃管
图 3 - 1 - 9　日光灯管

5）灯座如图 3 - 1 - 10 所示。

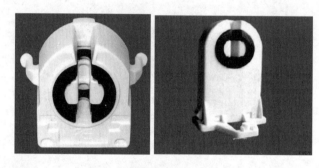

图 3 - 1 - 10　日光灯座

6）日光灯支架如图 3 - 1 - 11 所示。

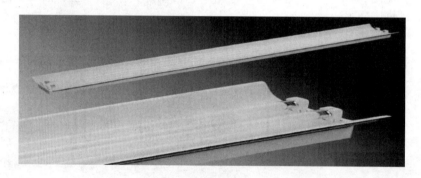

图 3 - 1 - 11　日光灯支架

（2）日光灯的安装步骤。日光灯的安装方式有悬吊式和吸顶式，吸顶式安装时，灯架与天花板之间应留 15mm 的间隙，以利通风。

1）安装前的检查。安装前先检查灯管、镇流器、启辉器等有无损坏，镇流器和启辉器是否与灯管的功率相配合。特别注意，镇流器与日光灯管的功率必须一致，否则不能使用。

2）各部件安装。

①悬吊式安装时，应将镇流器用螺钉固定在灯架的中间位置。

②吸顶式安装时，不能将镇流器放在灯架上，以免散热困难，可将镇流器放在灯架外的其他位置。

③将启辉器座固定在灯架的一端或一侧，两个灯座分别固定在灯架的两端，中间的距离按所用灯管长度量好，使灯脚刚好插进灯座的插孔中。

④吊线盒和开关的安装与白炽灯的安装方法相同。

3）电路接线。各部件位置固定好后，按如图3-1-5所示进行接线。接线完毕要对照电路图仔细检查，以防接错或漏接。然后把启辉器和灯管分别装入插座内。接电源时，其相线应经开关连接在镇流器上，通电试验正常后，即可投入使用。

4）常见故障及处理方法。

①灯管出现的故障。灯不亮而且灯管两端发黑，用万用表的电阻挡测量一下灯丝是否断开。

②镇流器故障。一种是镇流器线匝间短路，其电感减小，致使感抗 XL 减小，使电流过大而烧毁灯丝（发现此类情况及时剪去其引线，以免再次使用，造成损失）；另一种是镇流器断路使电路不通灯管不亮。

③启辉器故障。日光灯接通电源后，只见灯管两头发亮，而中间不亮，这是由于启辉器两电极碰粘在一起分不开或是启辉器内电容被击穿（短路）。重新换启辉器方可。

二、开关的安装

1. 开关

随着科技的进步，人们生活水平不断提高，对生活品质的追求也越来越高。自1879年著名发明家爱迪生发明了世界上第一只实用型白炽灯泡以来，人们对电能的控制在不断地追求着安全与便捷，于是，普通家庭的控制开关也随着人们的需求而不断地升级，经历了闸刀开关、拉线开关、大拇指按钮开关、大翘板开关，到现在的智能开关的演变过程。如图3-1-12所示。

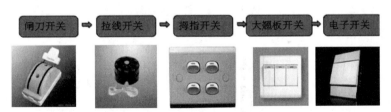

图3-1-12 常见开关

2. 开关的结构

（1）按安装方法可分为明装式开关、暗装式开关、半暗装式开关等。

（2）按连接方式可分为单极开关、双控开关、双极开关。如图3-1-13所示。

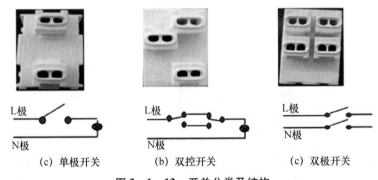

（c）单极开关　　　（b）双控开关　　　（c）双极开关

图3-1-13 开关分类及结构

3. 开关的安装原理

控制白炽灯的开关应串接在相线上，即相线通过开关再进灯头。一般拉线开关的安装高度离地面2.5m，扳动开关（包括明装或暗装）离地高度为1.4m。安装扳动开关时，方向要一致，一般向上为"合"，向下为"断"。

安装拉线开关或明装扳动开关的步骤和方法与安装吊线盒大体相同，先安装圆木，再把开关安装在圆木上，如图 3-1-14 所示。

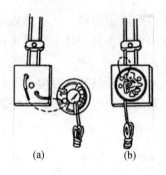

(a)   (b)

图 3-1-14 接线开关安装

4. 开关的安装

开关的安装如表 3-1-1 所示。

表 3-1-1 开关的安装

安装形式	步骤	示意图	安装说明
明装	第1步	灯头与开关的连接线　火线　塞上木枕	在墙上准备安装开关的地方，居中钻一个孔，塞上木枕，如左图所示。一般要求倒板式、翘板式或揿钮式开关距地面高度为1.3m，距门框为150~200mm；拉线开关距地面1.8m，距门框150~200mm
	第2步	在木台上钻孔	把待安装的开关在木台上放正，打开盖子，用铅笔或多用电工刀对准开关穿丝孔在木台板上画出印记，然后用多用电工刀在木台上钻三个孔（两个为穿线孔，另一个为木螺丝安装孔）。把开关的两根线分别从木台板中穿出，并将木台固定在木枕上，如左图所示

续表

安装形式	步骤	示意图	安装说明
明装	第3步	在木台上钻孔	卸下开关盖,把剖削绝缘层的两根线头分别穿入底座上的两个穿线孔,如左图所示,并分别将两根线头接开关的 a_1、a_2,最后用木螺丝把开关底座固定在木台上。 对于扳把开关,按常规装法:开关把向上时电路接通,向下时电路断开
暗装	第1步	墙孔 埋入 接线暗盒	将接线暗盒按定位要求埋设(嵌入)在墙内,埋设时用水泥砂浆填充,但要注意埋设平整,不能偏斜,暗盒口面应与墙的粉刷层面保持一致,如左图所示
	第2步	开关接线暗盒 开关底板 固定地址 开关面板 $\phi1.13$ $\phi1.38$ $\phi1.78$ $10\sim12$ mm (铜)单线专用 单线 剥头尺寸 图是WH501单联位单控开关的安装实例	卸下开关面板,把穿入接线暗盒内的两根导线头分别插入开关底板的两个接线孔,并用木螺丝将开关地板固定在开关接线暗盒上;再盖上开关面板即可,如左图所示
注意事项		(1) 开关安装要牢固,位置要准确 (2) 安装扳把开关时,其扳把方向应一致;扳把向上为"合",即电路接通;扳把向下为"断",即电路断开	

三、插座的安装

插座是供移动电器设备如台灯、电风扇、电视机、洗衣机及电动机等连接电源使用的,插座分固定式和移动式两类。如图3-1-15所示是常见的固定式插座,有明装和暗装两种。表3-1-2为开关的具体安装范例。

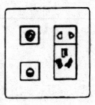

（a）明装插座　　　　　　　　　　　　（b）暗装插座

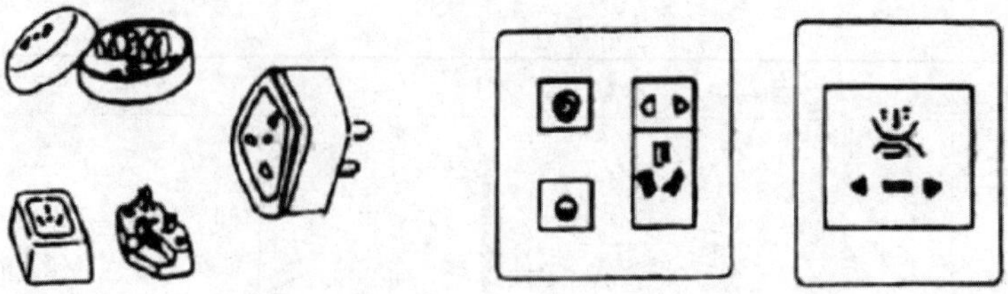

图 3 - 1 - 15　几种常见的固定式插座

表 3 - 1 - 2　插座的安装

安装形式	步骤	示意图	安装说明
明装	第1步	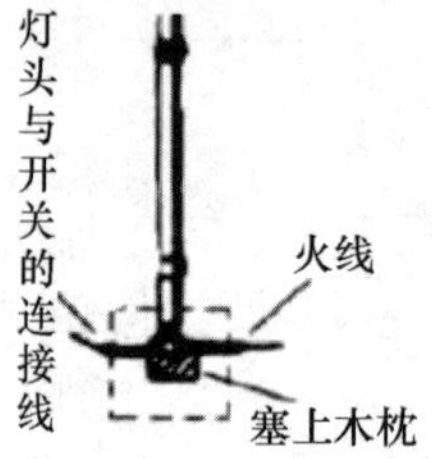 灯头与开关的连接线　火线　塞上木枕	在墙上准备安装插座的地方居中打一个小孔塞上木塞，如左图所示 高插座木塞安装距地面为 1.8m，低插座木塞安装距地面为 0.3m
	第2步	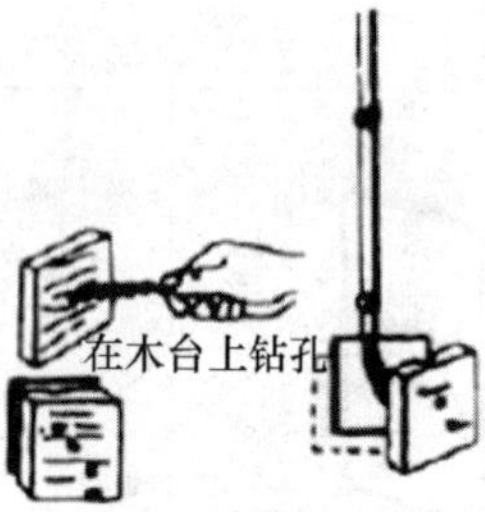 在木台上钻孔	对准插座上穿线孔的位置，在木台上钻三个穿线孔和一个木螺丝孔，再把穿入线头的木台固定在木枕上，如左图所示
	第3步	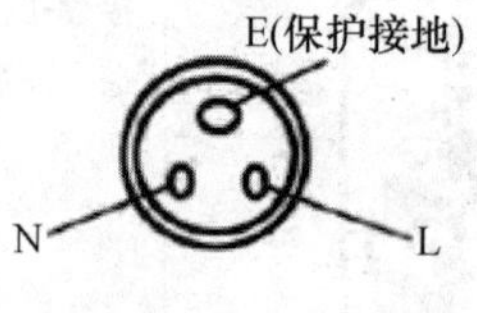 E(保护接地)　N　L	卸下插座盖，把三根线头分别穿入木台上的三个穿线孔。然后，再把三根线头分别接到插座的接线柱上，插座大孔接插座的保护接地 E 线，插座下面的两个孔接电源线（左孔接零线 N，右孔接相线 L），不能接错。如左图所示，是插座孔排列顺序
暗装	第1步	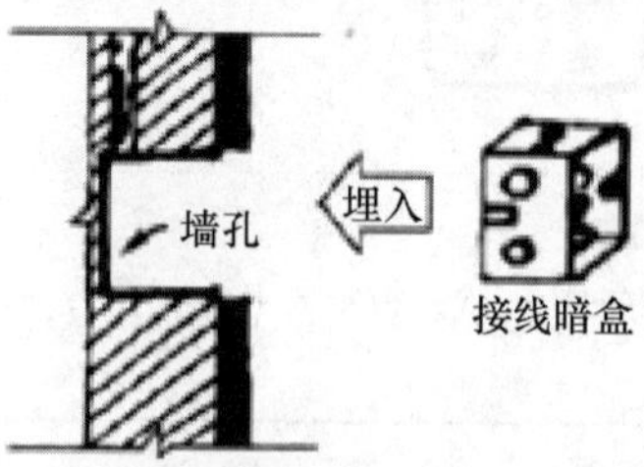 墙孔　埋入　接线暗盒	将接线暗盒按定位要求埋设（嵌入）在墙内，如左图所示。埋设时用水泥砂浆填充，但要注意埋设平整，不能偏斜，暗装插座盒口面应与墙的粉刷层面保持一致
	第2步	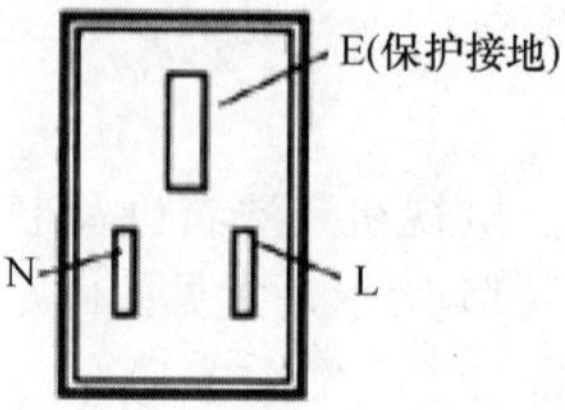 E(保护接地)　N　L	卸下暗装插座面板；把穿过接线板的导线线头分别从暗装插垫下面的两个小孔插入相线线头，如左图所示。检查无误后，固定暗装插座，并盖上插座面板

续表

安装形式	步骤	示意图	安装说明
注意事项			(1) 安装插座接线孔的排列、连接线路顺序要一致 (2) 单相二孔插座：二孔垂直排列时，相线接在上孔，零线接在下孔；水平排列时，相线接在右孔，零线接在左孔 (3) 单相三孔插座：保护线孔接在上孔，相线接在右孔，零线接在左孔 (4) 三相四孔插座：保护线孔接在上孔，其他三孔按左、下、右接 A、B、C 三相线

四、配电箱的安装

建筑装饰装修工程中所使用的照明配电箱有标准型和非标准型两种。标准型配电箱多采用模数化终极端组合电器箱。它具有尺寸模数化、安装轨道化、使用安全化、组合多样化等特点，可向厂家直接订购，非标准配电箱可自行制作。照明配电箱根据安装方式不同，可分为明装和暗装两种。

1. 材料质量要求

（1）设备及材料均符合国家的现行标准，符合设计要求，并有出厂合格证。

（2）配电箱、柜内主要元器件应为"CCC"认证产品，规格、型号符合设计要求。

（3）箱内配线、线槽等附件应与主要元器件相匹配。

（4）手动式开关力学性能要求有足够的强度和刚度。

（5）外观无损害、锈蚀现象，柜内无器件损坏丢失，接线无脱焊或松动。

2. 主要施工机具

电焊机、气割设备、台钻、手动钻、电锤、砂轮切割机、常用电工工具、扳手、锤子、锉刀、钢锯、台虎钳、钳桌、钢尺卷、水平尺、线坠、万用表、绝缘摇表（500V）。

3. 施工顺序

施工一般分六步：

箱体定位画线→箱体明装或暗装→盘面组装→箱内配线→绝缘摇测→通电试验

4. 配电箱安装一般规定

（1）安装电工、电气调试人员等应持证上岗。

（2）安装和调试用各类计量器具，应鉴定合格，并在有效期内使用。

（3）动力和照明工程的漏电保护装置做模拟动作实验。

（4）接地（PE）或接零（PEN）支线必须单独与接地（PE）或接零（PEN）干线相连接，不得串联连接。

（5）暗装配电箱，当箱体厚度超过墙体厚度时不宜采用嵌墙安装方法。

（6）所有金属构件均应做防腐处理，进行镀锌，无条件时应刷一度红丹，二度灰色油漆。

（7）暗装配电箱时，配电箱和四周墙体应无间隙，箱体后部墙体如已留通洞时，则箱体后墙在安装时需做防开裂处理。

（8）铁配置电箱与墙体接触部分须刷樟丹油或其他防腐漆。

（9）螺栓锚固在墙上用 M10 水泥砂浆，锚固在地面上用 C20 细石混凝土，在多孔砖墙上不应直接采用膨胀螺栓固定设备。

（10）当箱体高度为 1.2m 以上时，宜落地安装；当落地安装时，柜下宜垫高 100mm。

（11）配电箱安装高度应便于操作、易于维护。设计无要求时，当箱体高度不大于 600mm 时，箱体下口距地宜为 1.5m；箱体高度大于 600mm 时，箱体上口距室内地面不大于 2.2m。

5. 配电箱安装

（1）配电箱明装。

1）配电箱在墙上用螺栓安装如图 3 - 1 - 16 所示。主要材料如表 3 - 1 - 3 所示。

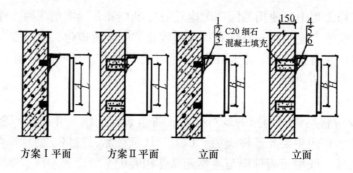

图 3 - 1 - 16　配电箱在墙上用螺栓安装

表 3 - 1 - 3　主要材料

编号	名称	型号及规格	单位	数量		页次	备注
				I	II		
1	膨胀螺栓	M8×70	个	4			
2	螺母	M8	个	4			
3	垫圈	8	个	4			
4	螺栓	M8×210	个		4		
5	螺母	M8	个		4		
6	垫圈	8	个		4		

注：①图 3 - 1 - 16 使用于悬挂式配电箱、启动器、电磁启动器、HH 系列负荷开关及按钮等安装；

②图中尺寸 A、B、H、L 见设备产品样本；

③方案 I 适用于混凝土墙，方案 II 适用于实心砖墙。

2）配电箱在墙上用支架安装如图 3 - 1 - 17 所示。主要材料如表 3 - 1 - 4 所示。

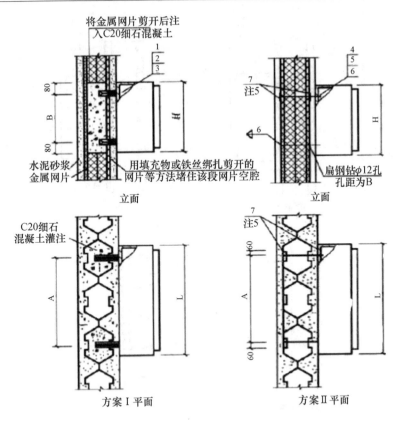

图 3-1-17 配电箱中空内模金属网水泥墙上安装

表 3-1-4 主要材料

编码	名称	型号及规格	单位	数量	
				I	II
1	膨胀螺栓	M×880	个	4	
2	螺母	M8	个	4	
3	垫圈	8	个	4	
4	螺栓	M10×L	个		4
5	螺母	M10	个		4
6	垫圈	10	个		4
7	扁钢	-40×4	根		4

注：①图 3-1-17 适用于悬挂式配电箱、启动器、电磁启动器、HH 系列负荷开关及按钮等安装；

②图中尺寸 A、B、H、L 见附录或设备产品样本；

③本墙体不适合上述设备的安装；

④灌注用 C20 细石混凝土必须达到一定强度后再安装膨胀螺栓；

⑤扁钢应在墙体抹灰前安装完成。

3）配电箱在空心砌块墙上安装如图 3-1-18 所示。主要材料如表 3-1-5 所示。

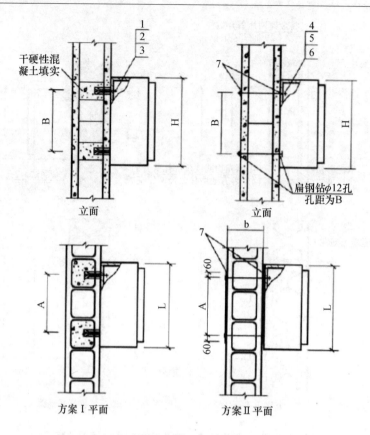

图 3 - 1 - 18　配电箱在空心砌块墙上安装

表 3 - 1 - 5　主要材料

编码	名称	型号及规格	单位	数量	
				I	II
1	膨胀螺栓	M8 × 80	个	4	
2	螺母	M8	个	4	
3	垫圈	8	个	4	
4	螺栓	M10 × L			4
5	螺母	M10			8
6	垫圈	10			8
7	扁钢	−40 × 4	根		4

注：①图 3 - 1 - 18 适用于重量较轻悬挂式配电箱、启动器、电磁启动器、HH 系列负荷开关及按钮等安装；
②图中尺寸 A、B、H、L 见附录或设备样品样本。

4）配电箱在轻质条板墙上安装如图 3 - 1 - 19 所示。主要材料如表 3 - 1 - 6 所示。

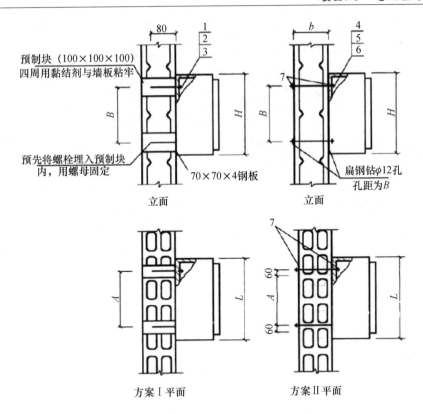

图 3 - 1 - 19　配电箱在轻质条板墙上安装

表 3 - 1 - 6　主要材料

| 编号 | 名称 | 型号及规格 | 单位 | 数量 ||
				Ⅰ	Ⅱ
1	螺栓	M8×120	个	4	
2	螺母	M8	个	4	
3	垫圈	8	个	4	
4	螺栓	M10			4
5	螺母	M10			8
6	垫圈	10			8
7	扁钢	－40×4	根		4

注：①图 3 - 1 - 19 适用于悬挂式配电箱、启动器、电磁启动器、HH 系列负荷开关及按钮等的安装；

　　②图中尺寸 A、B、H、L 见附录设备产品样本；

　　③本图适用于植物纤维复合条板墙体配电设备的明装；

　　④预制块为现场埋设。

5）配电箱在夹心板墙上安装如图 3 - 1 - 20 所示。主要材料如表 3 - 1 - 7 所示。

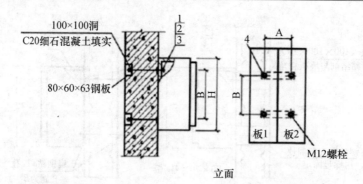

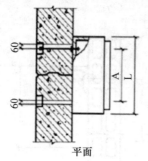

允许荷载

墙板厚度 /mm	允许负荷/kg	
	静负荷	动负荷
75	80	60
100	110	80
125	140	100

图 3 - 1 - 20 配电箱在夹心板墙上安装

表 3 - 1 - 7 主要材料

编号	名称	型号及规格	单位	数量	页次
1	螺栓	M12	个	4	
2	螺母	M12	个	4	
3	垫圈	12	个	4	
4	扁钢	-40 × 4	根	2	

注：①图 3 - 1 - 20 适用于悬挂式配电箱、启动器、电磁启动器、HH 系列负荷开关及按钮等安装；
②图中尺寸 A、B、H、L 见附录或设备产品样本；
③NALC 墙板安装配电设备时，应安装在两块板之间，用对螺栓将作用力传递到墙上。

6）配电箱在轻钢龙骨内墙上安装如图 3 - 1 - 21 所示。主要材料如表 3 - 1 - 8 所示。

表 3 - 1 - 8 主要材料

编号	名称	型号及规格	单位	数量
1	膨胀螺栓	SHFA - M6	个	4
2	螺母	M6	个	4
3	垫圈	6	个	4

注：①图 3 - 1 - 21 适合于悬挂式配电箱、启动器、电磁启动器、HH 系列负荷开关及按钮等安装；
②图中尺寸 A、B、H、L 见设备产品样本；
③本图适用于重量在 40kg 以下，箱体宽度不大于 60mm 的配电装备；
④图 3 - 1 - 21 适用于竖龙骨宽度为 100mm 以上，若竖龙骨宽度小于 100mm 时，木枋的尺寸为 [50 × 50 × 453（553）]，其中，453mm 适用于竖龙骨中距为 500mm 轻质墙，553mm 适用于竖龙骨中距为 600mm 轻质墙。

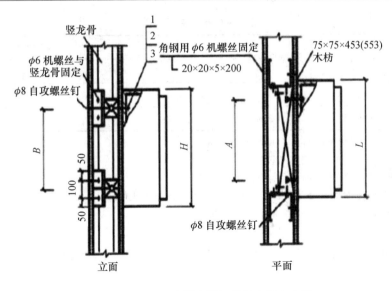

图 3 - 1 - 21　配电箱在轻钢龙骨内墙上安装

（2）配电箱暗装。

1）配电箱嵌墙安装如图 3 - 1 - 22 所示。主要材料如表 3 - 1 - 9 所示。

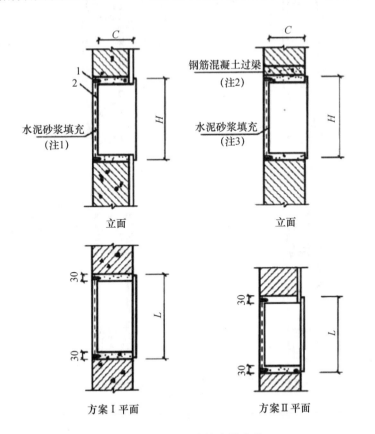

图 3 - 1 - 22　配电箱嵌墙安装

表 3 - 1 - 9　主要材料

编号	名称	型号及表格	单位	数量	
				I	II
1	钢钉	7号	个	4	4
2	钉丝网	0.5cm厚	块	1	1

注：①图 3 - 1 - 22 适用于配电箱、插座箱等嵌墙安装；

②图用于尺寸 C、H、L 见附录或设备产品样卡；

③当水泥砂浆厚度小于 30mm 时，须钉丝网一方裂开；

④箱体宽度大于 600mm 时宜加混凝土过梁（过梁设计由结构专业完成）；

⑤方案 I 适用于混泥土墙；方案 II 适用于实心砖墙。

2）配电箱在空心砌块墙上嵌墙安装如图 3 - 1 - 23 所示。主要材料如表 3 - 1 - 10 所示。

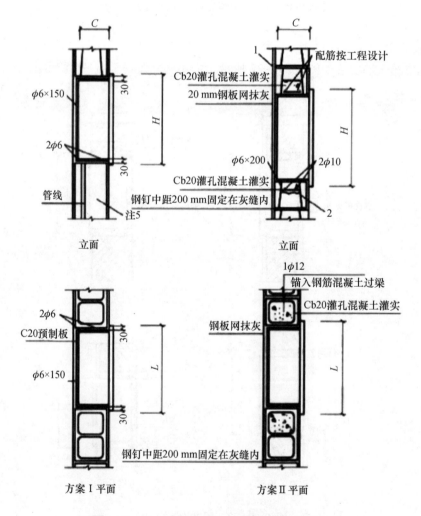

图 3 - 1 - 23　配电箱在空心砌块墙上嵌墙安装

表 3 – 1 – 10　主要材料

编号	名称	型号及表格	单位	数量	
				I	II
1	钢钉	7 号	个		
2	钉丝网	0.5cm 厚	块		

注：①图 3 – 1 – 23 适用于配电箱、插座箱等嵌墙安装；
②图用于尺寸 H、L、C 见附录或设备产品样卡；
③配电箱设备预留洞大于 1000cm 时应采用现浇过梁；
④洞口下面如果管道较多无法设置现浇带时，两侧芯柱延伸至楼板；
⑤若配电箱下部有管线通过，须将配电箱下部墙体施工时换成实心墙体；若上下均有管线通过，箱体上、下墙体均应换成实心墙体。

3）配电箱在轻钢龙骨内墙上安装如图 3 – 1 – 24 所示。主要材料如表 3 – 1 – 11 所示。

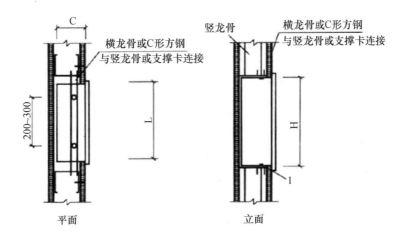

图 3 – 1 – 24　配电箱在轻钢龙骨内墙上安装

表 3 – 1 – 11　主要材料

编号	名称	型号及规格	单位	数量
1	自攻螺钉	Φ8	个	4

注：①图 3 – 1 – 24 适合于重量较轻的配电箱、启动器、电磁启动器、HH 系列负荷开关及按钮等安装；
②图中尺寸 H、L、C 设备产品样本；
③箱体厚度应小于墙板厚度，箱体宽度不大于 500cm。

所有电箱（盘）全部电器安装完后，用 500V 兆欧表对线路进行绝缘遥测，遥测相线与相线之间、相线与零线之间、相线与地线之间、零线与地线之间的绝缘电阻，达到要求后方可送电试运行。

五、漏电保护器的安装

漏电保护器（俗称触电保安器或漏电开关）是用来防止人身触电和设备事故的装置。

1. 漏电保护器的使用

（1）漏电保护器应有合理的灵敏度。灵敏度过高，可能会因微小的对地电流而造成保护器频繁动作，使电路无法正常工作；灵敏度过低，又可能发生触电后，保护器不动作，从而失去保护作用。一般漏电保护器的启用电流应为 15～30mA。

（2）漏电保护器应有必要的动作速度。一般动作时间小于 0.1s，以达到保护人身安全的目的。

2. 漏电保护器使用时注意事项

（1）不能以为安装了漏电保护器，就可以麻痹大意。

（2）安装在配电箱上的漏电保护器线路对地要绝缘良好，否则会因对地漏电电流超过启动电流，使漏电保护器经常发生误动作。

（3）漏电保护器动作后，应立即查明原因，待事故排除后，才能恢复送电。

（4）漏电保护器应定期检查，确定其是否能正常工作。

3. 漏电保护器的安装

漏电保护器的安装步骤如表 3-1-12 所示。

表 3-1-12　漏电保护器的安装

示意图	步骤	安装说明
电源侧 负载侧	选型	应根据用户的使用要求来确定保护器的型号、规格。家庭用电一般选用 220V、10～16A 的单级式漏电保护器，如左图所示
	安装	应安装在干燥、通风、清洁的室内配电盘上。家用漏电保护器安装比较简单，只要将电源两根进线连接于漏电保护器两个桩头上，再将漏电保护器两个桩头与户内原有两根负荷出线相连即可
	测试	漏电保护器垂直安装好后，应进行试跳，试跳方法即将试跳按钮按一下，如漏电保护器跳开，则为正常

注：当电器设备漏电过大或发生触电时，保护器动作跳闸，这是正常的，绝不能因跳闸而擅自排除。正确的处理方法是对家庭内部线路设备进行检查，消除漏电故障点，再继续将漏电保护器投入使用

【任务训练】

▶▶训练任务一　白炽灯照明电路的安装和检测

训练目标

　　通过本次训练，进一步熟悉白炽灯照明电路工作原理，掌握白炽灯照明电路的安装和检测技术。

训练内容

二控一白炽灯的安装与检测。

1. 安装电路图

白炽灯安装如图 3 – 1 – 25 所示。

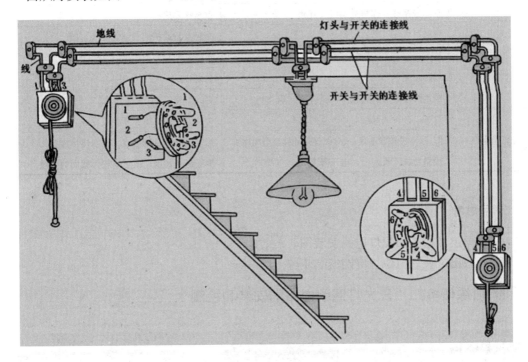

图 3 – 1 – 25　白炽灯安装图

2. 白炽灯故障排除

白炽灯故障排除如表 3 – 1 – 13 所示。

表 3 – 1 – 13　白炽灯故障排除

故障现象	产生故障的可能原因	处理方法
灯泡不发光	灯丝断裂	更换灯泡
	灯座或开关接点接触不良	把接触不良的触点修复，无法修复时，应更换完好的灯座
	熔丝烧断	修复熔丝
	电路开路	修复线路
	停电	开启其他用电器给予验明或观察邻近不是同一个进户点用户的情况给予验明
灯泡发光强烈	灯丝局部短路（俗称搭丝）	更换灯泡
灯光忽亮忽暗或时亮时熄	灯座或开关触点（或接线）松动，或因表面存在氧化层（铝质导线、触点易出现）	修复松动的触头或接线，去除氧化层后重新接线，或去除触点的氧化层
	电源电压波动（通常是因为附近有大容量负载经常起动）	更换配电变压器，增加容量
	熔丝接触不良	重新安装或加固压接螺钉
	导线连接不妥，连接处松散	重新连接导线

续表

故障现象	产生故障的可能原因	处理方法
不断烧断熔丝	灯座或吊线盒连接处两线头互碰	重新接妥线头
	负载过大	减轻负载或扩大线路的导线容壁
	熔丝太小	正确选配熔丝规格
	线路短路	修复线路
	胶木灯座两触点间胶木严重烧毁（碳化）	更换灯座
灯光暗红	灯座、开关或导线对地严重漏电	更换完好的灯座、开关或导线
	灯座、开关接触不良,或导线连接处接触电阻增加	修复接触不良的触点,重新连接接头
	线路导线太长太细、电压降太大	缩短线路长度,或更换较大截面的导线

训后思考

（1）画出二控一白炽灯电路安装图。

（2）写出二控一白炽灯电路安装步骤。

▶▶ 训练任务二　日光灯照明电路的安装和检测

训练目标

　　通过本次训练，进一步熟悉日光灯照明电路工作原理，掌握日光灯照明电路的安装和检测技术。

训练内容

1. 日光灯照明电路及安装图

日光灯照明电路及安装如图 3 - 1 - 26 所示。

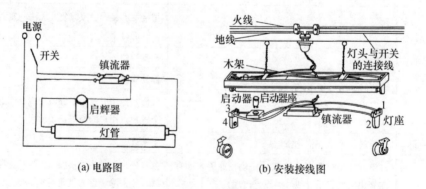

(a) 电路图　　　　　　　　　(b) 安装接线图

图 3 - 1 - 26　日光灯照明电路及安装图

2. 日光灯照明电路故障检测与维修

日光照明电路故障检测与维修如表 3 - 1 - 14 所示。

表 3 – 1 – 14　日光照明电路故障检测与维修

故障现象	产生原因	处理方法
日光灯管不能发光	灯座或启辉器底座接触不良	转动灯管，使灯管四极和灯座四夹座接触，使启辉器两极与底座二铜片接触，找出原因并修复
	灯管漏气或灯丝断	用万用表检查或观察荧光粉是否变色，若确认灯管坏，可换新灯管
	镇流器线圈断路	修理或调换镇流器
	电源电压过低	不必修理
	新装日光灯接线错误	检查线路并正确接线
日光灯灯光抖动或两头发光	接线错误或灯座灯脚松动	检查线路或修理灯座
	启辉器氖泡内动、静触片不能分开或电容器击穿	将启辉器取下，用两把螺丝刀的金属头分别触及启辉器底座两块铜片，然后相碰，并立即分开，如灯管能跳亮，则判断启辉器已坏，应更换启辉器
	镇流器配用规格不合适或接头松动	调换适当镇流器或加固接头
	灯管陈旧，灯丝上电子发射物质将放尽，放电作用降低	调换灯管
	电源电压过低或线路电压降过大	如有条件应升高电压或加粗导线
	气温过低	用热毛巾对灯管加热
灯管两端发黑或生黑斑	灯管陈旧，寿命将终的现象	调换灯管
	如为新灯管，可能因启辉器损坏使灯丝发射物质加速挥发	调换启辉器
	灯管内水银凝结是灯管常见现象	灯管工作后即能蒸发或将灯管旋转180°
	电源电压太高或镇流器配用不当	调整电源电压或调换适当的镇流器
灯光闪烁或光在管内滚动	新灯管暂时现象	开用几次或对调灯管两端
	灯管质量不好	换一根灯管试一试有无闪烁
	镇流器配用规格不符或接线松动	调换合适的镇流器或加固接线
	启辉器损坏或接触不好	调换启熔器或使启熔器接触良好
灯管光度减低或色彩转差	灯管陈旧的必然现象	调换灯管
	灯管上积垢太多	清除灯管积垢
	电源电压太低或线路电压降太大	调整电压或加粗导线
	气温过低或冷风直吹灯管	加防护罩或避开冷风
灯管寿命短或发光后立即熄灭	镇流器配用规格不合或质量较差，或镇流器内部线圈短路，致使灯管电压过高	调换或修理镇流器
	受到剧震，使灯丝震断	调换安装位置或更换灯管
	新装灯管因接线错误将灯管烧坏	检修线路
镇流器有杂音或电磁声	镇流器质量较差或其铁芯的硅钢片未夹紧	调换镇流器
	镇流器过载或其内部短路	调换镇流器
	镇流器受热过度	检查受热原因并消除
	电源电压过高引起镇流器发出声音	如有条件设法降压
	启辉器不好，开启时发出杂音	调换启辉器
	镇流器有微弱声音，但影响不大	是正常现象，可用橡皮垫衬，以减少振动

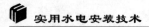
续表

故障现象	产生原因	产生原因
镇流器过热或冒烟	电源电压过高或容置过低	有条件可调低电压或换用容量较大的镇流器
	镇流器内线圈短路	调换镇流器
	灯管闪烁时间长或使用时间太长	检查闪烁原因或减少连续使用的时间

训后思考

（1）画出日光灯电路安装图。

（2）写出日光灯电路安装步骤。

【任务考核】

将以上训练任务考核及评分结果填入表 3 - 1 - 15 中。

表 3 - 1 - 15　照明装置安装任务考核

序号	考核内容	考核要点	配分（分）	得分（分）
1	训练表现	按时守纪，独立完成	10	
2	二控一白炽灯电路的安装	熟悉各部件的安装及操作规程	30	
3	日光灯电路的安装	熟悉日光灯各部件的检测及安装操作规程	30	
4	思考题	独立完成、回答正确	20	
5	合作能力	小组成员合作能力	10	
6	合　计		100	

【任务小结】

通过照明装置安装任务学习，根据自己的实际情况完成下表。

姓　名		班　级	
时　间		指导教师	
学到了什么			
需要改进及注意的地方			

任务二　室内弱电工程安装

【任务描述】

小明上物理课时，突然问老师："为什么我们家的计算机网线不能从家里的电线上接入？网线和电线有什么区别？电话线能不能从电线上接入？安装电话和网线需要注意哪些问题？"为了揭开这个谜底，我们现在来学习室内弱电工程安装的相关知识吧。

【知识目标】

➢ 了解室内弱电安装的基本规则；
➢ 掌握室内网络布线连接规范；
➢ 掌握制作网线水晶头的方法。

【技能目标】

➢ 掌握制作网线水晶头的方法；
➢ 熟悉室内网络布线连接规范。

【知识链接】

建筑装饰装修工程中的弱电工程是电气工程的主要组成部分，弱电工程是一个复杂的、多学科的集成工程，其涵盖的内容较广，目前常见的建筑弱电系统主要包括火灾自动报警和自动灭火系统、共用天线电视系统、闭路电视系统、电话通信系统、广播音响系统、安全监控系统、建筑物自动化系统及综合布线系统。

一、有线电视系统

有线电视系统（也称电缆电视系统），其英文缩写名为 CATV，属于一种有线分配网络，可以收看当地电视台的电视节目外，还可以通过卫星地面站接收卫星传播电视节目，也可配合摄像机、录像机、调制解调器等编制节目，向系统内各用户播放，构成完整的闭路电视系统。

（1）有线电视设备。

1）有线电视系统的基本组成。图 3 - 2 - 1 所示为有线电视系统的基本组成，其前端

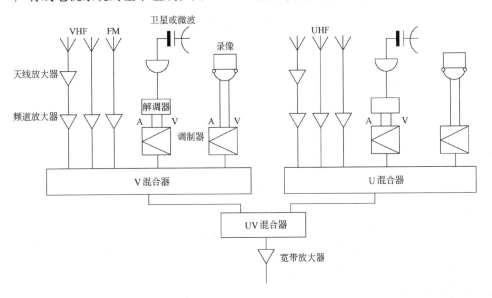

图 3 - 2 - 1　有线电视小型前端设置

设备一般建在网络所在的中心地区，这样可避免因某些干线传输太远而造成传输质量下降，而且维护也比较方便，前端设在比较高的地方，并避开地面微波或其他地面微波的干扰。

前端设备主要设在天线竖杆上，其作用是提高接收天线的输出电平和改善信噪比，以满足处于弱电场强区和电视信号阴影区共用天线电视传输系统主干放大器输入电平的要求。

干线放大器安装于干线上，用于放大干线电平，补偿干线电缆的衰减损耗并增加信号的传输距离。

混合器是将所接收的多路信号混合在一起，合成一路输送出去，而又不相互干扰的一种设备。混合器有频道混合器、频段混合器和宽带混合器。按有无增益分为无源混合器和有源混合器，CATV 系统大多采用无源混合器。

2）电线电视用户分配网络。图 3-2-2 所示为常用的两种网络分配方式，其中分支分配方式最常用。

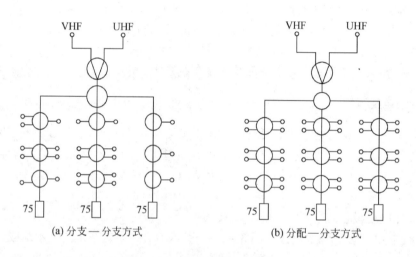

(a) 分支—分支方式　　　　　　　(b) 分配—分支方式

图 3-2-2　CATV 用户网络分配方式

在设定分配放大器输出电平后，选择不同分支损耗的分支器保证系统输出口电平达标，一般在靠近延长放大器的分支器选用分支损耗大一些的。为了实现系统匹配，最后一个分支器输出口应接上 75Ω 的假负载。分支分配方式适用于延长放大器为中心分布的用户簇，且每簇用户相差不多，若为二簇，则第一个分配器采用二分配器，依此类推。

（2）线路敷设。有线电视线路在用户分配网络部分，均使用特殊阻抗为 75Ω 的同轴电缆，常用国产同轴电缆主要技术性能指标如表 3-2-1 所示。

同轴电缆不能与有强电流的线路并行敷设，也不能靠近低频信号线路。其敷设方式可参见电气管线安装有关章节。同轴电缆穿管根数如表 3-2-2 所示。

电视用户终端盒距地高度：宾馆、饭店和客房一般为 0.3m，住宅一般为 1.2~1.5m，或与电源插座等高，但彼此应相距 50~100mm。接收机和用户盒的连接应采用阻抗为 75Ω，屏蔽系数高的同轴电缆，长度不宜超过 3m。

表 3-2-1 　常用国产同轴电缆主要技术性能指标

型号		内导体		绝缘		外导体	护套		绝缘电阻不小于(mΩ·km)	试验电压不低于(kV)	阻抗Ω	电容(pF·m⁻¹)	衰减不大于 db/100m			适用性
类别	型号	结构	外径(mm)	结构	外径(mm)	结构	结构	外径(mm)					300(MHz)	200(MHz)	800(MHz)	
SYFV	-75-5	1/1.14	1.14	发泡聚乙烯	5.05	铜编织双层	聚氯乙烯(白色)	7.2			75±5	≯60	4.2	10.6	26	楼内支线
SYFV	-75-7	1/1.5	1.5	发泡聚乙烯	6.08	铜编织双层	聚氯乙烯(白色)	9.4			75±3	≯60	2.8	72	19	支线或干线
SYFV	-75-9	1/1.88	1.88	发泡聚乙烯	8.6	铜编织双层	聚氯乙烯(白色)	11.5			25±3	≯60		7	17	干线
SDV	-75-5-5	1/1.0	1.0	半空气聚乙烯	4.8±0.2	铝箔纵包外加铜线编织	聚氯乙烯	6.8±0.3	1000	4	75±3	60	4.10	11.0	22.5	楼内支线
藕状电缆	-75-7-5	1/1.5	1.5	半空气聚乙烯	7.3±0.3	铝箔纵包外加铜线编织	聚氯乙烯	10±0.3	1000	4	75±3	60	2.60	7.60	16.9	支线或干线
藕状电缆	-75-9-5	1/1.9	1.9	半空气聚乙烯	9.0±0.3	铝箔纵包外加铜线编织	聚氯乙烯	12±0.4	1000	4	75±3	60	2.05	5.90	12.9	干线
SYKV	-75-5-5	1/1.0	1.0	半空气聚乙烯	4.8±0.2	铝箔纵包外加铜线编织双层	聚氯乙烯	7.0±0.3	1000	1	75±3	57	4.10	11.0	22.9	楼内支线
藕状电缆	-75-9-7	1/2.0	2.0	半空气聚乙烯	9.0±0.3	铝箔纵包外加铜线编织双层	聚氯乙烯	12.4±0.4	1000	1	75±3	53	2.10	5.9	13.0	支线或干线
SYLV	-75-5-1	6/1.0	1.0	藕芯	4.8		聚氯乙烯	6.1	≥2×10⁴	1.2	75±3	55	4.3	10.3	21.2	楼内支线
SYLA	-75-7	1.6/1.6	1.6	竹管	7.3			10.2	≥2×10⁴	2	75±2	54	1.4	6.7	13.9	支线或干线
SYDY	-75-4.4		1.2	竹管	8.3						75			8.2	16.0	架空、管道
SYDY	-75-9.5		2.6	竹管	14.0						75			4.3	8.6	架空、管道
SIZV	-75-4		1.2	竹管	5.3	铜丝	聚氯乙烯	φ7.3					4.5	11	22	楼内支线
SIZV	-75-5-A		1.2	竹管	5.3	铝塑	聚氯乙烯	φ7.3					3.5	8.5	17	楼内支线
SIOV	-75-5	1.13	1.13	藕芯	5.4	铜丝	聚氯乙烯	φ7.4					4.7	12.5	28	楼内支线
SIOV	-75-5-A	1.13	1.13	藕芯	5.4	铝丝	聚氯乙烯	φ7.4					3.5	9	18.5	楼内支线

表 3 - 2 - 2　同轴电缆穿管数据表

序号	项目	标称口径 (mm)	标称口径 英寸 (in)	外径 (mm)	壁厚 (mm)	内径 (mm)	穿电缆根数 (n) 75—5P	75—7P	75—9P	75—9L	75—12L	75—14L
1		15	5/8	15.87		12.67	1	1	—			
2		20	3/4	19.05		15.85	2	1				
3	电线管 (TM)	25	1	25.4	1.6	22.2	4	2	1			
4		32	1	31.75		28.55	6	2	1			
5		40	1	38.1		34.9	10	4	2			
6		50	2	50.8		47.6	18	6	3			
7		15	5/8	21.25		15.75	2	1	—			
8		20	3/4	26.75	2.75	21.25	3	1	1			
9		25	1	33.5		27	6	3	2			
10		32	1	42.25	3.25	35.75	10	5	2	1		
11	焊接钢管 (SC)	40	1	48	3.5	41	13	6	3	2	1	1
12		50	2	60		53				3	2	2
13		70	2	75.5	3.75	68				5	4	3
14		80	3	88.5		80.5				7	6	4
15		100	4	11.4	4	106				9	7	6

二、综合布线

（1）智能建筑与综合布线。智能建筑的重点是用先进的技术对楼宇进行控制、通信和管理，强调实现楼宇三个方面的自动化功能，即建筑的自动控制化（Building Automation，BA）、通信与网络系统的自动化（Communication and Network Automation，CAN）、办公自动化系统（Office Automation，OA），如表 3 - 2 - 3 所示。

表 3 - 2 - 3　智能建筑的三大方面

方　面	功　能
建筑的自动化	是指建筑物本身应具备的自动化控制功能，包括感知、判断、决策、反应、执行自动化过程，能够对保证大楼运行办公必备的配电、照明、空调、供热、制冷、通风、电梯、给排水以及消防系统、保安监控系统提供有效安全的物业管理，达到最大限度的节能和对各类报警信号的快速响应
通信与网络系统的自动化	是指建筑物本身应具备的通信能力。为在该大楼内工作的用户提供易于连接、方便快速的各类通信服务，畅通的音频电话、数字信号、视频图像、卫星通信等各类传输渠道。它包括建筑物内的局域网和对外联络的广域网及远程网。通信网络正向着数字化、综合化、宽带化、智能化和个人化方向发展
办公自动化	是指使用者最终具体应用的自动化功能。它提供包括各种网络应用在内的创意工作场所和富于思维的创造空间，创造出高效、有序及安逸舒适的工作条件，为大楼内用户的信息检索分析、智能化决策、电子商务等业务提供方便

实现建筑物自动化和智能自动化的龙骨是大楼的综合布线系统，它破除了以往存在于语音传输和数据传输间的界限，使这两类不同的信号能通过技术上的进步与飞跃，实现在同一条线路中传输，这既为智慧型大楼提供了物理基础，也与未来发展方向的综合业务数据网络 ISDN 的传输需求相结合。如图 3-2-3 所示为智能化大楼综合布线的组成结构。

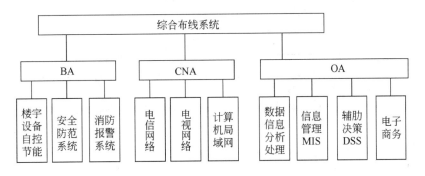

图 3-2-3　综合布线组成

智能大楼中心是以计算机为主的控制管理中心，它通过结构化综合布线系统与各种终端，如通信终端（电话、电脑、传真和数据采集等）相连接，"感知"建筑物内各个空间的"信息"，并通过计算机处理给出相应的反应，使得该建筑物好像具有"智能"，为建筑物内的所有设施实行按需控制，既提高了建筑物的管理和使用效率，又降低了能耗。智能大楼的组成结构如图 3-2-4 所示。

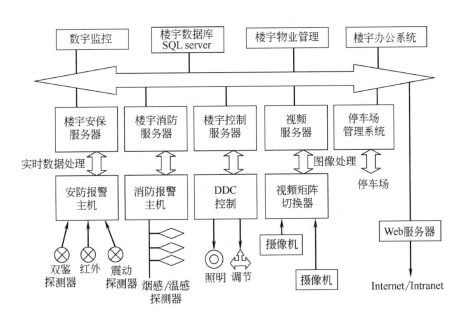

图 3-2-4　智能大楼的组成结构

（2）综合布线。综合布线（Premises Distribution Systembs，PDS）是一个全新的概念，它与传统布线系统相比，具有经济、可靠、开放、灵活、先进及综合性强等优点。

综合布线系统的组成部件主要有传输介质、连接器、信息插座、插头、适配器、线路管理硬件、传输电子设备、电气保护设备和各种支持硬件。这些部件被用来构建综合布线系统的各个子系统，不仅易于实施，而且还能随着需求的变化在配线上扩充和重新组合。

综合布线系统中常用的传输介质有非屏蔽双绞线（UTP）、屏蔽双绞线（FTP、STP、SCP 等）、同轴电缆和光缆四种。线缆一般应按下列要求敷设，如表 3-2-4 所示。

表 3-2-4　线缆敷设要求

序号	敷设要求
1	线缆的形式规格应与设计的规定相符
2	线缆的布放应自然平直，不得产生扭绞、打圈接头等现象，不应受到外力的挤压和损伤
3	线缆两端应贴有标签，并标明编号，标签书写应清晰、端正和正确，标签应选用不易损坏的材料
4	线缆终接后应有余量。交接间、设备间对绞电缆预留长度宜为 0.5~1.0m，工作区应为 10~30m；光缆布放宜盘留，预留长度宜为 3~5m。有特殊要求的应按要求预留长度
5	线缆的弯曲半径应符合下列规定： ①非屏蔽 4 对绞电缆的弯曲半径应至少为电缆外径的 4 倍 ②屏蔽 4 对绞电缆的弯曲半径应至少为电缆外径的 6~10 倍 ③主干对电缆的弯曲半径应至少为电缆外径的 10 倍 ④光缆的弯曲半径应至少为光缆外径的 15 倍
6	电源线、综合布线系统缆线应分隔布放。缆线间的最小净距离应符合设计要求，并应符合表 3-2-5 的规定
7	建筑物内电、光缆的暗管敷设与其他管线最小净距离见表 3-2-6 的规定
8	在暗管或线槽中缆线敷设完毕后，宜在通道两端出口处用填充材料进行封堵
9	预埋线槽和暗管敷设线缆应符合下列规定： ①敷设线槽的两端宜用标准标示出编号和长度 ②敷设暗管宜采用钢管或阴燃硬质 PVC 等。布放多层屏蔽电缆、扁平缆线和大对数主干电缆或主干光缆时，直线管道的管径利用率为 50%~60%，弯管道应为 40%~60%，暗管布放 4 对绞电缆或 4 芯以下光缆时，管道的截面利用率应为 25%~30%
10	设置电缆桥架和线槽敷设缆线应符合下列规定： ①电缆线槽，桥架宜高出地面 2.2m 以上。线槽和桥架顶部距楼台板不宜小于 300mm；在过梁或其他障碍物处，不宜小于 50mm ②槽内缆线布放应顺直，尽量不交叉，在缆线进出线槽部位，转弯处应绑扎固定，其水平部分缆线可以不绑扎；垂直线槽布放缆线应每间隔 1.5m 固定在缆线支架上 ③在水平、垂直桥架和垂直线槽中敷设缆线时，应对缆线进行绑扎。对绞电缆、光缆及其他信号电缆应根据缆线的类别、数量、缆径、缆线芯数分束绑扎，绑扎间距不宜大于 1.5m，间距应均匀，松紧适度 ④楼内光缆宜在金属线槽中敷设，在桥架敷设时应在绑扎固定段加装垫套
11	采用吊顶支撑柱作为线槽在顶棚内敷设线缆时，每根支撑柱所辖范围内的线缆可以不设置线槽进行布放，但应分束绑扎，缆线护套应阻燃，缆线选用应符合设计要求
12	建筑群子系统采用架空、管道、直埋、墙壁及暗管敷设，电、光缆的施工技术要按照本地网通信线路工程验收的相关规定执行

表3－2－5　对绞电缆与电力线最小净距

单位：mm

		单位	最小净距		
	范围		380V	380V	380V
条件			2kVA	2.5～5kV	5kV
对绞电缆与电力电缆平敷设			130	300	600
有一方在接地的金属槽道或钢管中			70	150	300
双方均在接地的金属槽道或钢管中			注	80	150

注：双方都在接地的金属槽或钢管中，且平行长度小于10m时，最小间距可为10mm，表中对绞电缆如采用屏蔽电缆时，最小净距可适当减小，并符合设计要求。

表3－2－6　电、光缆暗管敷设与其他管线最小净距

单位：mm

管线种类	平行净距	垂直交叉净距	管线种类	平行净距	垂直交叉净距
避雷引下线	1000	300	给水管	150	20
保护接地	50	20	煤气管	300	20
热力管（不包封）	500	500	压缩空气管	150	20
热力管（包封）	300	300			

特别提醒：预埋线槽宜采用金属线槽，线槽的截面利用率不应超过50%。

综合布线系统中的标准信息插座是8脚模块化I/O，这种8脚结构为单一I/O配置提供支持数据、语音或两者的组合所需的灵活性。除了能支持直接的或现有服务方案外，标准I/O还符合综合业务数字网（ISDN）的接口标准。信息插座的核心是模块化的插孔，镀金的导线或插座孔也可维持与模块化插头弹片间稳定而可靠的电连接。由于弹片与插孔间的摩擦作用，电接触随插头的插入而得到进一步加强。插孔主体设计采用了整体锁定机制，当模块化插头插入时，插头和插孔的界面处会产生一定的拉拔强度。

对绞线与8脚模块式通用插座相连时，必须按色标和线对顺序进行卡接，插座类型、色标和编号应符合图3－2－5的规定。在两种连接图中，首推A类连接方式，但在同一布线工程中两种连接方式不应混合使用。

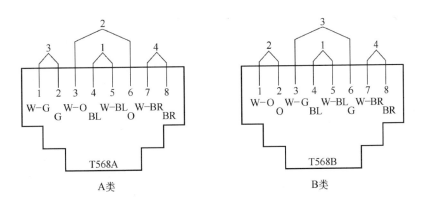

G（Green）：绿；BL（Blue）：蓝；BR（Brown）：棕；W（White）：白；O（Orange）：橙

图3－2－5　8脚模块式通用插座连接图

三、电话通信系统

普通电话机采用模拟语言信息，这种传输方式所输送的信息范围较窄，而且易受干扰，保密性差，但因其设备简单仍经常使用。目前使用较普遍的是程控交换机，它是把电子计算机的存储程序控制技术引入电话交换设备中，将所需传输的信息按一定编码方式转换为数字信号进行传输。

根据信息传输媒介的不同可分为有线电话通信及无线电话通信。建筑物内电话系统主要是有线传输方式，其传输线路所用线缆有电话电缆、双绞线缆和光缆。

1. 电话通信设备

电话通信设备由电话交换设备、传输系统和用户终端设备三部分组成。

程控电话交换机由话路系统、中央处理系统和输入输出系统三部分组成，它预先将电话交换的功能编成程序集中存放在存贮器中，然后由程序的自动执行来控制交换机的交换接续动作，以完成用户之间的通话。此外，还可以与传真机、个人用电脑、文字处理机、计算机中心等办公自动化设备连接起来，有效地利用声音，图像进行信息交换，同时可以实现外围设备和数据的共享，构成企业内部的综合数字通信网——办公室自动化系统。

传输系统主要为有线传输，就是利用电话电缆、双绞线缆及光纤实现语音或数据输送。按传输信息工作方式又可分为模拟传输和数字传输两种，程控电话交换就是采用数字传输。

用户终端设备除一般电话机外，还有传真机、数字终端设备、个人计算机、数据库设备、主计算机等。

2. 线路敷设

高层建筑内一般设有弱电专用竖井及专用接地 PE 排，从交换箱出来的分支电话电缆一般可采用穿管暗敷或沿桥架敷设引至弱电竖井内，在竖井内再穿钢管，电线管或桥架布线沿墙明敷设。每层设有电话分线盒，其分线盒一般为弱电井内明装，底边距地 2.0m 左右。

从楼层电话分线盒引至用户电话终端出线座的线路，可采用穿管沿墙，地面暗敷或吊顶内敷设，其敷设方法与其他室内线路类似，可参见本书有关章节，其施工应符合国家有关技术规程和规范要求。

室内电话线配线型号规格如表 3 - 2 - 7 所示。

表 3 - 2 - 7　室内电话配线规格

型号	名称	芯线直径 （mm）	芯线截面 （根数×mm）	导线外径 （mm）
HPV	铜芯聚氯乙烯绝缘电话配线（用于跳线）	0.5 0.6 0.7 0.8 0.9		1.3 1.5 1.7 1.9 2.1
HVR	铜芯聚氯乙烯绝缘及护套电话软线（用于电话机与接线盒之间连接）	6×2/1.0		二芯圆形4.3 二芯扁形3×4.3 三芯4.5 四芯5.1

续表

型号	名称	芯线直径 （mm）	芯线截面 （根数×mm）	导线外径 （mm）
RVB	铜线聚氯乙烯绝缘平型软线 （用于明敷或穿管）		2×0.2 2×0.28 2×0.35 2×0.4 2×0.5 2×0.6 2×0.7 2×0.75 2×1 2×1.5	
RVS	铜芯聚氯乙烯绝缘绞型软线（用于穿管）		2×2 2×0.25	

四、安全防范系统

1. 防盗报警系统

目前，国内生产的防盗报警系统中的报警传感器以微波型使用较广。微波型报警传感器受外界温度、气候影响较小，防范区域广，其辐射角可达到 60～70°。同时，由于微波有穿透非金属物质的特性，所以微波传感器能安装在隐蔽处，不容易被人觉察，能起到良好的防范作用。

微波防盗报警传感器的工作原理是利用目标的多普勒效应。多普勒效应是指当辐射源（微波探头）和接收者之间相对径向运动时，接收到的信号频率将发生变化。因此，只要检出这个变化频率（多普勒频率），就能获得人体运动的信息，以达到监测运动目标的目的，完成报警传感功能。

微波防盗报警系统如图 3-2-6 所示。

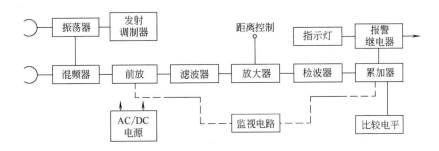

图 3-2-6　微波防盗报警系统

2. 电视监控系统

电视监控系统一般由摄像、控制、传输和显示四部分组成，当有监听或音响功能要求时，则应增加伴音设备。如图 3-2-7 所示。

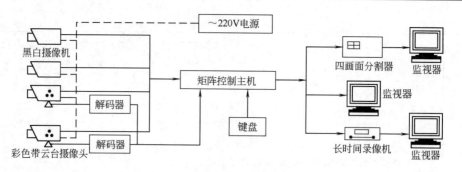

图 3 - 2 - 7　闭路电视监控系统组成

根据监控对象性质不同，电视监控系统可以分为：

（1）单头单尾型，主要用于连续监视一个固定目标。

（2）多头单尾型，主要用于一处监视多个固定目标。

（3）单头多尾型，主要用于多处监视一个固定目标。

（4）多头多尾型，主要用于多处监视多个目标。

3. 楼宇对讲系统

楼宇对讲系统亦称访客对讲系统，是指对来访客人与住户之间提供双向通话或可视对话，并由住户遥控防盗门的开关及向保安管理中心进行紧急报警的一种安全防范系统。按其功能一般可分为对讲机—电锁门保安系统和可视对讲—电锁门保安系统。

对讲机—电锁门保安系统如图 3 - 2 - 8 所示。

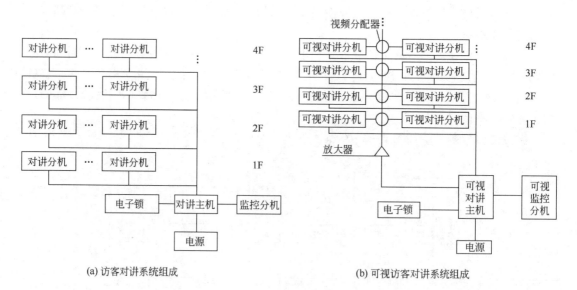

(a) 访客对讲系统组成　　　　　　　　(b) 可视访客对讲系统组成

图 3 - 2 - 8　对讲机—电锁门系统

对讲机—电锁门保安系统工作原理与楼宇对讲系统基本相似。通常在大楼入口安装电锁门，上面设有电磁门锁，平时门总是关闭的。在入口的门外侧装有对讲按钮键盘，来访客人依照探访对象的楼层和单元号输入号码，此时，被访户主家中的对讲话机铃响，主人通过对讲话机与门外来客对话。在电锁门上的按钮盘内也装一部对讲机。同意探访即可按动话筒上的接钮，则入口电锁门的电磁铁即通电动作将门打开，客人即可推门进入。反之，可以不按电锁钮，拒绝来访，达到保安作用。

如果住户要求除了能与来访者直接对话之外，还希望能够看清来访者的面貌及门外的情况，可安装可视对讲—电锁门保安系统。

4. 安全防范系统的线路敷设

安全防范系统的报警线路应穿金属管保护，可沿墙地面暗敷设或在吊顶内安装，其信号传输线、图像、声音复核传输线应单独穿管或同线槽配线，严禁与动力、照明线路同管、同线槽、同出线盒、同连接箱安装。

视频信号传输距离较短时，可用同轴电缆传输视频基带信号的视频传输方法。系统的功能遥控信号采用多芯直接传输的方法。微机控制的大系统，可将遥控信号线进行数据编码，以一线多传的总线方式传输。

其管线安装应符合国家有关技术规程和规范的要求。

【任务训练】

▶▶ 训练任务一　网线水晶头的制作

训练目标

　　通过本次训练，掌握制作网线水晶头的方法，熟悉网络布线的连接规范。

训练内容

（1）清点工具及水晶头等配件。

（2）网线制作。

1）制作准备。要制作网线，需要准备的器具主要有压线钳和测试仪。压线钳可以用来剥外皮，剥离外皮的长度应大于安装水晶头用的 1.5cm，一般建议剥离 3~4cm。等网线处理好了再修剪。如图 3-2-9 所示。

图 3-2-9　准备制作

2）裁剪网线。现在将 4 对线芯分别解开、理顺、扯直，然后按照规定的线序排列整齐。双绞线芯有两种排列标准：EIA/TIA568A（默认排序）以及 EIA/TIA568B（交互排序）。而双绞线分为直通和交叉两种，直通指两端都是 EIA/TIA568A 或 EIA/TIA568B，而交叉指一端 EIA/TIA568A、另一端 EIA/TIA568B。在网络设备没有加入自动翻转功能之前，该做直通线还是交叉线有严格的规矩。现在除了机器连机器用交叉线之外，一般都用两端都按 EIA/TIA568B 缠绕的直通线。

从水晶头底部看过去，EIA/TIA568A 标准双绞线芯的排列方式是：白绿、绿、白橙、蓝、白蓝、橙、白棕、棕。EIA/TIA568B 标准双绞线芯的排列方式是：白橙、橙、白绿、蓝、白蓝、绿、白棕、棕。展开双绞线之后默认得到的排列就是 EIA/TIA568A 标准，而将 1 和 3、2 和 6 两对线对调得到的排列就是 EIA/TIA568B 标准。如图 3 - 2 - 10 所示。

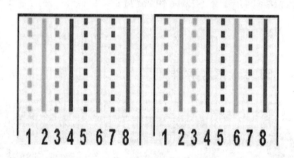

图 3 - 2 - 10 两种接线标准

裁剪之后，大家应该尽量把线芯按紧，并且应该避免移动或者弯曲网线。接下来可以用压线钳的剪线刀口把线芯顶部裁剪整齐，现在就只需要为安装水晶头保留 1.5cm 了。如图 3 - 2 - 11 所示。

图 3 - 2 - 11 裁剪好的网线

3）将网线插入水晶头。要将水晶头有塑料弹簧的一面向下，有针脚的一面向上，使有针脚的一端远离自己，有方形孔的一端对着自己。这样一来，最左边的就是第 1 脚，最右边的就是第 8 脚。插入的时候需要缓缓用力把 8 条线芯同时沿水晶头内的 8 个线槽插入，一直插到线槽顶端。做完之后还需要确认一下，看是否每一组线芯都紧紧地顶在水晶头的末端。如图 3 - 2 - 12 所示。

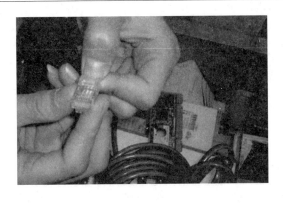

图 3 - 2 - 12　插入水晶头

（4）压线。把水晶头插进压线钳的槽内，用力握紧线钳，将水晶头突出的针脚全部压入头内。如果听到清脆的一声"啪"，网线就做好了。如图 3 - 2 - 13 所示。

（a）压线　　　　　　　　　　　　　（b）制作完成

图 3 - 2 - 13　压线

（5）测试。将网线两端分别插入测试仪，这时测试仪上的两组指示灯都会闪动。若测试的线缆为正常的直通线的话，在测试仪上的 8 个指示灯就会同步闪动出绿光。如果红色或黄色灯亮，表示存在问题，只能将网线剪开重做了。如图 3 - 2 - 14 所示。

图 3 - 2 - 14　测试网线

训后思考

（1）简述制作网线的步骤。

（2）简述预制混凝土基础安装方法及注意事项。

【任务考核】

将以上训练任务考核及评分结果填入表3-2-8中。

表3-2-8　室内弱电工程安装任务考核表

序号	考核内容	考核要点	配分（分）	得分（分）
1	训练表现	按时守纪，独立完成	10	
2	工具的准备	熟悉各工具的作用	30	
3	网线制作	掌握网线制作的基本方法	30	
4	思考题	独立完成、回答正确	20	
5	合作能力	小组成员合作能力	10	
6	合　计		100	

【任务小结】

通过室内弱电工程安装的学习，根据自己的实际情况完成下表。

姓　名		班　级	
时　间		指导教师	
学到了什么			
需要改进及注意的地方			

任务三　室外灯具安装

【任务描述】

我们一路上能看到各种各样的路灯，有杆灯、庭院灯、景观灯、太阳能路灯等，它们的原理有什么区别？它们是怎样安装上去的？安装时应注意些什么？为了揭开这个谜底，我们今天就来学习室外灯具安装的相关知识。

【知识目标】

➤ 认识各种室外灯具，了解常见室外灯具的工作原理；
➤ 了解景观照明设计的注意事项；
➤ 掌握户外灯具安装的注意事项。

【技能目标】

➤ 掌握小区道路照明灯具的安装；
➤ 掌握庭园照明灯具的安装。

【知识链接】

一、小区道路照明灯具安装

1. 道路照明灯具布置方式

道路照明灯具布置方式有单侧布灯和对称布灯等几种。常见的几种道路照明布置方式和适用条件如表 3 - 3 - 1 所示。

表 3 - 3 - 1　道路照明灯布置方式和适用条件

	单侧布灯	交叉布灯	丁字路口布灯	十字路口布灯	弯道布灯
布置方式					
适用条件	宽度不大于9m或照度要求不高的道路	宽度不大于9m或照度要求不高的道路	丁字路口	十字路口	道路弯曲半径较小时灯距应适当缩小

2. 道路照明灯安装方法

道路照明灯安装方法主要分为两种：一是直埋灯杆；二是预制混凝土基础，灯杆通过法兰进行连接。预制混凝土基础时应配钢筋，表面铺钢板，钢板按灯杆座法兰孔，螺栓穿入后与钢板在底部焊接，并与钢筋绑扎固定。道路照明灯的电缆一般选用铠装电力电缆。安装方法如图 3 - 3 - 1、图 3 - 3 - 2 所示。

二、建筑物景观照明灯具安装

建筑物景观照明主要有布在地面的地面灯、建筑物投光灯、玻璃幕墙射灯、草坪射灯和其他射灯等。建筑物景灯安装要求：

（1）灯具导电部分对地绝缘电阻应大于2MΩ。

（2）在人行道等人员来往密集场所安装的落地式灯具，无围栏防护时，安装高度距地面应在2.5m以上。

（3）金属构架和灯具的可接近裸露导体及金属软管，应可靠接地（PEN），并且有标志牌标识。

（4）所有室外安装的灯具应选用防水型，接线盒盖要加橡胶密封垫圈保护，电缆引入处应密封良好。

（5）地面灯具安装时，灯具保护等级应为IP56。地面施工应与电线管埋设配合进行，并做好防水处理。

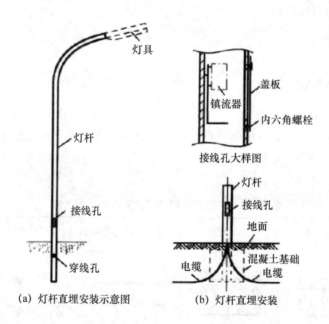

图3-3-1 灯杆直埋安装方法

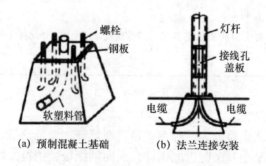

图3-3-2 预制混凝土基础安装方式

地面灯布置示意图及组装如图3-3-3所示，投光灯安装方法如图3-3-4所示，射灯安装方法如图3-3-5、图3-3-6、图3-3-7所示。

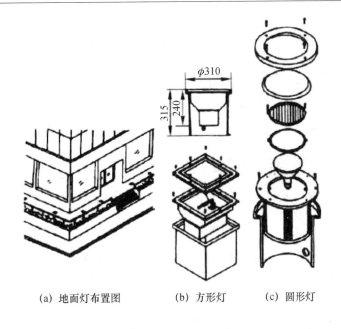

(a) 地面灯布置图　　(b) 方形灯　　(c) 圆形灯

图 3 - 3 - 3　地面灯布置示意图及组装

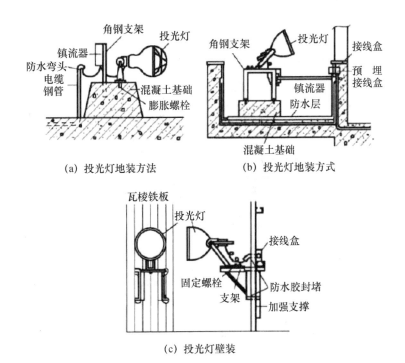

(a) 投光灯地装方法　　　　(b) 投光灯地装方式

(c) 投光灯壁装

图 3 - 3 - 4　建筑物投光灯安装方法

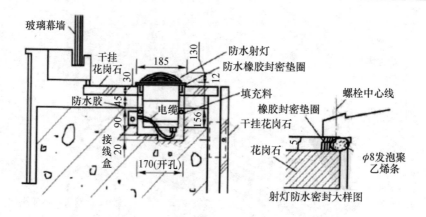

图 3 - 3 - 5　玻璃幕墙射灯安装方法

图 3 - 3 - 6　草坪射灯安装方法

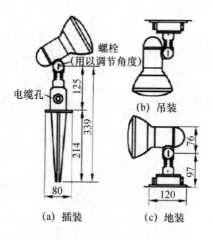

图 3 - 3 - 7　射灯插装、吊装、地装安装方法

三、庭园照明灯具的安装

庭园照明主要分为安装在草坪上的和庭院道路上的园艺灯，以立柱式、落地式路灯等，安装方法分为灯杆法兰连接和灯杆直埋安装，如图 3 - 3 - 8、图 3 - 3 - 9 所示。

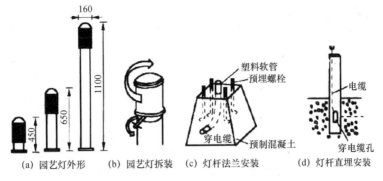

(a) 园艺灯外形　　(b) 园艺灯拆装　　(c) 灯杆法兰安装　　(d) 灯杆直埋安装

图 3 - 3 - 8　园艺灯安装方法

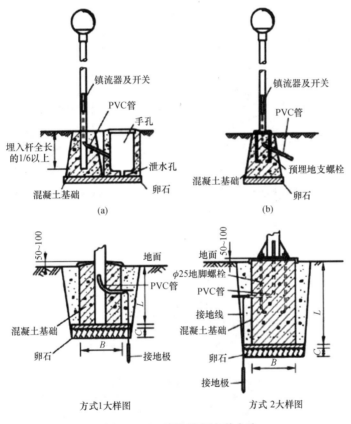

图 3 - 3 - 9　庭院路灯安装方法

四、建筑物彩灯安装

建筑物彩灯安装要求：

（1）建筑物顶部彩灯应采用防雷性能的专用灯具，灯罩要拧紧。

（2）彩灯配线管路按明线管敷设，应具有防雨功能。管路间、管路与灯头盒间应采用螺纹连接，金属管、金属构件、钢索等可接近导体应可靠接地或接零。

（3）垂直彩灯悬挂挑臂采用不小于 10mm 的槽钢。端部吊挂钢索用的吊钩螺栓直径不小于 10mm，槽钢上螺栓固定时应加平垫圈和弹簧垫圈且上紧。

（4）悬挂钢丝绳直径不小于 4.5mm，底部圆钢直径不小于 16mm，地锚采用架空外线

实用水电安装技术

用拉线盘的埋设深度大于 1.5m。

（5）垂直彩灯采用防水吊线灯头，下端灯头距离地面应高于 3m。

建筑物彩灯安装方法如图 3 - 3 - 10 所示。

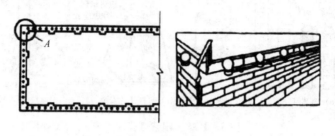

（a）彩灯安装

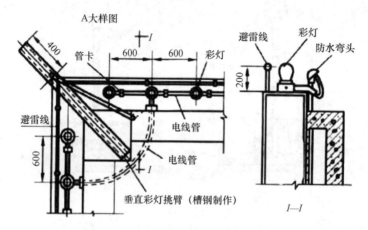

（b）屋顶彩灯安装

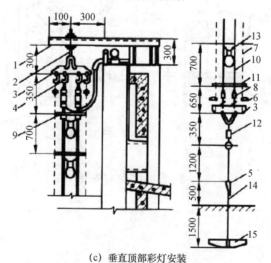

（c）垂直顶部彩灯安装

图 3 - 3 - 10 建筑物彩灯安装方法（续）

1—垂直彩灯悬挂；2—开口吊钩螺栓，φ10 圆钢，上、下均附垫圈、弹簧垫圈及螺母；

3—梯形拉板，镀锌钢板；4—开口吊钩，φ6 圆钢，与拉板焊接；5—心形环；6—钢丝绳卡子；

7—钢丝绳，直径 4.5mm；8—瓷拉线绝缘子；9—绑线；10—RV（6mm^2）铜芯聚氧乙烯绝缘线；

11—硬塑料管；12—花篮；13—防水吊线灯；14—底把；φ16 圆钢；15—底盘

五、航空障碍灯具

高层建筑航空障碍灯设置的位置，要考虑不被其他物体挡住，使远处能看到灯光。因夜间电压偏高，灯泡易损坏，应考虑维修及更换的方便。

航空障碍灯具应安装在避雷针保护区内，闪光频率 20～70 次/min。安装式有直立式、侧立式、夹板式、抱箍式。航空障碍灯安装应符合以下规定：

（1）灯具装设在建筑物或构筑物的最高部位，若最高部位的平面面积较大或为建筑群时，除在最高端装设外，还应在其外侧转角的顶端装设。

（2）在烟囱顶上装设航空障碍灯时，应安装在低于烟囱口 1.5～3mm 的部位，且呈正三角水平排列。

（3）灯具安装应牢固可靠，且有维修和更换光源的措施。

（4）安装用的金属支架与防雷接地系统焊接，接地装置有可靠的电气通路。航空障碍灯安装方法如图 3-3-11 所示。

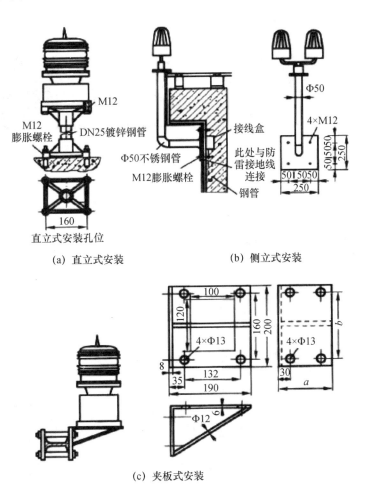

(a) 直立式安装　　　　　(b) 侧立式安装

(c) 夹板式安装

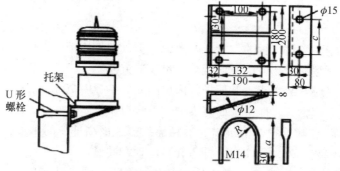

（d）抱箍式安装

图 3 - 3 - 11 航空障碍灯安装方法

【任务训练】

▶▶ 训练任务一 小区道路照明灯的安装

训练目标

通过本次训练，了解小区道路照明灯的布置，掌握道路照明灯的安装方法及注意事项。

训练内容

（1）清点灯具及其配件。
（2）灯杆直埋式安装。
（3）预制混凝土基础安装。

训后思考

（1）简述灯杆直埋式安装方法及注意事项。
（2）简述预制混凝土基础安装方法及注意事项。

▶▶ 训练任务二 庭园照明灯具的安装

训练目标

通过本次训练，了解庭园照明灯的布置，掌握庭园照明灯具的安装方法及注意事项。

训练内容

（1）清点灯具及其配件。
（2）园艺灯安装。

训后思考

简述园艺灯安装方法及注意事项。

【任务考核】

将以上训练任务考核及评分结果填入表3-3-2中。

表3-3-2 室外灯具安装任务考核表

序号	考核内容	考核要点	配分（分）	得分（分）
1	训练表现	按时守纪，独立完成	10	
2	室外灯具的分类	熟悉各种室外灯具的作用	30	
3	室外灯具的安装方法	掌握道路照明灯具、庭园照明灯具的安装方法	30	
4	思考题	独立完成、回答正确	20	
5	合作能力	小组成员合作能力	10	
6	合　计		100	

【任务小结】

通过室外灯具安装学习，根据自己的实际情况完成下表。

姓　名		班　级	
时　间		指导教师	
学到了什么			
需要改进及注意的地方			

任务四　防雷装置安装

【任务描述】

在现实生活中，时常有报道雷电破坏建筑物、破坏电气设备和造成人畜伤亡等事故，人为什么会被雷电击伤？如何防止这种事故的发生？为了揭开这个谜底，我们今天就来一起学习防雷装置安装的相关知识。

【知识目标】

➢ 了解雷电破坏的基本形式；
➢ 熟悉基本的防雷设置；
➢ 掌握防雷设备的安装方法。

【技能目标】

➢ 熟悉基本的防雷设置；
➢ 掌握防雷设备的安装方法。

【知识链接】

一、雷电的形成及形式

1. 雷电的形成

雷电是雷云之间或雷云对地面放电的一种自然现象。在雷雨季节，地面上的水受热变成水蒸气，并随热空气上升，在高空中与冷空气相遇，使上升气流中的水蒸气凝成水滴或冰晶，形成积云。云中的水滴受强烈气流的摩擦产生电荷，而且微小的水滴带负电，小水滴容易被气流带走形成带负电的云；较大的水滴留下来形成带正电的云。由于静电感应，带电的云层在大地表面会感应出与云块异性的电荷，当电场强度达到一定值时，便发生云层之间放电，放电时伴随着强烈的电光和声音，这就是雷电现象。

雷电会破坏建筑物、电气设备和造成人畜伤亡，所以必须采取有效措施进行防护。

2. 雷电破坏的基本形式

（1）直击雷。雷电直接击中建筑物或其他物体，对其放电，强大的雷电流通过这些物体入地，产生破坏性很大的热效应和机械效应，造成建筑物、电气设备及其他被击中的物体损坏；当击中人畜时造成人畜伤亡。这就是常说的直击雷。

（2）感应雷。雷电放电时能量很强，电压可达上百万伏，电流可达数万安培。强大的雷电流由于静电感应和电磁感应会使周围的物体产生危险的过电压，造成设备损坏、人畜伤亡。这就是俗称的感应雷。

（3）雷电波。输电线路上遭受直击雷或发生感应雷，雷电波便沿着输电线侵入变、配电所或电气设备。如果不对强大的高电位雷电波采取防范措施，就将造成变配电所及其线路的电气设备损坏，甚至造成人员伤亡。

二、防雷设备

1. 接闪器

在防雷装置中用以接受雷云放电的金属导体称为接闪器。接闪器有避雷针、避雷线、避雷带、避雷网等。所有的接闪器都要经过接地引下线与接地体相连，可靠地接地。防雷接地电阻要求不超过 10Ω。

（1）避雷针。避雷针通常采用镀锌圆钢或镀锌钢管制成（一般采用圆钢），上部制成针尖形状。所采用的圆钢或钢管的直径不应小于下列数值：

针长 1m 以下：圆钢为 12mm

　　　　　　　钢管为 16mm

针长 1m~2m：圆钢为 16mm

　　　　　　　钢管为 25mm

烟囱顶上的针：圆钢为 20mm

避雷针较长时，针体可由针尖和不同管径的钢管段焊接而成。避雷针一般安装在支柱（电杆）或其他构架、建筑物上。

避雷针的作用原理是它能对雷电场产生一个附加电场（这个附加电场由于雷云对避雷针产生见电感应而引起），使雷电场发生畸变，将雷云放电的通路由原来可能从被保护物通过的方向吸引到避雷针本身，使雷云躲避雷针放电，然后由避雷针经引下线和接地体把雷电流泄放到大地中去。这样使被保护物免受直接雷击，所以避雷针实质上是引雷针。

避雷针有一定的保护范围，其保护范围以它对直击雷保护的空间来表示。单支避雷针的保护范围可以用一个以避雷针为轴的圆锥形来表示，如图 3-4-1 所示。

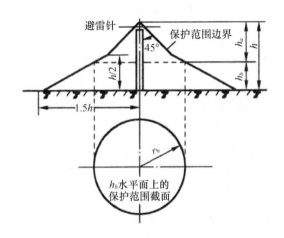

图 3-4-1　单支避雷针的保护范围

避雷针在地面上的保护半径按下式计算：

r = 1.5h

其中，r 为避雷针在地面上的保护半径（m）；h 为避雷针总高度（m）。

避雷针在被保护物高度 h_b，水平面上的保护半径 r_b 时按下式计算：

当 $h_b > 0.5h$ 时：

$r_b = (h - h_b) \times P = h_a \times P$

其中，r_b 为避雷针在被保护物高度 h_b 水平面上的保护半径（m）；h_a 为避雷针的有效高度（m）；P 为高度影响系数，h < 30m 时 P = 1，30m < h < 120m 时，$P = 5.5/\sqrt{h}$。

当 $h_b < 0.5h$ 时：

$r_b = (1.5h - 2h_b) \times P$

【例】某工厂一座 30m 高的水塔旁，建有一个车间变电所，避雷针装在水塔顶上，车间变电所距水塔距离尺寸如图 3-4-2 所示。试问水塔上建避雷针能否保护这一变电所。

解：已知 $h_b = 8m$，$h = 30 + 232$（m），因为 $h_b/h = 8/32 = 0.25 < 0.5$

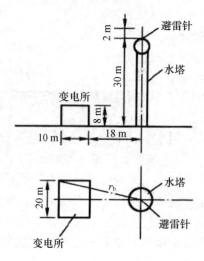

图 3 - 4 - 2　避雷针的保护范围

则可由公式求得被保护变电所高度水平面上的保护半径为：

$$r_b = （1.5h - 2h_b）\times P = （1.5 \times 35 - 2 \times 8）\times \frac{5.5}{\sqrt{32}} = 31（m）$$

变电所一角离避雷针最远的水平距离为：$（10 + 18）^2 + 10^2$

$$r = \sqrt{（10 + 18）^2 + 10^2} = 29.7m < r_b$$

所以，变电所在避雷针的保护范围之内。

关于两支或两支以上等高和不等高避雷针的保护范围可参照《电力设备过压保护设计技术规程》、《民用建筑电气设计规范》计算。

在山地和坡地，应考虑地形、地质、气象及雷电活动的复杂性对避雷针降低保护范围的作用，因此避雷针的保护范围应当适当缩小。

（2）避雷线。避雷线一般用截面不小于 $35mm^2$ 的镀锌钢绞线，架设在架空线路上，以保护架空电力线路受直击雷。由于避雷线是架空敷设而且接地，所以避雷线又叫架空地线。

避雷线的作用原理与避雷针相同，只是保护范围较小。

（3）避雷带和避雷网。避雷带是沿建筑物易受雷击的部位（如屋脊、屋檐、屋角等处）装设的带形导体。避雷网是由屋面上纵横敷设的避雷带组成的。网格大小按有关规程确定，对于防雷不同的建筑物，其要求不同。

（4）接闪器引下线。接闪器引下线的要求如表 3 - 4 - 1 所示。

表 3 - 4 - 1　接闪器引下线的要求

序号	要　求
1	接闪器的引下线材料采用镀锌圆钢或镀锌扁钢，其规格尺寸应不小于下列数值： 圆钢直径为 8mm 扁钢截面积为 $48mm^2$，厚度为 4mm 装设在烟囱上的引下线，其规格尺寸不应小于下列数值： 圆钢直径为 12mm 扁钢截面积为 $100mm^2$，厚度为 4mm

续表

序号	要　求
2	引下线应镀锌，焊接处应涂防腐漆（利用混凝土中钢筋作引下线除外），在腐蚀性较强的场所，还应当适当加大截面或采用其他防腐措施。保证引下线可靠地泄放雷电流
3	引下线应沿建筑物外墙敷设，并经最短的路径接地。建筑艺术要求较高的建筑也可暗敷，但截面应加大一级
4	建筑物的金属构件（如消防楼梯等）、金属烟囱、烟囱的金属爬梯等可作为引下线，但其所有部件之间均应连成电气通路
5	采用多根专用引下线时，为了便于测量接地电阻以及检查引下线与接地体的连接情况，宜在各引下线距地面1.8m以下处设置端接卡
6	利用建构筑物钢筋混凝土中的钢筋作为防雷引下线时，其上部（屋顶）应与接闪器可靠焊接，下部在室外地平下0.8～1.0m处应焊出一根直径12mm或40mm×4mm镀锌导体，此导体伸向室外距外墙皮的距离不宜小于1m，并应符合下列要求： ①当钢筋直径为16mm及以上时，应利用两根钢筋（绑扎或焊接）作为一组引下线 ②当钢筋直径为10mm及以上时，应利用四根钢筋（绑扎或焊接）作为一组引下线 ③当建构筑物钢筋混凝土内的钢筋具有贯通性连接（绑扎或焊接）并符合上述要求时，竖向钢筋可作为引下线；横向钢筋若与引下线可靠连接（绑扎或焊接）时，可作为均压环
7	在易受机械损坏的地方，地面上约1.7m至地下0.3m的这一段引下线应加保护措施。引下线是防雷装置极重要的组成部分，必须极其可靠地按规定装设好，以保证防雷效果

（5）接闪器接地要求。避雷针（线、带）的接地除必须符合接地的一般要求外，还应遵守以下规定（见表3-4-2）：

表3-4-2　接闪器接地要求

序号	要　求
1	避雷针（带）与引下线之间的连接应采用焊接
2	装有避雷针的金属筒体（如烟囱），当其厚度大于4mm时，可作为避雷针的引下线，但筒底部位有对称两处与接地体相连
3	独立避雷针及其接地装置与道路或建筑物的出入口等的距离应大于3m
4	独立避雷针（线）应设立独立的接地装置，在土壤电阻率不大于100Ω·m的地区，其连接电阻不宜超过10Ω
5	其他接地体与独立避雷针的接地体之间距离不应小于3m
6	不得在避雷针构架或电杆上架设低压电力线或通信线

2. 避雷器

避雷器用来防护高压雷电波侵入变配电所或其他建筑物内损坏被保护设备。它与被保护设备并联连接，如图3-4-3所示。

当线路上出现危及设备绝缘的过电压时，避雷器就对地放电，从而保护了设备的绝缘，避免了设备遭高电压雷电波损坏。

避雷器有阀型避雷器、管型避雷器、氧化锌避雷器和保护间隙等。

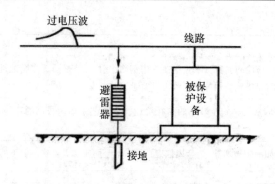

图 3 - 4 - 3　避雷器的连接

（1）阀型避雷器。高压阀型避雷器或低压阀型避雷器都由火花间隙和阀电阻片组成，装在密封的瓷套管内。火花间隙用铜片冲制而成，每对间隙用 0.5~1.0m 厚的云母垫圈隔开，如图 3 - 4 - 4（a）所示。

阀电阻片是由陶料粘固起来的电工用金刚砂（碳化硅）颗粒组成，如图 3 - 4 - 4（b）所示，阀电阻片具有非线性特性：正常电压时阀片电阻很大；过电压时阀片的电阻变得很小，电压越高电阻越小。

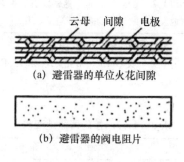

（a）避雷器的单位火花间隙

（b）避雷器的阀电阻片

图 3 - 4 - 4　阀型避雷器

正常工作电压情况下，阀型避雷器的火花间隙阻止线路工频电流通过（见图 3 - 4 - 3），但在线路上出现高电压波时，火花间隙就被击穿，很高的高电压波就加到阀电阻片上，阀电阻片的电阻便立即减小，使高压雷电流畅通地向大地泄放。过电压一消失，线路上恢复工频电压时，阀片又呈现很大的电阻，火花间隙绝缘也迅速恢复，线路便恢复正常运行。这就是阀型避雷器的工作原理。

低压阀型避雷器中串联的火花间隙和阀片少；高压阀型避雷器中串联的火花间隙和阀片多，而且随电压的升高数量增多。

（2）管型避雷器。管型避雷器由产气管、内部间隙和外部间隙三部分组成，如图 3 - 4 - 5所示。

产气管由纤维、有机玻璃或塑料制成。内部间隙 S_1 装在产气管内，一个电极为棒形，另一个电极为环形。外部间隙 S_2 装在管型避雷器与运行带电的线路之间。

正常运行时，间隙 S_1 和 S_2 均断开，管型避雷器不工作。当线路上遭到雷击或发生感应雷时，很高的雷电压使管型避雷器外部间隙 S_2 击穿（此时无电弧），接着管型避雷器内

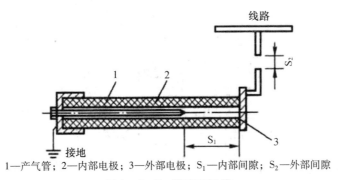

1—产气管；2—内部电极；3—外部电极；S_1—内部间隙；S_2—外部间隙

图 3-4-5 管型避雷器

部间隙 S_1 被击穿，强大的雷电流便通过管型避雷器的接地装置入地。此强大的雷电流和很大的工频续流会在内部间隙发生强烈电弧，在电弧高温下，产气管的管壁产生大量灭弧气体，由于管子容积很小，所以在管内形成很高压力，将气体从管口喷出，强烈吹弧，在电流经过零值时，电弧熄灭。这时外部间隙恢复绝缘，使管型避雷器与运行线路隔离，恢复正常运行。

为了保证管型避雷器可靠工作，在选择管型避雷器时，开断续流的上限应不小于安装处短路电流最大有效值（考虑非常周期分量）；开断续流的下限应不大于安装处短路电流的可能最小值（不考虑非周期分量）

管型避雷器外部间隙 S_1 的最大值为：3kV 为 8mm、6kV 为 10mm、10kV 为 15mm。具体根据周围气候环境、空气湿度及含杂质等情况综合考虑后决定，既要保证线路正常安全运行，又要防雷保证可靠工作。

（3）氧化锌避雷器。氧化锌避雷器是 20 世纪 70 年代初期出现的压敏避雷器，它是以金属氧化锌微粒为基体与精选过的能够产生非线性特性的金属氧化物（如氧化铋等）添加剂高温烧结而成的非线性电阻。其工作原理是：在正常工作电压下，具有极高的电阻，呈绝缘状态；当电压超过启动值时（如雷电过电压等），氧化锌阀片电阻变为极小，呈"导通"状态，将雷电流畅通向大地泄放。待过电压消失后，氧化锌阀片电阻又呈现高电阻状态，使"导通"终止，恢复原始状态。

氧化锌避雷器动作迅速，通流量大，伏安特性好，残压低，无续流。因此，它一诞生就受到广泛的欢迎，并很快地在电力系统中得到应用。

（4）保护间隙。保护间隙是最简单经济的防雷设备，它结构十分简单，维护也方便，但其保护性能差，灭弧能力小，容易造成接地短路故障，所以在装有保护间隙的线路上，一般都装有自动重合闸装置，以提高供电可靠性。图 3-4-6 所示是常见的羊角形间隙结构，其中一个电极接线路，另一个电极接地。为了防止间隙被外物（如老鼠、树枝等）短接而发生接地故障，在其接地引下线中还串联一个辅助间隙，如图 3-4-7 所示。间隙的电极应镀锌。

保护电力变压器的角型间隙，要求装在高压熔断器的内侧，即靠近变压器的一侧，这样在间隙放电后，熔断器能迅速熔断以减少变电所、线路断路器的跳闸次数，并缩小停电范围。

保护间隙在运行中要加强维护检查，特别要注意间隙是否完好、间隙距离有无变动、接地是否完好。

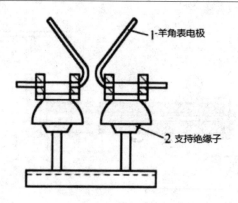

图 3 – 4 – 6　半角型间隙（装于水泥杆的铁横担上）

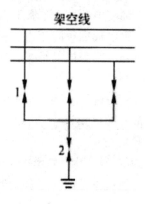

1—主间隙；2—辅助间隙

图 3 – 4 – 7　三相角形间隙和辅助间隙的联接

3. 消雷器

消雷器是利用金属针状电极的尖端放电原理，使雷云电荷被中和，从而不致发生雷击现象，如图 3 – 4 – 8 所示。

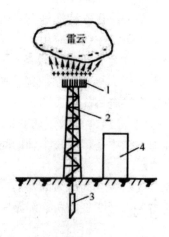

1—离子化装置；2—连接线；3—接地装置；4—被保护物

图 3 – 4 – 8　消雷器的防雷原理说明

当雷云出现在消雷器及其保护设备（或建筑物）上方时，消雷器及其附近大地都要感应出与雷云电荷极性相反的电荷。绝大多数靠近地面的雷云是带负电荷，因此大地上感应的是正电荷，由于消雷器浅埋地下的接地装置（称为"地电收集装置"），通过连接线（引下线）与消雷器顶端许多金属针状电极的"离子化装置"相连，使大地的大量正电荷（阳离子）在雷电场作用下，由针状电极发射出去，向雷云方向运动，使雷云电荷被中和，雷电场便减弱，从而防止雷击的发生。

三、防雷措施

（一）建筑物的防雷分级

1. 一级防雷建筑

（1）具有特别重要用途的建筑物。如国家级的会堂、办公建筑、档案馆、大型博展建筑、大型铁路旅客站、国际性航空港、通信枢纽、国宾馆、大型旅游建筑、国际港口客运站等。

（2）国家重点文物保护的建筑和构筑物。

（3）高度超过100m的建筑物。

2. 二级防雷建筑

（1）重要的或人员密集的大型建筑物。如部、省级办公楼，省级会堂、博展建筑及体育、交通、通信广播等建筑，大型商店，影剧院等。

（2）省级重点文物保护建筑和构筑物。

（3）19层以上的住宅建筑和高度超过50m的其他民用建筑物。

（4）省级及以上大型计算中心和装有重要电子设备的建筑物。

3. 三级防雷建筑

（1）当"年计算雷击数"大于或等于0.05时，可通过调查确认需要防雷的建筑物（"年计算雷击次数"的计算方法见《民用建筑电气设计规范》或其他资料）。

（2）建筑群中最高或位于建筑群边缘高度超过20m的建筑物。

（3）高度为15m及以下的烟囱、水塔等孤立建筑物或构筑物，在雷电活动较弱地区（年平均雷暴日不超过15日）其高度可为20m及以上。

（4）历史上雷害事故严重地区或雷害事故较多地区的较重要建筑物。

在确定建筑物防雷分级时，除按上述规定外，在雷害事故活动频繁地区或强雷区可适当提高建筑物的防雷等级。

（二）建筑物的防雷措施

1. 一级防雷建筑物的防雷措施及要求

（1）防直击雷。应在屋角、屋脊、女儿墙或屋檐上装设避雷带，并在屋面上装设不大于10m×10m的网格。突出屋面的物体应沿其顶部四周装设避雷带，在屋面接闪器保护范围之外的物体应装接闪器，并和屋面防雷装置相连。

防直击雷装置引下线的数量和间距规定如下：专设下线时，其根数不应少于两根，间距不应大于18m；利于建筑物钢筋混凝土中的钢筋作为防雷装置的引下线时，其根数不作规定，但间距不应大于18m，建筑物外廓各个角上的柱筋应被利用。

（2）防雷电波侵入。进入建筑物的各种线路及金属管道宜采用全线埋地引入，并在入户端将电缆的金属外皮、钢管及金属管道与接地装置连接。当全线埋地敷设电缆确有困难而无法实现时，可采用一段长度不小于 $2\sqrt{\rho}$ m 的铠装电缆或穿钢管的全塑电缆直接埋地引入，但电缆埋地长度不应小于 15m，其入户端电缆的金属外皮或钢管应与接地装置连接，ρ 为埋电缆处的土壤电阻率（Ω/m）。在电缆与架空线连接处还应装设避雷器，并与电缆的金属外皮或钢管及绝缘子铁脚连在一起接地，其接地电阻不应大于 10Ω。

（3）当建筑物高度超过 30m 时，30m 及以上部分应采取下列防测击雷和等电位措施。建筑物内钢构架和钢筋混凝土的钢筋应予以连接；应利用钢柱或钢筋混凝土柱子内钢筋作为防雷装置引下线；应将 30m 及以上部分的外墙上栏杆、金属门窗等较大金属物直接或通过埋铁与防雷装置相连接；垂直金属管道及类似金属物的底部应与防雷装置连接。

2. 二级防雷建筑物的防雷措施及要求

（1）防直击雷。宜在屋角、屋脊、女儿墙或屋檐上装设避雷带，并在屋面上装设不大于 $15m \times 15m$ 的网络；突出屋面的物体，应沿其顶部四周装设避雷带。防直击雷也可采用装设在建筑物上的避雷带（网）和避雷针两种混合组成的接闪器，并将所有避雷针用避雷带相互连接起来。

防直击雷装置的引下线数量和间距规定如下：专设引下线时，其引下线的数量不应少于两根，间距不应大于 20m；利用建筑物钢筋混凝土中的钢筋作为防雷装置的引下线时，其引下线的数量不作具体规定，但间距不应大于 20m，建筑物外廊各个角上的钢筋应被利用。

（2）防雷电波侵入措施。当低压线路全长采用埋地电缆或在架空金属线槽内的电缆引入时，在入户端应将电缆金属外皮、金属线槽接地，并应与防雷接地装置相连接。

低压架空线应采用一段埋地长度不小于 $2\sqrt{\rho}$ m 的金属铠装电缆或护套电缆穿钢管直接埋地引入，电缆埋地长度不应小于 15m，ρ 是电缆埋设处土壤电阻率（Ω/m）。电缆与架空线连接处应装设避雷器。避雷器、电缆金属外皮、钢管和绝缘子铁脚等应连在一起接地，接地电阻不应大于 10Ω。

年平均雷暴日在 30 天及以下地区的建筑物，可采用低压架空线直接引入，但应符合下列要求：入户端应装设避雷器，并与绝缘子铁脚连在一起接到防雷接地，接地电阻应小于 5Ω；入户端的三基电杆绝缘子铁脚应接地，接地电阻均不能大于 20Ω。

（3）进入建筑物的各种金属管道及电气设备的接地装置，应在进出处与防雷接地装置连接。

3. 三级防雷建筑物的防雷措施及要求

（1）防直击雷。宜在建筑物屋角、屋檐、女儿墙或屋脊上装设避雷带或避雷针。当采用避雷带保护时，应在屋面上装设不大于 $20m \times 20m$ 的网格。当采用避雷针保护时，被保护的建筑物及突出屋面的物体均应处在避雷针的保护范围内。

防直击雷装置引下线的数量和间距规定如下：专设引下线时，其引下线的数量不宜少于两根，间距不应大于 25m；当利用建筑物钢筋混凝土中的钢筋作为防雷装置引下线时，其引下线的数量不作具体规定，但间距不应大于 25m。建筑物外廊易受雷击的几个角上柱子的钢筋应予利用。

构建物的防直击雷装置引下线一般可为一根，但其高度超过 40m 时，应在相对称的位置上装设两根。

防直击雷装置每根引线的接地电阻值不宜大于 30Ω，其接地装置宜和电气设备等接地装置共用。防雷接地装置在埋地金属管道及不共用的电气设备接地装置相连接。

（2）防雷电波侵入。对电缆进出线应在进出端将电缆金属外皮、钢管等电气设备接地相连。在电缆与架空线连接处应装设避雷器。避雷器、电缆金属外皮和绝缘子铁脚应连在一起接地，接地电阻不应大于30Ω。

做好防雷设计及保证装置安装质量是建筑物安全的重要环节之一，在工程建设中切不可马虎。对于一级、二级防雷建筑物，除做好上述防直击雷及雷电波措施外还必须考虑防感应雷的措施。

1）为了防止雷电的静电感应产生的高电压，应将建筑物内的金属管道、结构钢筋及金属敷设设备等予以接地，接地装置可与其他接地装置共用。

2）根据建筑物的不同屋顶，应将屋顶采取相应的防静电措施；对于金属屋顶，可将屋顶妥善接地；对于钢筋混凝土屋顶，应将屋面钢筋焊成6～12m网格，连成通路接地；对于非金属屋顶，应在屋顶上加装6～12m金属网格接地。屋顶或屋顶上的金属网格接地时，接地不得少于两处，其间距不得超过18～30m。

3）为了防止雷电的电磁感应，平行管道相距不到100mm时，每20～30m应用金属线跨接；交叉管道相距不到100mm时也应用金属线跨接；管道与金属设备或金属结构间距离小于100mm时，也应用金属线跨接；此外，管道接头、弯头等连接地方，也应用金属线跨接。

（三）架空电力线路防雷措施

1. 架设避雷线

根据我国目前电网情况，110V及以上的架空线路设避雷线（年平均雷暴日不超过15天的少雷地区除外），从运行统计看是很有效的防雷措施。但是架设避雷线造价很高，所以只在重要的110kV线路及220kV及以上电力线路才沿线路全线装设避雷线。35kV及以下电力线路一般不全线装设避雷线。有避雷线的线路，每基杆塔不连避雷线的工频接地电阻，在雷季干燥时不宜超过表3-4-3所列数值。

表3-4-3 有避雷线架空电力线路杆塔的工频接地电阻

土壤电阻/（Ω·m）	≤100	100～500	500～1000	1000～2000	>2000
接地电阻/Ω	10	15	20	25	30

2. 加强线路绝缘

在铁横担线路上可改用瓷横担或高一等级的绝缘子（10kV线路）加强线路绝缘，使线路的绝缘耐冲击水平提高。当线路遭受电击时，发生相间闪络的机会减小，而且雷击闪络后形成稳定工频电弧的可能性也减小，线路雷击跳闸次数就减少。

3. 利用导线三角形排列的顶线兼作防雷保护线

在顶线绝缘子上装设保护间隙，如图3-4-9所示。在线路顶线遭受雷击，出现高电压雷电波时，间隙被击穿，雷电流便畅通对地泄放，从而保护了下面两根导线，一般线路不会引起跳闸。

4. 杆塔接地

将铁横担线路的铁横担接地，当线路遭受雷击发生对铁横担闪络时，雷电流通过接地引下线入地。接地电阻应越小越好，年平均雷暴日在40天以上的地区，其接地电阻不应超过30Ω。

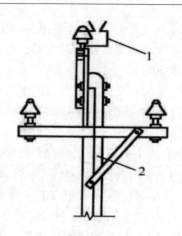

1—保护间隙；2—接电线

图3-4-9 顶线绝缘子附有保护间隙

5. 装设自动重合闸装置

线路遭受雷击时，不可避免要发生相间短路，尤其是10kV等电压较低线路，但运行经验证明，电弧熄灭后的电气绝缘强度一般都能很快恢复。因此，线路装设自动重合装置后，只要调整好，60%～70%的雷击跳闸能自动重合成功，这对保证可靠供电起到很大作用。

（四）变、配电所防雷措施

1. 10kV变、配电所

应在每组母线和每回路架空线路上装设阀型避雷器，其保护接线如图3-4-10所示，母线上避雷器与变压器的电气距离不大于表3-4-4所示数据。

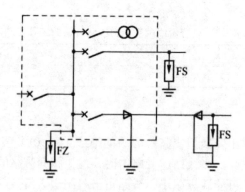

FZ、FS—阀型避雷器

图3-4-10 3～10kV配电装置雷电侵入波的保护线接线

表3-4-4 10kV避雷器与变压器的最大电气距离

雷季经常运行的进出线路数	1	2	3	≥4
最大电气距离（m）	15	23	27	30

（1）对于具有电缆进线线段的架空线路，阀型避雷器应装设在架空线路与连接电缆

的终端头附近。

（2）阀型避雷器的接地端应和电缆金属外皮相连。

（3）如各架空线均有电缆进出线段，则避雷器与变压器的电气距离不受限制。

（4）避雷器应以最短的接地线与变配电所的主接地网连接。

（5）在多雷地区，为防止变压器低压侧雷电波侵入的正变换点压和来自变压器高压侧的反变换电压击穿变压器的绝缘（反变换电压是指高压侧遭受雷击，避雷器放电，其接地装置呈现较高的对地电压，此电压经过变压器低压中性点通过变压器反转来加到高压侧的电压冲击波）；在变压器低压侧宜装设一组低压阀型避雷器或击穿保险器。如变压器高压侧电压在 3kV 以上，则在变压器的高、低压侧均应装设阀型避雷器保护。

2. 低压线路终端的保护

雷电波沿低压线路侵入室内时，容易造成严重的人身事故。为了防止这种雷害，根据不同情况，可以采取表 3-4-5 所列防雷电波措施。

表 3-4-5　防雷电波措施

序号	措　施
1	对于重要用户，最好采用电缆供电，并将电缆金属外皮接地；条件不允许时，可由架空线转经 50m 以上的直埋电缆供电，并在电缆与架空线连接处装设一组低压阀型避雷器，架空线绝缘子铁脚与电缆金属外皮一起接地
2	对于重要性较低的用户，可采用全部架空线供电，并在进口处装设一组低压阀型避雷器或保护间隙，并与绝缘子铁脚一起接地，邻近的三根电杆上的绝缘子铁脚也应接地
3	对于一般用户，将进户处绝缘子铁脚接地
4	年平均暴日数不超过 30 天的地区，低压线被建筑物等屏蔽的地区，以及接户线距低压线路接地点不超过 50m 者，接户线的绝缘子铁脚可不接地

3. 架空管道上雷电波浸入的防护

为了防止沿架空管道传来的雷电波，应根据用户的重要性，在管道进户处及邻近的 100m 内，采取 1~4 处接地措施，并在管道支架处接地，接地装置可与电气设备接地装置共用。

四、防雷设备安装

防雷设备安装得好坏，将关系到防雷效果，因此必须认真仔细，保证安装质量。

防雷设备的安装要求如表 3-4-6 所示。

表 3-4-6　防雷设备的安装要求

序号	要　求
1	避雷针及其接地装置不能装设在人、畜经常通行的地方，距道路应在 3m 以上，否则要采取保护措施；与其他接地装置和配电装置之间要保持规范距离；地面上不小于 5m，地下不小于 3m
2	用避雷针带防建筑物遭直击雷时，屋顶上任何一点距避雷带不应大于 10m；当有 3m 及以上平行避雷带时，每隔 30~40m 宜将平行的避雷带连接起来

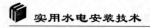
续表

序号	要 求
3	屋顶上装设多支避雷针时,两针之间距离不宜大于30m;屋顶上单支避雷针的保护范围可按60°保护角确定
4	**阀型避雷器安装要求** 避雷器不得任意拆开,以免损坏密封和损坏元件;避雷器应垂直立放保管 避雷器安装前应检查其型号规格是否与设计相符,瓷件应无裂纹、损坏,瓷套与铁法兰间的结合应良好,组合元件应经试验合格,底座和拉紧绝缘子的绝缘应良好;FS型避雷器绝缘电阻应大于2500MΩ 阀型避雷器应安装垂直,每一个元件的中心线与避雷器安装中心线的垂直偏差不应大于该元件高度的1.5‰;如有歪斜可在法兰间加金属片校正,但应保护其导电良好,并把缝隙垫平后涂以油漆,均压环应安装水平,不能歪斜 拉紧绝缘子串必须紧固,弹簧应能伸缩自如,同相绝缘子串的拉力应均匀 放电记录器应密封良好,动作可靠,安装位置应一致,且便于观察,放电记录器要恢复至零位 10kV以下变、配电所常用的阀型避雷器,体积较小,一般安装在墙上或杆上;安装在墙上时,应有横担固定;金属支架、横担应根据设计要求加工制作,并安装牢固;避雷器的上部端子一般用镀锌螺栓与高压母线连接,下部端子接到接地引下线上;接地引下线应尽量短而直,截面积应按接地要求和规定选择
5	**管型避雷器安装要求** 安装前应进行外观检查:绝缘管壁应无破损、裂痕,漆膜无脱落,管口无堵塞,配件齐全,绝缘应良好,实验应合格 灭弧间隙不得任意拆开调正,喷口处的灭弧管内径应符合产品技术规定 安装时应在管体的闭口端固定,开口端指向下方;倾斜安装时,其轴线与水平方向的夹角,普通管型避雷器应不小于15°,无续流避雷器应不小于45°,装在污秽地区时应增大倾斜度 避雷器安装方位,应使其排出的气体不会引起相间或相对地短路或闪络,也不得喷及其他电气设备;避雷器的动作指示盖应向下打开 避雷器及其支架必须安装牢固,防止反冲力使其变形和移位,同时应便于观察和检修 无续流避雷器的高压引线与被保护设备的连接线长度应符合产品的技术要求;外部间隙也应符合产品技术要求 外部间隙电极的制作应按产品的有关要求,铁质材料制作的电极应镀锌;外部间隙的轴线与避雷器管体轴线的夹角不小于45°,以免引起管壁闪络;外部间隙宜水平安装,以免雨滴造成短路;外部间隙必须安装牢固,间隙距离应符合设计规定
6	氧化锌避雷器安装要求与阀型避雷器相同

【任务训练】

▶▶ 训练任务　认识防雷设备

训练目标

　　通过本次训练,认识防雷设备,了解防雷设备的安装规范与要求。

训练内容

熟记表 3 – 4 – 7 中防雷设备基本要求，在日常生活或网上找到对应的图片资料。

表 3 – 4 – 7　常见防雷设备

序号	说　明	示意图
1	接闪器：在防雷装置中用以接受雷云放电的金属导体称为接闪器。接闪器有避雷针、避雷线、避雷带、避雷网等。所有接闪器都要经过接地引下线与接地体相连，可靠地接地。防雷装置的工频接地电阻要求不超过 10Ω	
2	避雷器：避雷器用来防护高压雷电波侵入变、配电所或其他建筑物内损坏被保护设备。它与被保护设备并联连接	
3	消雷器：消雷器是利用金属针状电极的尖端放电原理，使雷云电荷被中和，从而不致发生雷击现象	

训后思考

（1）防雷设备有哪几种形式？

（2）简述防雷设备的安装要求。

【任务考核】

将以上训练任务考核及评分结果填入表 3 – 4 – 8 中。

表 3 – 4 – 8　防雷装置安装任务考核表

序号	考核内容	考核要点	配分（分）	得分（分）
1	训练表现	按时守纪，独立完成	10	
2	认识防雷设备	熟悉各防雷设备的种类及其工作原理	30	
3	防雷设备安装	熟记防雷设备的安装要求	30	
4	思考题	独立完成、回答正确	20	
5	合作能力	小组成员合作能力	10	
6	合　计		100	

【任务小结】

通过防雷装置安装的学习，根据自己的实际情况完成下表。

姓　名		班　级	
时　间		指导教师	
学到了什么			
需要改进及注意的地方			

任务五　低压配电装置安装

【任务描述】

低压配电装置包括一些电器元件、母线、互感器、电工仪表等。如何安装和维修低压电器？本任务通过介绍低压配电装置选型及安装、单相进户装置安装、三相电度表安装、功率因数表的安装与维修，进一步掌握低压配电装置安装的相关知识。

【知识目标】

➢ 了解常见低压配电装置及使用场所；
➢ 掌握电动机、配电柜（箱、板）、变压器的安装步骤和工艺要求；
➢ 掌握电气设备调试步骤和要求。

【技能目标】

➢ 掌握电动机、配电柜（箱、板）、变压器的安装步骤和工艺要求；
➢ 掌握电气设备调试步骤和要求。

【知识链接】

一、低压配电装置的选型

电力的高、低压是以其额定电压的大、小来区分的，1kV 及以上的电压等级为中压和高压，1kV 以下的电压等级为低压。

低压电力网是指自配电变压器低压侧或直配发电机母线，经由监测、控制、保护、计量等电器至各用户受电设备组成的电力网络。它主要由配电线路、配电装置和用电设备组成。

配电装置是指由母线、开关电器、仪表、互感器等按照一定的技术要求装配起来，用来接收、分配和控制电能的设备。如图 3 - 5 - 2 所示。

1. 分类

（1）按控制层次可分为配电总盘、分盘和动力、照明配电盘。

配电总盘、分盘一般安装在配电间。

一个低压配电系统通常包括受电柜（即进线柜）、馈线柜（控制各功能单元）、无功率补偿柜等。当由两组变压器供电时，相应地增加一个受电柜和一个母联柜，控制的功能单元（馈电柜）也就相应增多。

受电柜——配电系统的总开关，从变压器低压侧进线，控制整个系统。

馈电柜——直接对用户的受电设备，控制各用电单元。

电容补偿柜——根据电网负荷消耗的感性无功量的多少自动地控制并联电容器组的投入，使电网的无功消耗保持到最低状态，从而提高电网电压质量，减少输电系统和变压器的损耗。

（2）低压配电装置按结构不同，分为两大类：一类为抽出式结构（即抽屉柜），如 GCK（GCL）、GCS、MNS 等；另一类为固定式结构（即固定型配电柜），如 GGD、PGL 等。

2. 选型

目前市场上流行的开关柜型号很多，归纳起来有以下几种型号，现把各种型号的开关柜型号及其优缺点列举如下：

（1）GGD 系列。

1）用途。GGD 型交流低压配电柜适用于变电站、发电厂、厂矿企业等电力用户的交流 50Hz，额定工作电压 380V，额定工作电流 1000 ~ 3150A 的配电系统，作为动力、照明及发配电设备的电能转换、分配与控制之用。

GGD 型交流低压配电柜是根据能源部、广大电力用户及设计部门的要求，按照安全、经济、合理、可靠的原则设计的新型低压配电柜。

2）产品型号及含义。

GGD 型：G—低压配电柜；G—固定安装、固定接线；D—电力用柜。

图 3 - 5 - 1 GGD 型交流低压配电柜

3）结构特点。

①GGD型交流低压配电柜的柜体采用通用柜形式，构架用8MF冷弯型钢局部焊接组装而成，并有20模的安装孔，通用系数高。

②GGD柜充分考虑散热问题。在柜体上下两端均有不同数量的散热槽孔，当柜内电器元件发热后，热量上升，通过上端槽孔排出，而冷风不断地由下端槽孔补充进柜，使密封的柜体自下而上形成一个自然通风道，达到散热的目的。

③GGD柜按照现代化工业产品造型设计的要求，采用黄金分割比的方法设计柜体外形和各部分的分割尺寸，使整柜美观大方，面目一新。

④柜体的顶盖在需要时可拆除，便于现场主母线的装配和调整，柜顶的四角装有吊环，用于起吊和装运。

⑤柜体的防护等级为IP30，用户也可根据环境的要求在IP20～IP40间选择。

（2）GCK系列。

1）产品型号及含义。

GCK：G是封闭式开关柜；C是抽出式；K是控制中心。

GCK低压抽出式开关柜（以下简称开关柜）由动力配电中心（PC）柜和电动机控制中心（MCC）两部分组成。该装置适用于交流50（60）Hz、额定工作电压小于或等于660V、额定电流4000A及以下的控配电系统，作为动力配电、电动机控制及照明等配电设备。如图3－5－2所示。

GCK开关柜符合IEC60439－1《低压成套开关设备和控制设备》、GB7251.1－1997《低压成套开关设备和控制设备》、GB/T14048.1－93《低压开关设备和控制设备总则》等标准。

图3－5－2　GCK型低压抽出式开关柜

2）结构特点。

①整柜采用拼装式组合结构，模数孔安装，零部件通用性强、适用性好、标准化程度高。

②柜体上部为母线室，前部为电器室，后部为电缆进出线室，各室间有钢板或绝缘板

作隔离，以保证安全。

③MCC柜（即电动机控制中心）抽屉小室的门与断路器或隔离开关的操作手柄设有机械联锁，只有手柄在分断位置时门才能开启。

④受电开关、联络开关及MCC柜的抽屉具有三个位置：接通位置、试验位置、断开位置。

⑤开关柜的顶部根据受电需要可装母线桥。

（3）GCS系列。GCS型低压抽出式开关柜适用于三相交流频率为50Hz，额定工作电压为400V（690V），额定电流为4000A及以下的发、供电系统中的作为动力、配电和电动机集中控制、电容补偿之用。广泛应用于发电厂、石油、化工、冶金、纺织、高层建筑等场所，也可用在大型发电厂、石化系统等自动化程度高，要求与计算机接口的场所。如图3-5-3所示。

本产品符合GB7251.1-1997《低压成套开关设备和控制设备》和JB/T9661-1999《低压抽出式成套开关设备》的要求。

图3-5-3 GCS型低压抽出式开关柜

结构特点：

■框架采用8MF型开口型钢，主构架上安装模数为E = 20mm和100mm的Φ9.2mm的安装孔，使得框架组装灵活方便。如图3-5-4所示。

■开关柜的各功能室相互隔离，其隔室分为功能单元室、母线室和电缆室。各室的作用相对独立。

■水平母线采用柜后平置式排列方式，以增强母线抗电动力的能力，是使主电路具备高短路强度能力的基本措施。

■电缆隔室的设计使电缆上、下进出均十分方便。

■抽屉高度的模数为160mm。抽屉改变仅在高度尺寸上变化，其宽度、深度尺寸不变。相同功能单元的抽屉具有良好的互换性。单元回路额定电流400A及以下。

■抽屉面板具有分、合、试验、抽出等位置的明显标志。抽屉单元设有机械联锁装置。抽屉单元为主体，同时具有抽出式和固定性，可以混合组合，任意使用。

■柜体的防护等级为IP30～IP40，还可以按用户需要选用。

图 3-5-4 8MF 型开口型钢

（4）MNS 系列。MNS 型低压抽出式成套开关设备（以下简称开关柜）为适应电力工业发展的需求，参考国外 MNS 系列低压开关柜设计并加以改进开发的高级型低压开关柜，该产品符合国家标准 GB7251、VDE660 和 ZBK36001-89《低压抽出式成套开关设备》、国际标准 IEC439 规定 MNS 型低压开关柜适应各种供电、配电的需要，能广泛用于发电厂、变电站、工矿企业、大楼宾馆、市政建设等各种低压配电系统。如图 3-5-5 所示。

图 3-5-5 MNS 型低压抽出式成套开关设备

结构特点：

■MNS 型低压开关柜框架为组合式结构，基本骨架由 C 型钢材组装而成。柜架的全部结构件经过镀锌处理，通过自攻锁紧螺钉或 8.8 级六角螺栓坚固连接成基本柜架，加上对应于方案变化的门、隔板、安装支架以及母线功能单元等部件组装成完整的开关柜。开关柜内部尺寸、零部件尺寸、隔室尺寸均按照模数化（E = 25mm）变化。

■MNS 型组合式低压开关柜的每一个柜体分隔为三个室，即水平母线室（在柜后部）、抽屉小室（在柜前部）和电缆室（在柜下部或柜前右边）。室与室之间用钢板或高强度阻燃塑料功能板相互隔开，上下层抽屉之间有带通风孔的金属板隔离，以有效防止开关元件因故障引起的飞弧或母线与其他线路短路造成的事故。

■MNS 型低压开关柜的结构设计可满足各种进出线方案要求：上进上出、上进下出、下进上出、下进下出。

■设计紧凑：以较小的空间容纳较多的功能单元。

■结构件通用性强、组装灵活，以 E = 25mm 为模数，结构及抽出式单元可以任意组合，以满足系统设计的需要。

■母线用高强度阻燃型、高绝缘强度的塑料功能板保护，具有抗故障电弧性能，使运行维修安全可靠。

■各种大小抽屉的机械联锁机构符合标准规定，有连接、试验、分离三个明显的位置，安全可靠。

■采用标准模块设计：分别可组成保护、操作、转换、控制、调节、测定、指示等标准单元，可以根据要求任意组装。

■采用高强度阻燃型工程塑料，有效加强了防护安全性能。

■通用化、标准化程度高，装配方便，具有可靠的质量保证。

■柜体可按工作环境的不同要求选用相谓的防护等级。

■设备保护连续性和可靠性。

（5）MCS 系列。MCS 智能型低压抽出式开关柜是一种融合了其他低压产品的优点而开发的高级型产品，适用于电厂、石油化工、冶金、电信、轻工、纺织、高层建筑和其他民用、工矿企业的三相交流 50Hz，60Hz，额定电压 380V，额定电流 4000A 及以下的三相四（五）线制电力系统配电系统，在大型发电厂、石化、电信系统等自动化程度高，要求与计算机接口的场所，作为发、供电系统中的配电、电动机集中控制、无功功率补偿的低压配电装置。

抽屉功能单元可分为 MCCI、MCCII、MCCIII 三种。

MCCI 型：抽屉宽 600mm，高度分 180mm、360mm、540mm 三种，每柜可安装高度为 1800mm，按所需抽屉大小进行组合，最多可装 10 个单元，适用于较大电流的电动机控制中心和馈电回路。

MCCII 型：抽屉宽 600/2mm，高度分 200mm，可安装高度为 1800mm，按所需抽屉大小进行组合，最多可装 18 个单元，适用于 100A 以下的单元。

MCCIII 型：抽屉宽 600/2mm，高度分 180mm、360mm、540mm 三种，可安装高度为 1800mm，按所需抽屉大小进行组合，最多可装 20 个回路，适用于 100A 以下的单元。

■操作机构：每个抽屉上均装有一专门设计的操作机构，用于分断和闭合开关，并具备机械联锁等多种防误操作功能，MCCI 型抽屉有一套"断开"、"试验"、"工作"、"移出"四个位置的定位装置，抽屉为摇进结构，MCCII 型、MCCIII 型抽屉单元为推拉式，设置有定位装置，并有防误操作功能。

3. 各种型号开关柜优缺点

大体而言，抽出式柜较省地方，维护方便，出线回路多，但造价贵；而固定式的相对出线回路少，占地较多。如果客户提供的地点太少，做不了固定式的要改为做抽出式。

（1）GGD 型交流低压开关柜。该开关柜具有机构合理，安装维护方便，防护性能好，分断能力高等优点，容量大，分段能力强，动稳定性强，电器方案适用性广等优点，可作为换代产品使用。

缺点：回路少，单元之间不能任意组合且占地面积大，不能与计算机联络。

（2）GCK 开关柜。具有分断能力高，动热稳定性好，结构先进合理，电气方案灵活，系列性、通用性强，各种方案单元任意组合。一台柜体容纳的回路数较多、节省占地面积、防护等级高、安全可靠、维修方便等优点。

缺点：水平母线设在柜顶垂直母线没有阻燃型塑料功能板，不能与计算机联络。

（3）GCS 低压抽出式开关柜。具有较高技术性能指标、能够适应电力市场发展需要，并可与现有引进的产品竞争。根据安全、经济、合理、可靠的原则设计的新型低压抽出式开关柜，还具有分断、接通能力高、动热稳定性好、电气方案灵活、组合方便、系列性实用性强、结构新颖、防护等级高等特点。

缺点：其结构制作，尤其是装配十分麻烦，都采用螺栓连接，速度奇慢，工作量大，相比 MNS 装两台柜架，GCS 一台也装不出来。现在好多厂家开始逐渐改用自攻丝，有的公司开始选用一种新的在 8MF 型材基础上改进的型材制作，骨架上模数孔为 20 间距 5.3 排孔。结合 C 型材组装、设计方便的特点，柜体装配速度极大提高，同时强度又比 C 型材大。其制作出来外观尺寸，抽屉结构同 GCS 一样。

（4）MNS 系列产品优点：

①设计紧凑。以较小的空间能容纳较多的功能单元。

②结构通用性强，组装灵活。以 25mm 为模数的 C 型型材能满足各种结构形式、防护等级及使用环境的要求。

③采用标准模块设计。分别可组成保护、操作、转换、控制、调节、指示等标准单元，用户可根据需要任意选用组装。

④技术性能高。主要参数达到当代国际技术水平。

⑤压缩场地。三化程度高，可大大压缩储存和运输预制作的场地。

⑥装配方便。不需要特殊复杂性。

缺点：MNS 的设计还是很不错的。设计思想比 GCS 强多了，GCS 是学 MNS 都没学好。MNS 的结构和功能都比较合理，现在其价格也已和 GCS 基本差不多。唯一的感觉是强度稍软一点，但并无大碍。

（5）MCS 型低压抽出式开关柜优点：

①柜体采用 C 型钢材组装而成，外形统一，精度高、抽屉互换性好。

②MCC 柜宽度只有 600mm，而使用容量很大，可容纳更多的功能单元，节约建设用地。

③柜内元件可根据用户不同需求，配置各种型号的开关，更好地保证产品高可靠运行。

④本装置可预留自动化接口，也可把模块安装于开关柜上，实现遥信、遥测、遥控等"三遥"功能和控制设备。

缺点：造价高，对于中小型用户有一定难度。

二、低压配电装置的安装

一般低压配电装置是由一些电器元件、母线、互感器、电工仪表等组成。低压电源要经过配电装置进行配电。在安装过程中，熟练掌握配电柜（盘）电器设备及二次接线的技术要求。

（一）低压配电屏的安装

低压配电屏适用于额定电压500V和额定电流1500A以下的三相交流配电系统，是控制和分配电能的一种装置。

1. 低压配电屏的类型

低压配电屏有离墙式、靠墙式及抽屉式三种类型。

（1）离墙式低压配电屏，能够双面进行维护，型号有BSL－10型等，如图3－5－6所示。

（2）靠墙式低压配电屏，维护不方便。适用于用户需要不同的线路方案进行组合，型号有BDL－12型等。

（3）抽屉式低压配电屏，主要电器设备均装在抽屉里或手车上，通过备用抽屉或手车立即更换故障的回路单元，保证迅速供电。型号有BFC－2型等。

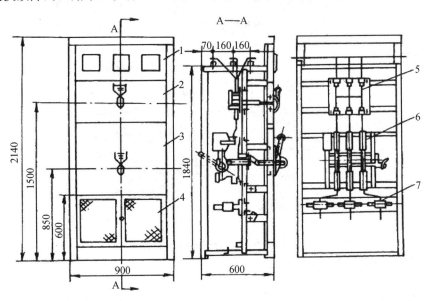

1—仪表板；2—上操作板；3—下操作板；4—门；5—刀开关；6—自动开关；7—电流互感器

图3－5－6 BSL－10型低压配电屏

2. 基础钢制作安装

（1）柜（盘）在室内的布置就位，按图施工，低压配电屏离墙安装时距墙体不应小于800mm，低压配电柜靠墙安装时距墙不应小于50mm，巡视通道宽不应小于1500mm，如图3－5－7所示。

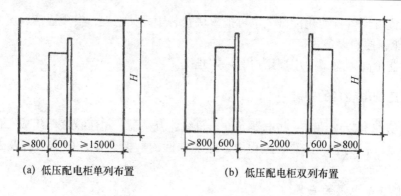

(a) 低压配电柜单列布置　　　　　　(b) 低压配电柜双列布置

图 3 – 5 – 7　低压配电柜的布置

（2）配电柜（盘）安装在基础型钢上，依据配电盘的尺寸及钢材规格而定。一般选用 5～10 号槽钢或 L50 × 5 角钢制作，如图 3 – 5 – 8 所示。

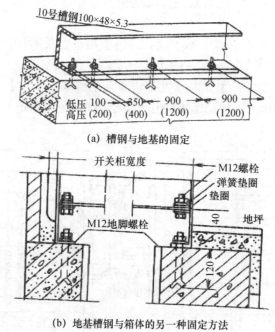

(a)　槽钢与地基的固定

(b)　地基槽钢与箱体的另一种固定方法

图 3 – 5 – 8　开关柜底脚安装

注：有无地沟或地沟的尺寸由设计而定。

（3）基础型钢安装时不平直角及水平度，每米长应小于 1mm，全长时应小于 5mm，基础型钢的位置偏差及不平行度在全长时均应小于 5mm。

（4）埋设的配电柜（盘）应做良好的接地，一般选 40 × 5 镀锌扁钢在基础型钢的两端分别接地，焊接面为扁钢宽度的 2 倍。

3. 配电柜（盘）安装

（1）按规定的顺序排列配电柜，先调整好中间一面柜（盘），然后向左或向右分开调整。

（2）柜（盘）找正时与型钢之间采用 0.5mm 铁片调整，每处不得超过 3 片，柜与柜之间接缝处的缝隙应小于 2mm。

（3）基础型钢与低压柜的定位，可使用电钻，钻 12.5mm 的孔，用 M12 镀锌螺栓固定。

（4）每台柜（盘）宜单独与基础型钢做接地连接，每台柜（盘）以后面左下部，基础型钢侧面焊上接线鼻子，再用不小于 6mm² 钢导线与柜连接牢固。

（5）配电柜应安装牢固，各柜连接紧密，无明显的缝隙。配电柜应放置水平及垂直，垂直误差不大于其高度的 1.5/1000，水平误差不大于 1/1000，最大总误差不大于 5mm。

（6）装在振动场所的配电柜，继电器及仪表直接安装在柜上时，应采取有效的防振措施，防止因开关分合闸时的振动而引起误动作。

（7）安装好的配电柜盘面油漆应完好，回路名称及部件标号应齐全，柜内外清洁。

4. 配电柜（盘）上的电器安装

（1）电器安装要求：电器元件及规格型号应符合设计要求，各电器的拆装不影响其他电器及导线束的固定，信号回路信号灯、事故电钟显示准确，金属外壳可靠接地。

（2）端子排安装要求：端子排绝缘良好，离地高度应大于 350mm。强、弱电端子应分开布置或明显标记。

（3）发热元件应安装在散热良好的环境，两个发热元件之间的连接应采用耐热导线或裸铜线套瓷管。

（4）二次回路及小母线安装。

1）柜（盘）正面及背面各电器、端子排，应明显编号、名称、用途及操作位置。

2）柜（盘）内两导体间，导电体与裸露的不带电的导体间的电气间隙及爬电距离应符合要求，如表 3-5-1 所示。

表 3-5-1 允许最小电气间隙及爬电距离

单位：mm

额定电压（V）	电气间隙额		爬电距离额	
	额定工作电流		额定工作电流	
	<63A	>63A	<63A	>63A
<60	3.0	5.0	3.0	5.0
60<U<300	5.0	6.0	6.0	8.0
300<U<500	8.0	10.0	10.0	12.0

3）柜（盘）内的配线电流回路，电压不低于 500V，应使用截面不小于 2.5mm² 铜芯绝缘导线，其他回路导线截面不应小于 1.5mm² 铜芯绝缘导线，弱电可采用截面不小于 0.5mm² 的绝缘铜导线，宜采用锡焊连接接点。

（二）配电箱安装

按用途不同，低压配电箱可分为动力配电箱和照明配电箱，安装方式可分为明装和暗装，又依据材质可分为铁制、木制及塑料制品配电箱，使用配电箱必经统一的技术标准进行审查和鉴定，方可选用。

1. 照明配电箱的选择

（1）照明配电箱应依据使用要求、进户线制式、用电负荷的大小、分支回路等设计要求，选用符合要求的配电箱。铁制箱体，用厚度不小于 2mm 的钢板制成。

（2）配电箱内设有专用保护端子板与箱体连通，工作零线端子板与箱体绝缘。（用作总配电箱除外）端子板应大于箱内最大导线截面的 2 倍。

（3）带电体之间的电气间隙不应小于 10mm，漏电距离不应小于 15mm，箱内母线分清相序，电度表和总开关应加装锁。

（4）非标准自制照明配电箱可根据盘面上的各种电器最小允许净距不得小于表 3 – 5 – 2 规定。

表 3 – 5 – 2 各种电器最小允许净距

单位：mm

电器名称	最小净距
并列开关或单极保险间	30
并列电度表间	60
电度表接线管头至表小沿	60
上下排电器管头间	25
开关至盘边	40
管头至盘边	40
电度表至盘边	60
进户线管头至开关下沿 10~15A	30
进户线管头至开关下沿 20~30A	50
进户线管头至开关下沿 6A	80

（5）木制配电箱及盘面，应厚度不小于 20mm，红、白松板材制成，宽度超过 600mm，配电箱应做成双扇门。用于室外的配电箱，要做成防水坡式或包镀锌铁皮。

2. 配电箱位置的确定

（1）配电箱应安装在电源的进口处，并尽量缩短距离，一般配电箱的供电半径为 30m 左右，便于维护。

（2）照明配电箱底边距地高度一般为 1.5m，照明配电板底边距离不应小于 1.8m，距配电箱与暖气管道距离不小于 300mm，与给排水管道不应小于 200mm，与煤气管、煤气表不应小于 300mm。

（3）普通砖砌墙体，在门、窗、洞口旁设置配电箱时，箱体边缘距门、窗或洞口边缘不宜小于 0.37m。

3. 箱体预埋

（1）建筑施工中，配电箱安装高度（箱底边距地面一般为 1.5m），又将箱体埋入墙内，箱体放置平正，箱体放置后用托线板找好垂直使之符合要求。木制箱体宜突出墙面 10~20mm，尽量与抹灰面相平；铁制箱体，依据面板是悬挂、半嵌入式和嵌入式安装的要求。如图 3 – 5 – 9 所示。

（2）宽度超过 500mm 的配电箱，其顶部要安装混凝土过梁；箱宽度 300mm 及以上时，在顶部应设置钢筋砖过梁，φ6mm 以上钢筋，不少于 3 根，保持箱体稳固。

（3）在 240mm 墙上安装配电箱时，要将箱后背凹进墙内不小于 20mm，后壁要用

10mm 厚石棉板，或钢丝直径为 2mm、孔洞为 10～10mm 的钢丝网钉牢，再用 1∶2 水泥砂浆抹好，以防墙面开裂。

（4）暗配钢管与铁制配电箱连接时，焊接固定，管口露出箱体长度应小于 5mm，先将管与接地线做横向焊接连接，再将跨接线与箱焊接牢固。

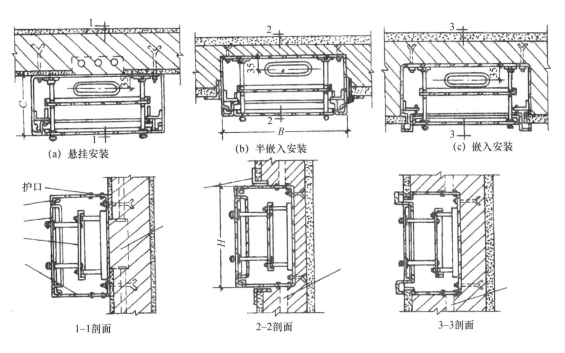

(a) 悬挂安装　　　　(b) 半嵌入安装　　　　(c) 嵌入安装

1－1剖面　　　　2－2剖面　　　　3－3剖面

图 3－5－9　箱体的安装

（5）对落地式配电箱的固定和安装，也可参照图 3－5－10。

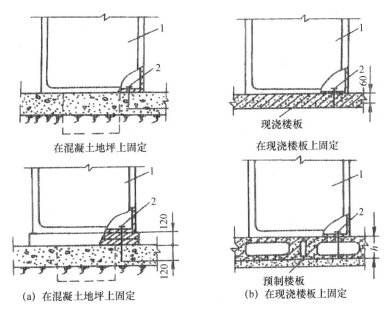

在混凝土地坪上固定　　　　在现浇楼板上固定

（a）在混凝土地坪上固定　　　　（b）在现浇楼板上固定

1—配电箱；2—螺栓

图 3－5－10　落地式配电箱箱体固定示意图

（三）低压电力电容的安装

装设电力电容器可补偿系统中的无功功率，提高功率因数，使系统的供电质量得到改善。

1. 电力电容的安装

（1）电力电容不应装在潮湿、多尘、高温，有腐蚀性，有易燃、易爆危险以及长期遭受振动的场所。

（2）电容器连接时，应考虑防止由于温度变化，引起绝缘油膨胀而使电容器套管受到过大压力。

（3）电力电容器应有良好的通风环境，每千瓦进风口（下孔）有效面积至少应为 $10cm^2$，出风口（上孔）有效面积至少应为 $20cm^2$，主要有：

1）电力电容器的分层架子不应超过三层，层与层之间不应装水平隔板。

2）电力电容器带电桩头与上层电容器的箱底相距至少应为 100mm。

3）电力电容器离地面至少相距为 100mm。

4）电容器箱壁宽面之间至少有 50mm 间距。

（4）电力电容器的裸导电部分离地面低于 2.2m 时应加设网遮护。网遮护到裸导电体的距离不应小于 100m，无孔板式遮护到裸导电体的距离不应小于 50mm。

（5）电力电容器有单独的操作开关，操作开关可采用自动空气开关或刀闸，所配的开关及导线每千瓦以 2A 计算，所配的熔体额定电流每千瓦以 2.5A 计算。

（6）电容器的结构如图 3-5-11 所示。电力电容器必须加装放电电阻，并采用三角形接法，如图 3-5-12 所示。一般采用 15~25W 的灯泡 6 个，两个串联接成一相，三相以三角形连接后与电容器组连接。熔丝的选择应为电容器额定电流的 13 倍。

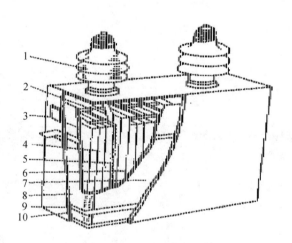

1—出线套管；2—出线连接片；3—连接片；4—扇形元件；5—固定板；

6—绝缘件；7—包封件；8—连接夹板；9—紧箍；10—外壳

图 3-5-11　补偿电容器的结构

2. 电容器的运行和维护

（1）电容器运行中的监视。

1）运行电压不允许高于允许值，表 3-5-3 为移相电容器的过电压标准。

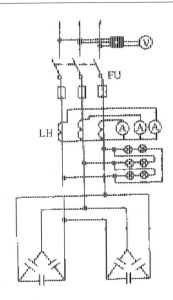

图 3 - 5 - 12　低压电容器组放电灯泡接线图

2）电容器应在额定电流下运行，允许过载电流不得超过额定电流的 1.3 倍，以免发生热击穿，自动将电容器与电网切除。

表 3 - 5 - 3　移相电容器的过电压标准

型式	允许过电压指数	最大持续时间	原　因
工频	1.10	长期	系统电压波动
工频	1.15	30min	系统电压波动
工频	1.20	5min	超负荷时的电压
工频	1.30	1min	轻负荷时的电压
谐波	只要电流不超过额定电流的 1.3 倍	可以长期	电源电压波形畸变

3）电容器的运行温度是电容器安全运行可靠保证。电容器一般靠空气自然冷却，所以周围空气温度对电容器的运行有很大影响。

4）电力电容器应在稳定的电压下运行，如暂时不可能，可允许在超过额定电压 5% 的范围内继续运行，且允许在 1.1 倍额定电压下短期运行。

（2）电容器组的操作。

1）变电所发生全所停电事故时，在将所有线路断电后，应将电容器断开。只有各线路恢复合闸进电后，才可将电容器投入运行。

2）电容器组切除后，至少经过 3min 方能再次合闸，以防止操作过电压击穿电容器组的绝缘。

3）发生下列情况，应立即将电容器组停止运行，如电容器爆炸、接头严重过热、套管严重放电闪络与电容器喷油或起火。

（3）电容器组的维护。

1）电容器组巡视检查内容：观察电容器外壳有无膨胀，是否渗漏油、运行声音是否正常、熔丝是否熔断、观察电压、电流表和温度计的数值是否在允许范围内。电容器外壳的保护接地是否可靠。

2）需要停电检查时，先将电容器自行放电外，还应进行人工放电，挂好接地线后，方可触及电容器。

3）电容器室应有人经常巡视，观察各种现象，并做好运行情况的记录。

（四）电流互感器的安装

电流互感器是一种特殊的变压器，其作用是把大电流转变成小电流进行测量。它的初级绕组匝数很少，甚至只有一匝，导线较粗，直接串在线路中可通过很大的电流（负载电流）；次级绕组匝数很多，通过的电流小，用来接监测电路运行情况的电测仪表。电流互感器的结构和符号如图3-5-13所示。

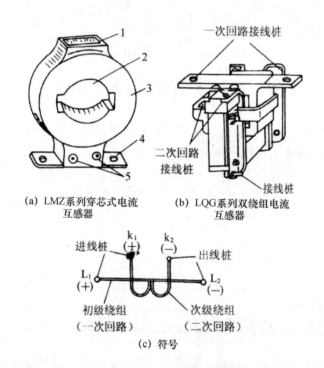

（a）LMZ系列穿芯式电流
互感器

（b）LQG系列双绕组电流
互感器

（c）符号

1—铭牌；2—次母线穿孔；3—铁芯，外绕二次绕组环氧树脂浇注；4—安装板；5—二次接线端子

图3-5-13 电流互感器

1. 电流互感器的安装

（1）电流互感器初级标有"L_1"或"＋"的接线柱，应接电源进线；标有"L_2"或"－"的接线柱接出线负载上。次级标有"k_1"或"＋"接线柱与电度表电流线圈的进线连接；标有"k_2"或"－"接线柱与电度表的出线柱连接。

（2）电流互感器次级的"k_2"或"－"接线柱、外壳及铁芯都必须可靠接地。

（3）LQG系列双绕组电流互感器，精度较高，安装时需断开电路，将其一次侧串接进去，二次侧接电测仪表。接线方式如图3-5-14所示。

（4）LMZ系列穿芯式电流互感器，其精度较低，安装方便，只需将母线从中间孔穿入作为一次侧绕组，二次侧接电测仪表。接线方式如图3-5-14所示。

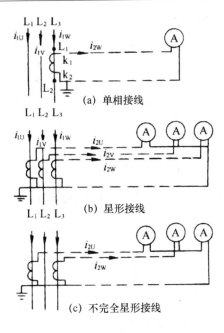

图 3 - 5 - 14　电流互感器与测量仪表的接线方式

提示：电流互感器应安装在电度表的上方。接线时，一定注意同名端问题。避免极性接反，造成仪表计量错误或继电保护装置不能正确动作。LQG 系列一般与电度表配合使用，LMZ 系列一般与电流表配合使用。

2. 电流互感器的极性判别方法

（1）电流互感器在连接时应注意极性，一般用 L_1 与 k_1、L_2 与 k_2 表示同极性端子，也可以同极性端子上注以"＊"号表示，如图 3 - 5 - 15 所示。

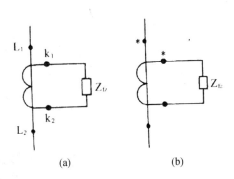

图 3 - 5 - 15　电流互感器的同名端标志方法

（2）电流互感器的同极性端子可用试验的方法确定。如图 3 - 5 - 16 所示：一次线圈串接一节电池，二次线圈接入一个电流计。合上开关 S，若电流计正向偏转，则电池正极所接端子 L_1 与电流计正表笔所接的端子 k_1 为同极性端子；若电流计反向偏转，则 L_1 与 k_1 为反极性端子。

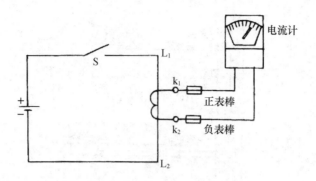

图 3 - 5 - 16　电流互感器的同极性判别方法

3. 电流互感器运行中的维护

（1）电流互感器在运行中，应防止二次回路开路。在调换电测仪表时，应先将二次回路短接后再拆除仪表进行调换；当仪表调换好后，应先将仪表接入二次回路，再拆除短接片，并检查仪表是否正常。若在拆除短接片时发现有火花，此时电流互感器已开路，应立即再重新短路，查明仪表回路确无开路现象，方可重新拆除短接片。在进行拆除短接片时应站在绝缘橡皮垫上，另外还要停用该电路回路的保护装置，待工作完毕后，方可将保护装置投入运行。

（2）在操作电流互感器电流试验端子时，为了防止电流互感器二次侧开路，在旋转压板时不要太紧，太紧了铜螺钉容易滑牙，造成开路。

（3）若电流互感器运行中有"嗡嗡"声响，检查其内部铁芯是否松动，可将铁芯螺栓拧紧。

（4）当电流互感器的二次线圈的绝缘电阻低于 $10 \sim 20M\Omega$ 时，必须烘干，使绝缘恢复。

三、单相进户装置安装

1. 单相电能表的连接方法

单相电能表接线盒里共有四个接线桩，从左至右以 1、2、3、4 编号。接线方法有：跳入式接线（单进单出）和顺入式接线（双进双出）两种。

（1）跳入式接线（单进单出）如图 3 - 5 - 17 所示。按编号 1、3 接进线（1 接火线，3 接零线），2、4 接出线（2 接火线，4 接零线）。该接法目前在我国使用比较普遍。

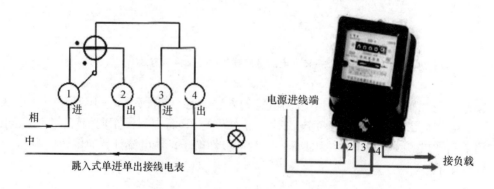

图 3 - 5 - 17　跳入式接线（单进单出）

（2）顺入式接线（双进双出）如图 3 - 5 - 18 所示。按编号 1、2 接进线（1 接火线，2 接零线），3、4 接出线（3 接火线，4 接零线）。该接法主要在欧美国家应用，在此不作详细介绍。

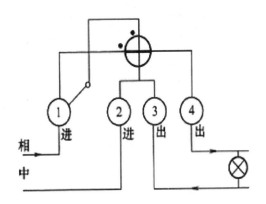

图 3 - 5 - 18　顺入式接线（双进双出）

由于有些电度表的接线方法特殊，在具体接线时，应以电度表接线盒盖内侧的线路图为准。

2. 断路器（漏电保护开关）连接方法

（1）断路器的外形结构如图 3 - 5 - 19 所示。

（2）与电能表的连接如图 3 - 5 - 20 所示。

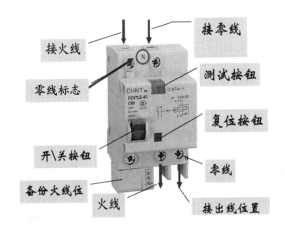

图 3 - 5 - 19　断路器的外形

3. 单极空气开关的安装连接

单极空气开关与线路连接如图 3 - 5 - 21 所示。

4. 单相进户装置的安装

（1）单户住宅支路确定。从配电箱引出的线路称为支路。首先按照建筑平面图和现代家用电器的布置来设定支路，将家庭用电分为供灯具使用的照明支路、供其他家用电器使用的插座支路和供空调使用的空调支路。

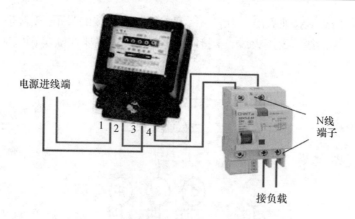

电源进线端

N线
端子

接负载

图 3 - 5 - 20　电度表与双极空气开关的连接

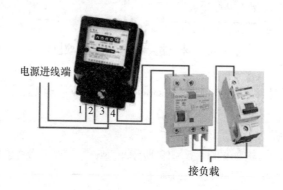

电源进线端

接负载

图 3 - 5 - 21　单极空气开关与线路连接

（2）配电装置的元件及选择。

1）配电箱一个（尺寸大小根据用户要安装的电能表、空气开关多少而定）。

2）电能表一个。规格：额定电压≥220V，额定电流 10（60）A，频率 50Hz。

3）带漏电保护器的空气开关一个。规格：额定电压≥220V，额定电流选择在 40～65A。

4）单极空气开关三个。各支路选择额定电流的大小：照明支路 10A，插座支路和空调支路为 16A。

5）导线。住宅中各支路干线的导线截面应不小于 2.5mm^2 的铜芯绝缘导线。

6）插座、开关面板要根据室内电气照明施工图纸设计和实际使用电器、灯具情况进行选择。

（3）进户装置安装与连接。先把电能表、漏电保护空气开关、单极空气开关安装在配电箱内或配电板上相应位置，并用螺丝钉固定，再把配电箱或配电板固定在要安装进户装置位置的墙面上，然后按图 3 - 5 - 22 所示连接配电箱中的元件。

安装注意事项如表 3 - 5 - 4 所示。

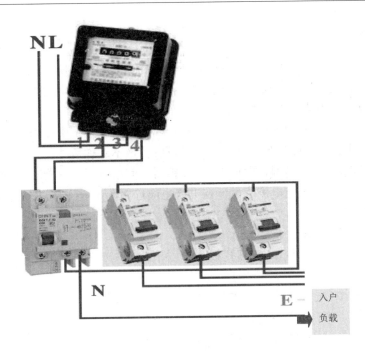

图 3 - 5 - 22　连接配电箱中的元件

表 3 - 5 - 4　单相进户装置安装注意事项

序号	注意事项
1	电能表具体接线时，应以电能表接线盖内侧的接线电路图为准，进线出线、相线、零线接线位置不能接错，否则电能表就不能正常工作
2	电能表要安装在配电盘的左边或上方，开关应安装在右边或下方，配电箱的下沿离地面高度应为 1.7 ～ 2m。安装表的位置必须与地面保持垂直，不能前后左右倾斜，其垂直方向的偏移不能大于 1°，确保电能表的精确度
3	漏电保护开关的接线，电源进线必须接在漏电保护器的上端，出线接在下端，相线零线极性不能接错，若把进线、出线接反，将会导致保护器动作后烧毁线圈或影响保护器的接通、分断能力
4	将漏电保护器出线火线接到各支路单极空气开关的上端，出线接下端，零线接开关箱的共用零线接线处

家用配电箱安装如图 3 - 5 - 23 所示。

图 3 - 5 - 23　家用配电箱

实用水电安装技术

四、三相电度表的安装

三相电度表按其结构的不同，可分成两元件表和三元件表。所谓一个元件，就是指一组电流线圈和一组相关的电压线圈以及它们和各自的铁芯。单相电度表只有一组元件，而三相电度表可以有两组或三组元件。其中，两个元件表用在三相三线制系统中，用来计量三相负载的用电量，也可以用在负载对称的三线四线供电制系统中。而三元件表用在三相四线制供电系统中，既可以计量对称负载，也可以计量不对称负载。

如果负荷的电流较大，同样要配用电流互感器。配用电流互感器时，由于电流互感器的二次侧电流都是5A，因此电度表的额定电流也应选用5A。这种配合关系称为电度表与电流互感器的匹配。

1. 三相三线制电度表的直接接线

按图3－5－24（b）所示，在网孔板上安装好三相电度表、端子排。并按图将线引到

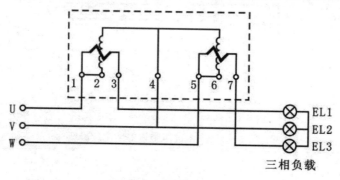

（a）原理图

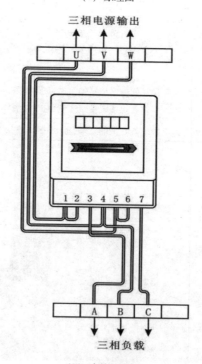

（b）直接接线图

图3－5－24　三相三线制电度表的直接接线

端子排上。然后分别将 U、V、W 接到"三相电源输出"的 U、V、W 上；A、B、C 分别接到负载的三相电源上，可以用电机或灯泡充当负载（注意用灯泡做三相负载时，因为灯泡的额定电压为220V，所以要将灯泡接成 Y 形并且三相负载要相等）。

检查接线无误后，可按下控制屏上的启动按钮，电源启动后，充当负载的灯泡亮，观察电度表的圆盘，应看到它从左往右匀速转动。可以改变负载的大小，观察电度表转盘的转动速度情况。改变负载时应先断电，改变负载应使三相负载保持平衡。

2. 三相三线制电度表经电流互感器接线

三相三线制电度表经电流互感器接线如图 3 - 5 - 25 所示。

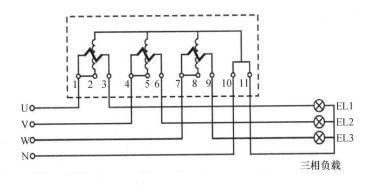

（a）原理图

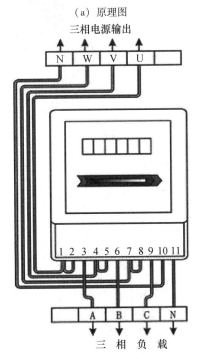

（b）互感线圈接线

图 3 - 5 - 25　三相三线制电度表经电流互感器接线

按图 3 - 5 - 25（b）所示，在网孔板上安装好三相三线制电度表、电流互感器、端子排。并按图将线接好。然后分别将 U、V、W 接到"三相电源输出"的 U、V、W 上；A、

B、C 分别接到三相负载上，可以用电机或灯泡充当负载（注意用灯泡做三相负载时，因为灯泡的额定电压为 220V，所以要将灯泡接成 Y 形并且三相负载要相等）。

检查接线无误后，可按下控制屏上的启动按钮进行启动，电源启动后，充当负载的灯泡亮，观察电度表的圆盘，应看到它从左往右匀速转动。可以改变负载的大小，观察电度表转盘的转动速度情况。改变负载时应先断电，改变负载应使三相负载保持平衡。

3. 三相四线制电度表的直接接线

三相四线制电度表的直接接线和图 3-5-26 所示。

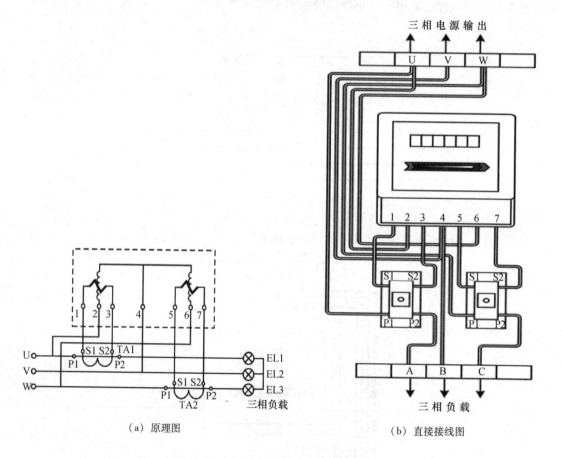

（a）原理图　　　　　　　　　（b）直接接线图

图 3-5-26　三相四线制电度表的直接接线

按图 3-5-26（b）所示，在网孔板上安装好三相四线制电度表、端子排。并按图将线接好。然后分别将 U、V、W、N 接到"三相电源输出"的 U、V、W、N 上；A、B、C 分别接到三相负载上。

检查接线无误后，可按下控制屏上的启动按钮进行启动，电源启动后，充当负载的灯泡亮（或电机），观察电度表的圆盘，应看到它从左往右匀速转动。

可以改变负载的大小，观察电度表转盘的转动速度情况。改变负载时应先断开电源。

4. 三相四线制电度表经电流互感器接线

三相四线制电度表经电流互感器接线如图 3-5-27 所示。

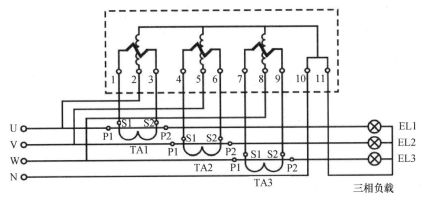

（a）原理图

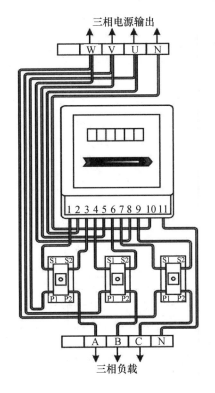

（b）接线图

图 3 - 5 - 27　三相四线制电度表互感线圈接线

按图 3 - 5 - 27（b）所示，在网孔板上安装好三相四线制电度表、电流互感器、端子排。并按图将线接好。然后分别将 U、V、W、N 接到"三相电源输出"的 U、V、W、N 上；A、B、C 分别接到三相负载上，可以用电机或灯泡充当负载。

检查接线无误后，可按下控制屏上的启动按钮进行启动，电源启动后，观察电度表的圆盘，应看到它从左往右匀速转动。可以改变负载的大小，观察电度表转盘的转动速度情况。改变负载时应先断开电源。

五、功率因数表安装

1. 工作原理

在交流电路中，电源提供的电功率可分为两种：一种是有功功率 P，另一种是无功功率 Q。为表示电源功率被利用的程度，常用功率因数来表示。有功功率 P 与视在功率 S 的比值，称为功率因数，用"cosφ"表示。

其表达式为：

$$\cos\varphi = \frac{P}{S}$$

当电源容量（视在功率）一定时，功率因数高就说明电路中用电设备的有功功率成分大，电源输出的功率利用率就高，这是我们所希望的；反之，功率因数低，说明电源功率不能充分利用，同时增加了电压损失和功率损耗，这就需要我们采用各种办法来提高电力系统的功率因数。

三相功率因数表是用来监视三相负载的功率因数大小，使工作人员通过各种方法来相应地做出调整。

2. 接线与调试

接线如图 3 - 5 - 28 所示，从三相功率因数表从 A 相上取得电流 IA，从 B、C 两相取得电压 UBC，所以此功率因数表适用于三相功率平衡电路。当确认接线准确无误后，接上负载进行通电实验，负载可接上三相异步电机，观察它的功率因数是超前还是滞后（应该为滞后，如果指针打的方向相反，则将 B 和 C 的接线互换一下试试）。

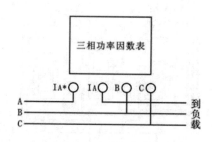

图 3 - 5 - 28　功率因数表的接线

电力系统中的负载大部分是感性的（如电动机），因此电流总是滞后电压一个角度 φ，在实际运用中常采用并联电容器来进行无功补偿。

【任务训练】

▶▶ 训练任务一　低压配电柜的安装

训练目标

通过本任务的训练掌握配电柜的安装方法。掌握硬母线的安装。掌握各回路的安装、布线规则。会使用常用检测工具和仪表。

训练内容

1. 元件明细表

表 3 – 5 – 5　元件明细表

序号	符号	设备名称	规格型号	数量	备注
1	QS	隔离刀开关	HDB – 200A/3	1	
2	QF	漏电保护断路器	DZ15L – 200/3	1	
3	V	电压表	44LD – 450V	3	
4	A	电流表	44L – 200/5	3	
5	KWH	有功电能表	DT8	1	
6	KVARH	无功电能表	DX62	1	
7	FA	电流互感器	LM8 – 0.5 – 100/5	3	
8	FU	熔断器	R110A	3	

2. 训练工具

一字及十字螺丝刀、电笔、尖嘴钳、剥线钳、电动机、万用表等。

3. 安装及工艺要求

配电柜平稳地安装到基础槽钢上，柜间用螺栓拧紧，找平、找正后与基础槽钢焊接在一起，盘柜要用 6mm 的软铜线与接地干线相连，作为保护接地。盘柜安装水平度、垂直度要求的允许偏差如表 3 – 5 – 1 所示。固定底座用的底板由土建施工进行预理。安装人员应配合或检查验收其的准确性。

（1）柜安装在震动场所，应采取防震措施（如开防震沟，加弹性垫等）。

（2）柜本体及柜内设备与各构件间连接应牢固。主控制柜、继电保护柜、自动装置柜等不宜与基础型钢焊死。

（3）单独或成列安装时，其垂直度、水平度以及柜面不平度和柜间接缝的允许偏差施工要求安装。

（4）端子箱安装应牢固，封闭良好，安装位置应便于检查；成列安装时，应排列整齐。

（5）柜的接地应牢固良好。装有电器的可开启的柜门，应以软导线与接地的金属构架可靠地连接。

（6）柜内配线整齐、清晰、美观、导线绝缘良好，无损坏，柜的导线不应有接头；每个端子板的每侧接线一般为一根，不得超过两根。

（7）柜内配线应采用截面不小于 1.5mm、电压不低于 400V 的铜芯线。

（8）柜内敷设的导线符合安装规范的要求，即同方向导线汇成一束捆扎，沿柜框布置导线；导线敷设应横平、竖直，转弯处应成圆弧过渡的直角。

（9）橡胶绝缘芯线引进出柜内、外应外套绝缘管保护。

（10）配电柜安装好后，柜面油漆应完好。若有损坏，应重新喷漆。

4. 检查线路

（1）检查各电气设备、电器元件及配电柜的安装质量是否符合安装要求及安装规范。

（2）按 U（L1）黄、V（L2）绿、W（L3）红的电源相序检查接线。

（3）检查各接线端子接线是否符合安装规范，螺钉是否拧紧。

（4）按接线图仔细检查有无错接、漏接。

（5）线路安装的质量检查。

▶▶训练任务二　单相进户装置的安装

训练目标

通过本次任务的训练，掌握单相进户安装的基本方法，提高解决实际问题的能力。

训练内容

1. 清点材料

一间教室（最好是一间专门的实训室）、配电板或配电箱一个、电能表、带漏电保护器空气开关，单极空气开关、绝缘导线若干。

2. 判断电能表工作正常与否检测练习

按图 3-5-29 连接好单相闸刀开关、单相电能表、灯泡和插座后，经老师检查确认接线正确后，合上闸刀开关 QS1，接通电源，观察电能表铝盘转动情况，测量交流电路的电能。切断电源后，更换功率较大的灯泡或者在插座上增加接一个用电器，然后接通电源，再观察电能表铝转动快慢情况并进行比较，判断该电能表工作是否正常。

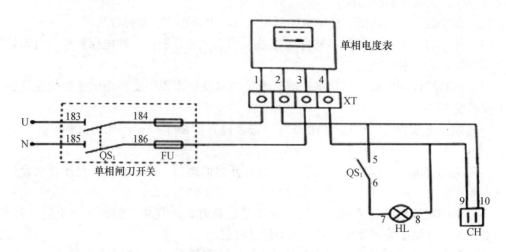

图 3-5-29　电能表连接

3. 进户装置和室内照明电路安装与连接练习

在实训室的实训墙上，按图 3-5-30 所示模拟安装入户电路的电能表、漏电保护开关、单极支路控制空气开关和各支路室内插座、照明电灯、开关等。

技术要求：

（1）进户装置：配电箱、电能表、断路器、单极空气开关安装连接方法正确。

（2）布线要求横平竖直、美观、牢固、整洁。

（3）布线走线过程中，中途不准有分支接头，如果遇到不可避免必需的分支，接头应安排在插座、开关或接线盒内。

（4）各用电器、控制器、插座连接正确。

（5）各条电路、电器工作正常。

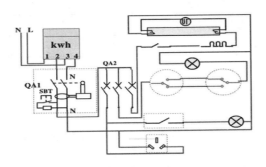

图 3 - 5 - 30　连结元件

实物图如图 3 - 5 - 31 所示，安装检测完毕后，请自测一下，你应该得多少分？

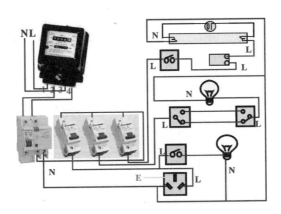

图 3 - 5 - 31　连接元件

训后思考

（1）常用的低压电器有哪些？

（2）如何选择电度表？

（3）电流互感器的作用是什么？

（4）低压配电柜的安装要求有哪些？

【任务考核】

将以上训练任务考核及评分结果填入表 3 - 5 - 6 中。

表3-5-6 低压配电装置安装任务考核表

序号	考核内容	考核要点	配分（分）	得分（分）
1	训练表现	按时守纪，独立完成	10	
2	低压配电柜的安装	熟悉配电柜安装方法，掌握安装工艺要求，掌握故障检修方法	30	
3	单相进户装置的安装	熟悉单相进户装置的安装步骤，掌握安装工艺要求，掌握故障检修方法	30	
4	思考题	独立完成、回答正确	20	
5	合作能力	小组成员合作能力	10	
6	合　计		100	

【任务小结】

通过低压配电装置安装的学习，根据自己的实际情况完成下表。

姓　名		班　级	
时　间		指导教师	
学到了什么			
需要改进及注意的地方			

项目四　安全用电常识

任务一　供电与用电常识

【任务描述】

随着科学技术的不断发展和创新，用电常识已经与我们的日常生活紧密相连，电工知识已渗透到众多专业与领域，电工技术也已经成为必须掌握的一项技能。电力是现代工业的主要动力，在各行各业中都得到了广泛的应用。电力系统是发电厂、输电线、变电所及用电设备的总称。

【知识目标】

➢ 了解电能的产生、发展及传输；
➢ 了解常用电源的种类及用电设备的供电要求。

【技能目标】

➢ 通过现场观察与讲解，熟悉电力供电安全操作规程；
➢ 了解供电与用电常识。

【知识链接】

一、电力系统简介

电力系统由发电、输电和配电系统组成。

1. 发电

发电是将水力、火力、风力、核能和沼气等非电能转换成电能的过程。我国以水利和火力发电为主，近几年也在发展核能发电。发电机组发出的电压一般为 $6 \sim 10kV$。

2. 输电

输电就是将电能输送到用电地区或直接输送到大型用电户，电流输送流程如图 $4-1-1$ 所示。输电网是由 $35kV$ 及以上的输电线路与其相连接的变电所组成，它是电力系统的主要网络。输电是联系发电厂和用户的中间环节。输电过程中，一般将发电机组发出的 $6 \sim$

10kV 电压经升压变压器变为 35 ~ 500kV 高压，通过输电线可远距离将电能传送到各用户，再利用降压变压器将 35kV 高压变为 6 ~ 10kV 高压。

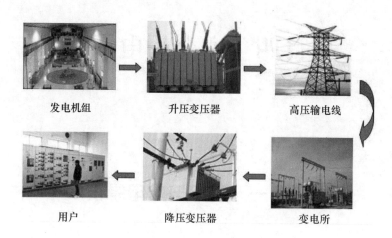

图 4 - 1 - 1　电流输送流程

3. 配电系统

配电是由 10kV 级以下的配电线路和配电（降压）变压器所组成。它的作用是将电能降为 380/220V 低压再分配到各个用户的用电设备。

电力网的电压等级：

高压：1kV 及以上的电压称为高压。有 1kV、3kV、6kV、10kV、35kV、110kV、220kV、330kV、500kV 等。

低压：1kV 及以下的电压称为低压。有 220kV、380V。

安全电压：36V 以下的电压称为安全电压。我国规定安全电压等级为 12V、24V、36V 等。

我国国家标准规定的电力网额定电压有 35kV、110kV、220kV、330kV、500kV。

市区一般输电电压为 10kV 左右，通常需要设置降压变电所，经配电变压器将电压降为 380/220V，再引出若干条供电线到各用电点的配电箱上，配电箱将电能分配给各用电设备。

输电线路一例如图 4 - 1 - 2 所示。

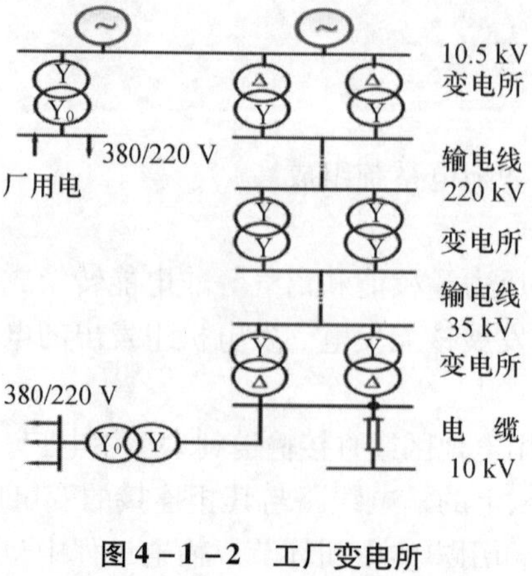

图 4 - 1 - 2　工厂变电所

在电力系统中，1kV以上为高压，1kV以下为低压，常用用电设备或用户所需的电压一般都是低压，图4-1-3是电力系统示意图。

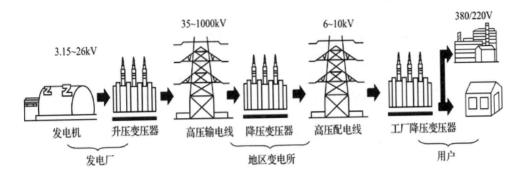

图4-1-3 电力系统

二、工业企业配电

1. 低压配电线路的结构

低压配电线路是由配电室（配电箱）、低压线路、用电线路组成。

为了合理地分配电能、有效地管理线路、提高线路的可靠性，一般都采用分级供电的方式。通常一个低压配电线路的容量在几十千伏安到几百千伏安的范围，负责几十个用户的供电。

2. 低压供电系统的两种接线方式

（1）放射式供电线路如图4-1-4所示。

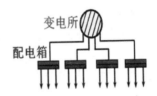

图4-1-4 放射式供电线路

特点：供电可靠性高，便于操作和维护。但配电导线用量大，投资高。

适用场合：负载点比较分散，而每个点的用电量又较大，变电所又居于各负载点的中央。

（2）树干式供电线路。

特点：供电可靠性差。但配电导线用量小，投资费用低，接线灵活性大。

适用场合：负载比较集中，各负载点位于变电所或配电箱的同一侧时，如图4-1-5（a）所示。负载比较均匀地分布在一条线上，如图4-1-5（b）所示。

3. 低压配电装置

配电装置是用于受电和配电的电气设备，它包括断路器、隔离开关等控制电器、熔断器、继电器等保护电器及母线和各种载流导体，用于功率补偿的电力电容器等。

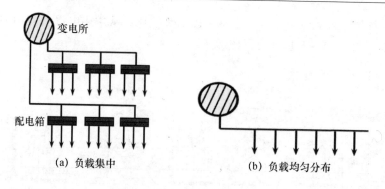

(a) 负载集中　　　　　　　　(b) 负载均匀分布

图 4 - 1 - 5　树干式配电线路

三、用电常识

（一）电流对人体的伤害

1. 电流对人体的伤害的形成

人体触及带电体时，电流通过人体会对人体造成伤害，其伤害的形式有电击和电伤两种。

（1）电击。当人体直接接触带电体时，电流通过人体内部，对内部组织造成的伤害称为电击。电击伤害主要是伤害人体的心脏、呼吸和神经系统，如使人出现痉挛、窒息、心颤、心跳骤停，乃至死亡。电击伤害是最危险的伤害，多数触电死亡事故都是由电击造成的。

（2）电伤。电伤是指电流对人体外部造成的局部伤害，包括灼伤（电流热效应产生的电伤）、电烙印（电流化学效应和机械效应产生的电伤）和皮肤金属化（在电流的作用下产生的高温电弧使电弧周围的金属熔化、蒸发并飞溅到皮肤表层所造成的伤害）。

2. 电流对人体的伤害程度的主要影响因素

电流对人体的伤害程度主要是由通过人体的电流大小决定的，还与电流通过人体的路径、通电时间等因素有关。

（1）电流大小。通过人体的电流越大，人体的生理反应就越明显，感觉也就越强烈，危险性就越大。

（2）电流通过人体的路径。电流流过头部，会使人昏迷；电流流过心脏，会引起心脏颤动；电流流过中枢神经系统，会引起呼吸停止、四肢瘫痪等。电流流过这些要害部位，对人体都有严重的危害。

（3）通电时间。通电时间越长，一方面可使能量积累越多，另一方面还可使人体电阻下降，导致通过人体的电流增大，其危险性也就越大。

（4）电流频率。电流频率不同，对人体的伤害程度也不同。一般来说，民用电对人体的伤害最严重。

（5）电压高低。触电电压越高通过人体的电流就越大，对人体的危害也就越人。36V及以下的电压称安全电压，在一般情况下对人体无害。

（6）人体状况。电流对人体的危害程度与人体状况有关，即与性别、年龄、健康状况等因素有很大的关系。通常，女性较男性对电流的刺激更为敏感，感知电流和摆脱电流的能力要低于男性。儿童触电比成人要严重。此外，人体健康状态也是影响触电时受到伤害程度的因素。

（7）人体电阻。人体对电流有一定的阻碍作用，这种阻碍作用表现为人体电阻，而人体电阻主要来自于皮肤表层。起皱和干燥的皮肤电阻很大，皮肤潮湿或接触点的皮肤遭到破坏时，电阻就会突然减小，同时人体电阻将随着接触电压的升高而迅速下降。

（二）人体触电的类型与原因

1. 人体触电的类型

因人体接触或接近带电体所引起的局部受伤或死亡的现象称为触电。触电常分为低压触电和高压触电。

（1）低压触电。对于低压触电，常见的触电类型有单相触电和两相触电。

1）单相触电。人体的某一部位碰到相线或绝缘性能不好的电气设备外壳时，电流由相线经人体流入大地的触电现象，称为单相触电，也称单线触电。这是最常见的触电方式，如人站在地上接触到绝缘破损的家用电器而造成的触电，如图4-1-6（a）所示。

2）两相触电。人体的不同部位分别接触到同一电源的两根不同相位的相线，电流由一根相线经人体流到另一根相线的触电现象，称为两相触电，也称双线触电。这是最危险的触电方式，如电工在工作时双手分别接触两根电线造成的触电，如图4-1-6（b）所示。所以，在一般情况下不允许带电作业。

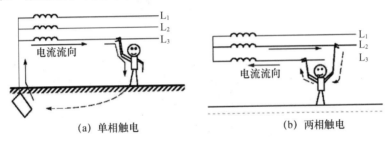

（a）单相触电　　　　　　　　　　（b）两相触电

图4-1-6　低压触电常见类型

（2）高压触电。高压触电比低压触电危险得多，常见的高压触电类型有高压电弧触电和跨步电压触电。

人靠近高压线（高压带电体），因空气弧光放电造成的触电，称为高压电弧触电，如图4-1-7（a）所示。人走近高压线掉落处，前后两脚间的电压超过了36V造成的触电，称为跨步电压触电，如图4-1-7（b）所示。

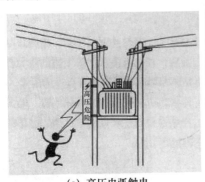

（a）高压电弧触电　　　　　　　　　（b）跨步电压触电

图4-1-7　高压触电常见类型

雷电是自然界的放电现象，遭受雷击属于高压电弧触电。发生雷电时，在云层和大地之间雷电的路径上，有强大的电流通过，雷电的路径往往经过地面上凸起的部分，放电时经过人体就会引发触电。因此，为避免雷击，一般高大的物体如高大建筑物、室外天线、架空输电线路等，都要装设避雷装置。如图4-1-8（a）所示为高大建筑物上的避雷针，图4-1-8（b）所示为输电线路上的避雷器。

(a) 建筑物上的避雷针　　(b) 输电线路上的避雷器

图4-1-8　室外避雷装置

2. 人体触电的原因

（1）电工违规操作。如电气线路、设备安装不符合安装安全规程，人碰到导线或由跨步电压造成触电；在维护维修时，不严格遵守电工操作规程，麻痹大意，造成事故；现场临时用电管理不善等，如图4-1-9所示为电线盒中的电线头裸露在外面，如果带电，这样的线头外露就非常可能造成触电事故。

（2）用电人员安全意识淡薄。如由于用电人员缺乏用电知识或在工作中不注意，不遵守有关安全规程，直接触碰上了裸露在外面的导电体；在高压线下违章施工或在高压线下施工时不遵守操作规程，使金属构件物接触高压线路而造成触电；操作漏电的机器设备或使用漏电的电动工具等。如图4-1-10所示为一只没有柜门的临时电柜上正插着一台电焊机，里面的插座全部裸露在外，现场也没有专人看管，这样就容易发生触电事故。

（3）电气设备绝缘受损。如由于电气设备损坏或不符合规格，又没有定期检修，以致绝缘老化、破损而漏电，人员没有及时发现或疏忽大意，触碰了漏电的设备等。

图4-1-9　电线盒中裸露的电线头　　**图4-1-10　无人看管的临时电柜**

（4）其他原因。由于外力的破坏等原因，如雷击、弹打等，使避电的导线断落在地上，导线周围将有大量的扩散电流向大地流入，出现高电压，人行走时跨入了危险电压的范围，造成跨步电压触电；雷雨时，在树下或高大建筑物下躲雨，或在野外行走，或用金属柄伞，容易遭受雷击。

【任务训练】

▶▶ 训练任务一　参观变电所配电系统

训练目标

　　通过本次训练，熟悉电力供电安全操作规程，了解常用电源种类及设备的要求。

训练内容

（1）观看变电所相关视频。
（2）参观变电所配电系统。
（3）熟悉变电所安全操作规程。

训后思考

（1）电力系统由什么组成？各部分的作用是什么？
（2）变电所有哪些安全操作规程？
（3）常用的电源种类及设备有哪些？焊接时不上锡怎么办？

▶▶ 训练任务二　查找国家规定的安全色标

训练目标

　　通过本次训练，认识安全色标，掌握红、蓝、黄、绿四种色标的含义。

训练内容

熟记表4-1-1国家规定的色标含义，在日常生活或网上找到对应的图片资料。

训后思考

（1）人体触电的类型有几种？
（2）防止触电的措施有哪些？
（3）人体的安全电压是多少？

表4-1-1 国家规定的色标含义

序号	颜色	示意图	说明
1	红色	禁止入内	红色表示禁止、停止、消防
2	蓝色	必须系安全带	蓝色表示指令、必须遵守的规定
3	黄色	当心触电	黄色表示警告、注意
4	绿色	P 南口	绿色表示指示、安全状态、通行

【任务考核】

将以上训练任务考核及评分结果填入表4-1-2中。

表4-1-2 供电与用电常识

序号	考核内容	考核要点	配分（分）	得分（分）
1	训练表现	按时守纪，认真听讲	10	
2	供电所安全要求	记清有关规定，掌握有关要求	20	
3	常用供电设备	了解变电所常用设备	20	
4	常用电源种类	熟悉供电压的种类	20	
5	思考题	独立完成、回答正确	20	
6	合作能力	小组成员合作能力	10	
7	合　计		100	

【任务小结】

通过供电与用电常识学习，根据自己的实际情况完成下表。

姓　名		班　级	
时　间		指导教师	
学到了什么			
需要改进及注意的地方			

任务二　电气火灾预防

【任务描述】

电气设备和电气线路都离不开绝缘材料，如变压器油、绝缘漆、橡胶、树脂、薄膜等。这些绝缘材料如超过一定的温度或遇到明火等，就会引起燃烧，造成电气火灾。由电气故障引起的电气设备或线路着火统称为电气火灾。那么，引起电气火灾的原因是什么？如何进行电气火灾现场施救。

【知识目标】

➤ 掌握电气火灾成因及其特点；
➤ 掌握电气火灾施救方法。

【技能目标】

➤ 掌握电气火灾施救方法。

【知识链接】

一、电气火灾的原因

电气火灾的原因主要包括以下四个方面：

1. 漏电火灾

所谓漏电，就是线路的某一个地方因为某种原因（自然原因或人为原因，如风吹雨打、潮湿、高温、碰压、划破、摩擦、腐蚀等）使电线的绝缘或支架材料的绝缘能力下降，导致电线与电线之间（通过损坏的绝缘、支架等）、导线与大地之间（电线通过水泥墙壁的钢筋、马口铁皮等）有一部分电流通过，这种现象就是漏电。当漏电发生时，漏泄的电流在流入大地途中，如遇电阻较大的部位时，会产生局部高温，致使附近的可燃物着火，从而引起火灾。此外，在漏电点产生的漏电火花，同样也会引起火灾。

2. 短路火灾

电气线路中的裸导线或绝缘导线的绝缘体破损后，火线与零线，或火线与地线（包括接地从属于大地）在某一点碰在一起，引起电流突然大量增加的现象就叫短路，俗称碰线、混线或连电。由于短路时电阻突然减少，电流突然增大，其瞬间的发热量也很大，大大超过了线路正常工作时的发热量，并在短路点易产生强烈的火花和电弧，不仅能使绝缘层迅速燃烧，而且也能使金属熔化，引起附近的易燃可燃物燃烧，造成火灾。

3. 过负荷火灾

过负荷是指当导线中通过电流量超过了安全载流量时，导线的温度不断升高，这种现象就叫导线过负荷。当导线过负荷时，加快了导线绝缘层老化变质。当严重过负荷时，导线的温度会不断升高，甚至会引起导线的绝缘发生燃烧，并能引燃导线附近的可燃物，从而造成火灾。

4. 接触电阻过大火灾

众所周知，凡导线与导线、导线与开关、熔断器、仪表、电气设备等连接的地方都有接头，在接头的接触面上形成的电阻称为接触电阻。当有电流通过接头时会发热，这是正常现象。如果接头处理良好，接触电阻不大，则接头点的发热就很少，可以保持正常温度。如果接头中有杂质，连接不牢靠或其他原因使接头接触不良，造成接触部位的局部电阻过大，当电流通过接头时，就会在此处产生大量的热，形成高温，这种现象就是接触电阻过大。在有较大电流通过的电气线路上，如果在某处出现接触电阻过大这种现象时，就会在接触电阻过大的局部范围内产生极大的热量，使金属变色甚至熔化，引起导线的绝缘层发生燃烧，并引燃烧附近的可燃物或导线上积落的粉尘、纤维等，从而造成火灾。

二、电气火灾的特点

电气火灾与一般火灾相比，有两个突出的特点：

（1）电气设备着火后可能仍然带电，并且在一定范围内存在触电危险。

（2）充油电气设备如变压器等受热后可能会喷油，甚至爆炸，造成火灾蔓延且危及救火人员的安全。

三、电气火灾的施救方法

电气设备发生火灾时，为了防止触电事故，要在切断电源后再进行扑救。

1. 断电灭火电气设备发生火灾或引燃附近可燃物时，首先要切断电源

（1）电气设备发生火灾后，要立即切断电源，如果要切断整个车间或整个建筑物的电源时，可在变电所、配电室断开主开关。在自动空气开关或油断路器等主开关没有断开前，不能随便拉隔离开关，以免产生电弧发生危险。

（2）用闸刀开关切断电源时，由于闸刀开关在发生火灾时受潮或烟熏，其绝缘强度

会降低，因此，最好用绝缘的工具操作。

（3）切断用磁力起动器控制的电动机时，应先用接钮开关停电，然后再断开闸刀开关，防止带负荷操作产生电弧伤人。

（4）在动力配电盘上，只用作隔离电源而不用作切断负荷电流的闸刀开关或瓷插式熔断器，叫总开关或电源开关。切断电源时，应先用电动机的控制开关切断电动机回路的负荷电流，停止各电动机的运转，然后再用总开关切断配电盘的总电源。

（5）当进入建筑物内，用各种电气开关切断电源已经比较困难或者已经不可能时，可以在上一级变配电所切断电源。这样要影响较大范围供电或处于生活居住区的杆上变电台供电时，有时需要采取剪断电气线路的方法来切断电源。如需剪断对地电压在 250V 以下的线路时，可穿戴绝缘靴和绝缘手套，用断电剪将电线剪断。切断电源的地点要选择适当，剪断的位置应在电源方面即来电方向的支持物附近，防止导线剪断后掉落在地上造成接地短路触电伤人；对三相线路的非同相电线应在不同部位剪断。在剪断扭缠在一起的合股线时，要防止两股以上合剪，否则会造成短路事故。

（6）城市生活居住区的杆上变电台上的变压器和农村小型变压器的高压侧，多用跌开式熔断器保护。如果需要切断变压器的电源时，可以用电工专用的绝缘杆捅跌开式熔断器的鸭嘴，熔丝管就会跌落下来，达到断电的目的。

（7）电容器和电缆在切断电源后，仍可能有残余电压，因此，即使可以确定电容器或电缆已经切断电源，但是为了安全起见，仍不能直接接触或搬动电缆和电容器，以防发生触电事故。电源切断后，扑救方法与一般火灾扑救相同。

2. 电气设备火灾的扑救方法

（1）发电机和电动机火灾的扑救方法。发电机和电动机等电气设备都属于旋转电机类，这类设备的特点是绝缘材料比较少，这是和其他电气设备比较而言的，而且有比较坚固的外壳，如果附近没有其他可燃易燃物质且扑救及时，就可防止火灾蔓延。如果可燃物质数量比较少，就可用二氧化碳、1211 等灭火器扑救。大型旋转电机燃烧猛烈时，可用水蒸气和喷雾水扑救。实践证明，用喷雾水扑救的效果更好。对于旋转电机有一个共同的特点，就是不要用砂土扑救，以防硬性杂质落入电机内，使电机的绝缘和轴承等受到损坏而造成严重后果。

（2）变压器和油断路器火灾的扑救方法。变压器和油断路器等充油电气设备发生燃烧时，切断电源后的扑救方法与扑救可燃液体火灾相同。如果油箱没有破损，可以用干粉、1211、二氧化碳灭火器等进行扑救。如果油箱已经破裂，大量变压器的油燃烧，火势凶猛时，切断电源后可用喷雾水或泡沫扑救。流散的油火，可用喷雾水或泡沫扑救。流散的油量不多时，也可用砂土压埋。

（3）变、配电设备火灾的扑救方法。变配电设备有许多瓷质绝缘套管，这些套管在高温状态遇急冷或不均匀冷却时，容易爆裂而损坏设备，可能造成火势进一步扩大蔓延。所以，遇到这种情况最好用喷雾水灭火，并注意均匀冷却设备。

（4）封闭式电烘干箱内被烘干物质燃烧时的扑救方法。封闭式电烘干箱内的被烘干物质燃烧时，切断电源后，由于烘干箱内的空气不足，燃烧不能继续，温度下降，燃烧会逐渐被窒息。因此，发现烘干箱冒烟时，应立即切断烘干箱的电源，并且不要打开烘干箱。不然，由于进入空气，反而会使火势扩大，如果错误地往烘干箱内泼水，会使电炉丝、隔热板等遭受损坏而造成不应有的损失。

如果是车间内的大型电烘干室内发生燃烧，应尽快切断电源。当可燃物质的数量比较多，且有蔓延扩大的危险时，应根据烘干物质的情况，采用喷雾水枪或直流水枪扑救，但在没有做好灭火准备工作时，不要把烘干室的门打开，以防火势扩大。

3. 带电灭火

有时在危急的情况下，如等待切断电源后再进行扑救，就会有使火势蔓延扩大或者断电后会严重影响生产，这时为了取得扑救的主动权，扑救就需要在带电的情况下进行，带电灭火时应注意以下几点：

（1）必须在确保安全的前提下进行，应用不导电的灭火剂如二氧化碳、1211、1301、干粉等进行灭火。不能直接用导电的灭火剂，如直射水流、泡沫等进行喷射，否则会造成触电事故。

（2）使用小型二氧化碳、1211、1301、干粉灭火器灭火时由于其射程较近，要注意保持一定的安全距离。

（3）在灭火人员穿戴绝缘手套和绝缘靴、水枪喷嘴安装接地线情况下，可以采用喷雾水灭火。

（4）如遇带电导线落于地面，则要防止跨步电压触电，扑救人员需要进入灭火时，必须穿上绝缘鞋。

此外，有油的电气设备，如变压器、油开关着火时，也可用干燥的黄沙盖住火焰，使火熄灭。

四、电气火灾的防范措施

（1）严格按照电力规程进行安装、维修，根据具体环境选用合适的导线和电缆。

（2）选用合适的安全保护装置。

（3）注意对插座和导线等的维护，如有破损要及时更换，做到不乱拉电线及乱装插座；对有孩子的家庭，所有明线和插座都要安装在孩子够不着的位置；不在插座上接过多和功率过大的用电设备，不用铜丝代替熔丝等。

【任务训练】

▶▶ 训练任务　电气火灾急救模拟训练

训练目标

通过本次训练任务，掌握火灾逃生自救的方法及灭火器的使用方法。

训练内容

1. 清点设备清单

电气火灾急救训练设备如表 4 - 2 - 1 所示。

表 4 - 2 - 1 电气火灾急救训练设备清单

序号	器材名称	规格型号	单位	数量	备　注
1	二氧化碳		个	若干	
2	干粉灭火剂		个	若干	
3	1211		包	若干	
4	安全绳		根	2	
5	毛巾		块、副	1	

2. 灭火器的使用

（1）干粉灭火器的使用。操作步骤如下：

1）右手拿着压把，左手托着灭火器底部，轻轻地取下灭火器，如图 4 - 2 - 1 所示。

图 4 - 2 - 1 取灭火器

2）右手拿灭火器到现场，如图 4 - 2 - 2 所示。

3）除掉铅封，如图 4 - 2 - 3 所示。

图 4 - 2 - 2 拿灭火器

图 4 - 2 - 3 打开铅封

4）左手握着喷管，右手提着压把，在距火焰 2 米的地方，右手用力压下压把，左手拿着喷管左右摆动，喷射干粉覆盖整个燃烧区，如图 4 - 2 - 4 所示。

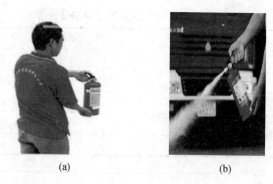

(a)   (b)

图 4 - 2 - 4　灭火器灭火操作

（2）泡沫灭火器的使用。操作步骤如下：

1）与干粉灭火器步骤1相同。

2）与干粉灭火器步骤2相同。

3）右手捂住喷嘴，左手执筒底边缘，如图 4 - 2 - 5 所示。

4）把灭火器颠倒过来呈垂直状态，用力上下晃动几下，然后放开喷嘴，如图 4 - 2 - 6 所示。

图 4 - 2 - 5　右手捂住喷嘴，左手执筒底边缘

图 4 - 2 - 6　操作前准备

5）右手抓筒耳，左手抓筒底边缘，把喷嘴朝向燃烧区，站在离火源 8 米的地方喷射，并不断前进，兜围着火焰喷射，直至把火扑灭，如图 4 - 2 - 7 所示。

6）灭火结束后，把灭火器卧放在地上，喷嘴朝下，如图 4 - 2 - 8 所示。

图 4 - 2 - 7　灭火过程中

图 4 - 2 - 8　灭火结束后

训后思考

（1）电气火灾的原因是什么？

（2）电气火灾的施救方法有哪些？

（3）干粉灭火器的使用方法？

【任务考核】

将以上训练任务考核及评分结果填入表4-2-2中。

表4-2-2 电气火灾预防任务考核表

序号	考核内容	考核要点	配分（分）	得分（分）
1	器材准备	器材准备齐全	10	
2	火灾施救步骤	牢记电气火灾的施救原则	30	
3	干粉灭火器的使用	步骤正确，方法得当	30	
4	思考题	独立完成、回答正确	20	
5	合作能力	小组成员的合作能力	10	
6	合　计		100	

【任务小结】

通过电气火灾预防学习，根据自己的实际情况完成下表。

姓　名		班　级	
时　间		指导教师	
学到了什么			
需要改进及注意的地方			

任务三 触电与急救

【任务描述】

触电事故具有偶然性、突发性的特点，如果延误时机，死亡率很高。通过研究发现，触电后1min内进行抢救的，救活率达90%；6min内进行施救的，救活率达10%；12min以后救治的，救活率则很小。触电处理的基本原则是动作迅速、救护得法，不惊慌失措、束手无策。当发现有人触电时，必须使触电者迅速脱离电源。然后再根据触电者的具体情况，进行相应的现场急救。

【知识目标】

➤ 掌握触电急救原则：拉、切、挑、拽、垫；
➤ 掌握触电急救方法和步骤。

【技能目标】

➤ 掌握触电抢救的基本方法："口对口人工呼吸法"和"胸外心脏挤压法"。

【知识链接】

一、迅速脱离电源

人触电后，可能由于痉挛或失去知觉等原因而紧握带电体，不能自行摆脱电源，而使自己成为一个带电体。因此，如何使触电者迅速脱离电源是救活触电者的首要措施。

1. 迅速脱离低压电源

急救原则："拉、切、挑、拽、垫"五字口诀。

（1）拉（迅速关闭电源开关）（见图4-3-1）。

图4-3-1　关闭电源

（2）切（切断电源线）（见图4-3-2）。
（3）挑（挑开导线）（见图4-3-3）。
（4）拽（触电者）（见图4-3-4）。
（5）垫（救护者站在木板或绝缘垫上）（见图4-3-5）。

2. 迅速脱离高压电源

（1）如有人在高压带电设备上触电，救护人员应戴绝缘手套、穿上绝缘靴拉开电源开关（见图4-3-6）；用相应电压等级的绝缘工具拉开高压跌落开关，以切断电源。救护人员在抢救过程中，应注意自身与周围带电部分之间的安全距离。

(a) 正确操作

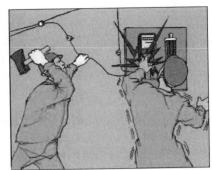

(b) 错误操作

图 4 - 3 - 2 切断电源

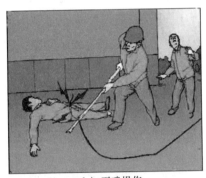

(a) 正确操作

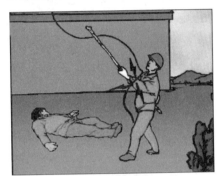

(b) 错误操作

图 4 - 3 - 3 挑开导线

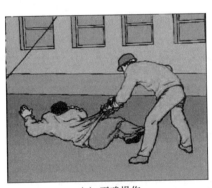

(a) 正确操作

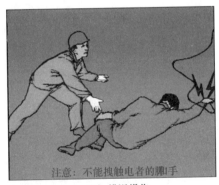

(b) 错误操作

图 4 - 3 - 4 拽触电者

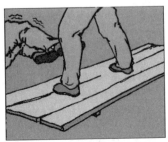

(a) 木板

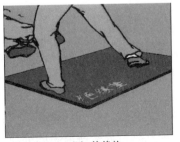

(b) 绝缘垫

图 4 - 3 - 5 救护者站在木板或绝缘垫上

图4-3-6 戴绝缘手套切断电源

（2）当有人在架空线路上触电时，救护人应尽快用电话通知当地电业部门迅速停电（见图4-3-7），以备抢救；如触电发生在高压架空线杆塔上，又不能迅速联系就近变电站（所）停电时，救护者可采取应急措施，即采用抛掷足够截面、适当长度的裸金属软导线，使电源线路短路，造成保护装置动作，从而使电源开关跳闸（见图4-3-8）。

图4-3-7 电力部门迅速停电

图4-3-8 抛掷金属软线使电源开关跳闸

（3）如果触电者触及断落在地上的带电高压导线，在尚未确认线路无电且救护人员未采取安全措施（如穿绝缘靴等）前，不能接近断线点8～10m范围内，以防跨步电压伤人。

二、对触电者进行急救

（1）触电者停止呼吸、心脏不跳动时，如果没有其他致命的外伤，应视为触电假死，必须立即在现场进行人工呼吸抢救，即使请医生和送医院途中也不准停止抢救。

（2）抢救可用口对口、口对鼻人工呼吸法和胸外心脏挤压方法。

三、抢救方法

1. 口对口（鼻）人工呼吸法（用于停止呼吸者）（见图4-3-9）

（1）使触电者头部尽量后仰，鼻孔朝天，解开领口的衣服，仰卧在比较坚实（如木板、干燥的泥地等）的地方，清理口腔。

（2）用一只手捏紧鼻孔，另一只手掰开嘴巴（如果掰不开嘴巴，可用口对鼻人工呼吸法贴鼻孔吹气）。

（3）呼吸后，紧贴嘴巴吹气或鼻孔吹气，一般吹二秒，放松三秒。

（4）救护人换气时，放松触电者的嘴或鼻，让其自然呼气。

2. 胸外心脏挤压法（心脏跳动停止者）（见图4-3-10）

（1）解开触电者衣服，让其仰卧在硬地上或硬地板上。

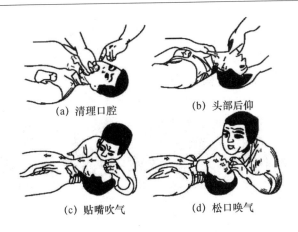

(a) 清理口腔　　　　　　(b) 头部后仰

(c) 贴嘴吹气　　　　　　(d) 松口唤气

图 4 - 3 - 9　口对口人工呼吸

（2）救护人骑跪在其腰部两侧，两手相叠，手掌根部放在心口稍高一点的地方，即放在胸骨下 1/3 或 1/2 处。

（3）掌根用力垂直向下挤压，压出心脏里面的血液。对成人应压 3～4cm，以每秒钟挤压一次，每分钟挤压 60 次为宜。

（4）挤压后，掌根迅速全部放松，让其胸自动复原，血又充满心脏，放松时掌根不必完全离开胸膛。

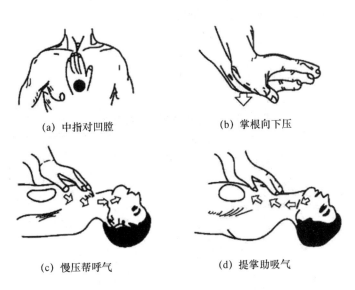

(a) 中指对凹膛　　　　　　(b) 掌根向下压

(c) 慢压帮呼气　　　　　　(d) 提掌助吸气

图 4 - 3 - 10　胸外挤压法

（5）如果触电者心脏跳动和呼吸都停止了，人工呼吸法和胸外心脏挤压方法要同时交替进行。

（6）人工呼吸法和胸外心脏挤压法要坚持不断，切不可轻率中止。如果触电者身上出现尸斑或身体僵冷，经医生做出无法救治的诊断后方可停止抢救。

【任务训练】

▶▶ 训练任务一　触电急救模拟训练

训练目标

　　通过本次训练，掌握现场抢救的基本原则与方法。

训练内容

（1）使触电者脱离电源，迅速断开电源。

（2）将触电者拖至通风处，解衣领、宽裤带。

（3）"口对口人工呼吸"急救。

（4）"胸外心脏按压"急救。

训后思考

（1）触电急救的原则是什么？

（2）触电急救有哪几种方法？

（3）"口对口人工呼吸法"的要领步骤是什么？

（4）"胸外心脏按压法"的要领步骤是什么？

【任务考核】

将以上训练任务考核及评分结果填入表4-3-1中。

表4-3-1　触电与急救任务考核表

序号	考核内容	考核要点	配分（分）	得分（分）
1	训练表现	训练态度端正，表现积极	10	
2	急救步骤	牢记触电急救原则	20	
3	口对口人工呼吸法	方法步骤正确，救治得当	20	
4	胸外心脏按压法	方法步骤正确，救治得当	20	
5	思考题	独立完成、回答正确	20	
6	合作能力	小组成员合作能力	10	
7	合　计		100	

【任务小结】

　　通过触电与急救学习，根据自己的实际情况完成下表。

姓　名		班　级	
时　间		指导教师	
学到了什么			
需要改进及注意的地方			

参考文献

［1］《就业金钥匙》编委会：《水电工上岗一路通》，化学工业出版社 2013 年版。

［2］王岑元：《建筑装饰装修工程水电安装》，化学工业出版社 2012 年版。

［3］黄利勇：《实用水电安装手册》，广东科技出版社 2013 年版。

［4］阳鸿钧：《水电工技能全程图解》，中国电力出版社 2014 年版。

［5］潘旺林：《水电工实用手册》，化学工业出版社 2012 年版。

［6］孙香彩、马新新：《电工基础》，中国水利水电出版社 2014 年版。

图书在版编目（CIP）数据

实用水电安装技术/许敏兴主编 . —北京：经济管理出版社，2015.6（2017.6 重印）
ISBN 978 - 7 - 5096 - 3715 - 9

Ⅰ . ①实… Ⅱ . ①许… Ⅲ . ①给排水系统—建筑安装—中等专业学校—教材②电气设备—建筑
安装—中等专业学校—教材 Ⅳ . ①TU82 ②TU85

中国版本图书馆 CIP 数据核字（2015）第 071514 号

组稿编辑：魏晨红
责任编辑：魏晨红 郭 虹
责任印制：黄章平
责任校对：车立佳

出版发行：经济管理出版社
　　　　　（北京市海淀区北蜂窝 8 号中雅大厦 A 座 11 层　100038）
网　　址：www. E - mp. com. cn
电　　话：（010）51915602
印　　刷：北京市海淀区唐家岭福利印刷厂
经　　销：新华书店
开　　本：787mm×1092mm/16
印　　张：18. 75
字　　数：468 千字
版　　次：2015 年 6 月第 1 版　 2017 年 6 月第 3 次印刷
书　　号：ISBN 978 - 7 - 5096 - 3715 - 9
定　　价：46. 00 元